Windows Server 2008
服务器管理与配置

郭德仁　林焕民　主　编

刘秀元　主　审

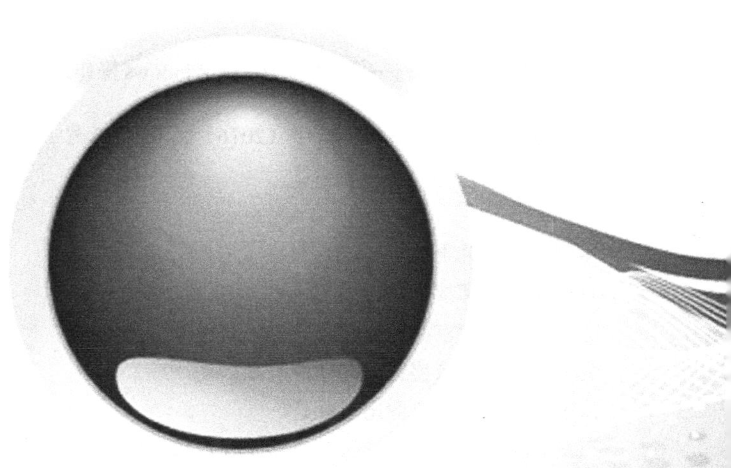

電子工業出版社

Publishing House of Electronics Industry

北京 • BEIJING

内 容 简 介

本书根据于企业对网络专业技能型人才的需求，以 Windows Sever 2008 服务器操作系统为例系统地讲解了网络操作系统的安装、配置、管理和维护；以 Windows 7 客户端操作系统为例讲解了客户端操作系统的使用与配置；同时，为了方便学生搭建实验环境，讲解了 VMware Workstation 软件的使用，使一台计算机能够虚拟出多台计算机，保障了本书实验的进行。

本书采用项目案例的方式编写，主要讲解了 Windows Server 2008 安装与配置、活动目录的配置、用户和组账户管理、Windows Server 2008 的磁盘管理、文件服务器的配置、配置 DHCP 服务、配置与管理 DNS 服务器、Web 服务器的配置、FTP 服务器的配置、终端服务的配置和故障的诊断与恢复，共分为 12 项目，37 个任务。每一个项目先是描述要完成的项目案例，再是对项目进行分析，列出完成项目的方法，将一个较大的项目分解为多个任务，然后讲解如何完成每个任务，最后进行项目评价。每章都有课后习题和项目实践，巩固学生所学知识。本书引入了企业实际项目，与企业接轨，教学与实际相结合，突出技能培养，注重实践操作，遵循中职学生的认识规律，符合中职学生的特点，方便教师在实验室完成教学。

图书在版编目（CIP）数据

Windows Server 2008 服务器管理与配置 / 郭德仁，林焕民主编. —北京：电子工业出版社，2016.4

ISBN 978-7-121-28455-7

Ⅰ. ①W… Ⅱ. ①郭… ②林… Ⅲ. ①Windows 操作系统—网络服务器—中等专业学校—教材 Ⅳ. ①TP316.86

中国版本图书馆 CIP 数据核字（2016）第 059773 号

策划编辑：关雅莉
责任编辑：郝黎明
印　　刷：北京盛通数码印刷有限公司
装　　订：北京盛通数码印刷有限公司
出版发行：电子工业出版社
　　　　　北京市海淀区万寿路 173 信箱　邮编　100036
开　　本：787×1 092　1/16　印张：14.25　字数：264.8 千字
版　　次：2016 年 4 月第 1 版
印　　次：2024 年 8 月第10 次印刷
定　　价：29.80 元

凡所购买电子工业出版社图书有缺损问题，请向购买书店调换。若书店售缺，请与本社发行部联系，联系及邮购电话：（010）88254888，88258888。

质量投诉请发邮件至 zlts@phei.com.cn，盗版侵权举报请发邮件至 dbqq@phei.com.cn。

本书咨询联系方式：（010）88254617，luomn@phei.com.cn。

前言 PREFACE

在教育部“中等职业学校计算机应用与软件技术专业领域技能型紧缺人才培养培训指导方案”中，对本课程的要求为：桌面常用操作系统的安装、配置、管理与维护，主流网络操作系统的安装、配置、管理与维护，操作系统的性能与安全性，网络的安全与防范。通过学习，能够进行桌面、主流网络操作系统的安装、配置、管理与维护；能够进行服务器的安装、配置、管理与维护服务。

通过对部分企事业单位的网络服务器操作系统使用情况的调研，依据教育部中等职业学校计算机应用与软件技术专业培训指导方案，同时结合国家“网络搭建及应用”项目的技能比赛，最终确定以 Windows Server 2008 作为网络操作系统，以 Windows 7 作为客户端操作系统，进行网络服务器的讲解。Windows Server 2008 是微软公司推出的新一代网络服务器操作系统，企业普及度高、安全、可靠，可视化程度高，操作较为简单、非常适合中职学生的学习和使用。

本书在写作时，结合中职学生的特点，遵循中职学生的认知规律，突出职业教育的教学特点，以企业典型网络项目为基础，采用项目教学法，梳理出完成项目所需要具备的知识、技能和职业素养，确定并序化教学内容、设计课程项目，最终确定了 12 个教学项目，37 个教学任务。教学内容主要包括 VMware Workstation 软件的使用、Windows Server 2008 安装与配置、活动目录的配置、用户和组账户管理、Windows Server 2008 的磁盘管理、文件服务器的配置、配置 DHCP 服务、配置与管理 DNS 服务器、Web 服务器的配置、FTP 服务器的配置、终端服务的配置和故障的诊断与恢复。同时，本书具有以下主要特点：

1. 采用图文并茂的形式讲解教学内容，使教学更加得心应手。

2. 立足于企业实际项目，采用项目教学法，能够与企业实际操作接轨。

3. 本书根据“教学做评一体化”的教学模式编写，理论与实践相结合，每个项目有项目描述、项目分析、项目分任务、项目准备、项目分任务实施、项目评价和项目实践七个部组成，非常适合学生的“学”和教师的“教”。

4. 遵循网络专业应用课程的基本教学规律，注重实践能力培养。

5. 实验时可以在一台计算机上虚拟出多台计算机的角色，既方便了学生的操作又节省了教学资源。

在使用本书实施教学时，建议使用项目教学法，采用“教学做评一体化”的教模式。本书共 72 学时，建议讲解 24 学时，实验 48 学时。

本书由青岛电子学校郭德仁担任主编，林焕民担任副主编，全书由郭德仁统稿，青岛市教育局电教馆副馆长、高级教师刘秀元担任本书主审。

由于作者水平有限，疏漏之处在所难免，敬请读者批评指正。

作　者

CONTENTS | 目录

VMware Workstation 软件的使用

知识目标

- 掌握虚拟机几个相关重要概念；
- 了解常用的虚拟机软件有哪些；
- 掌握创建虚拟机的方法；
- 掌握添加、删除虚拟机硬件的方法；
- 理解快照的概念；
- 掌握克隆虚拟机的方法；
- 掌握 VMware Tools 的安装方法。

技能目标

- 能够创建虚拟机；
- 能够为虚拟机加载光盘、添加硬盘、删除不需要的硬件；
- 能够拍摄快照、还原快照；
- 能够克隆虚拟机。

项目描述

使用 VMware Workstation 软件创建一台 Windows Server 2008 虚拟机，并给虚拟机加载 Windows Server 2008 虚拟安装光盘。

打开一个已安装 Windows Server 2008 操作系统的虚拟机，为其创建快照，删除虚拟机中不使用的设备，添加一块新硬盘，最后，利用已有虚拟机克隆一台新的虚拟机。

项目分任务

任务 1：创建一台虚拟机

任务 2：VMware Workstation 软件的基本操作

项目准备

为保证本项目顺利完成，需要准备如下设备和软件：

（1）一台计算机，安装 Windows XP 或 Windows 7 操作系统。

（2）VMware Workstation 10.0 软件安装包和一台已经安装好 Windows Server 2008 操作系统的虚拟机。

项目分任务实施

任务 1　创建一台虚拟机

任务描述

使用 VMware Workstation 软件创建一台 Windows Server 2008 虚拟机，并给虚拟机加载 Windows Server 2008 虚拟安装光盘。

知识要点

一、几个重要概念

1. 虚拟机

虚拟机并非是一台真正的计算机，而是使用虚拟机软件在已有操作系统和硬件的基础上虚拟出来的计算机，它映射真实主机的硬件资源，和真实的计算机一样，有光驱、硬盘、内存、CPU、光驱等硬件。使用起来几乎和真实的计算机一样，甚至有真实的计算机无法比拟的优点，常用于搭建虚拟服务器和破坏性的实验等。

通过虚拟机软件，可以同时安装和运行多个操作系统，这些操作系统之间相互独立，互不影响。虚拟机与虚拟机、虚拟机与真实的计算机之间可以实现相互通信，并且虚拟机能够连接到 Internet。

2. 宿主机与宿主操作系统

宿主机是指真实的计算机，宿主机的操作系统称为宿主操作系统，是安装虚拟机软件的操作系统。

3．客户机与客户机操作系统

客户机是指虚拟机软件中的虚拟计算机，也称为虚拟机。客户机操作系统是指运行在虚拟计算机的操作系统。

4．虚拟硬件

虚拟硬件是指通过虚拟机软件模拟出来的硬件资源，如光驱、硬盘、内存、CPU、光驱，和真实计算机硬件的使用方法几乎一样。

5．光盘映像

光盘映像是指利用一些光盘软件将真实光盘制作成一个映像文件（扩展名为.iso），供虚拟的光驱使用，与真实的光盘使用一样。

二、虚拟机软件介绍

1．常用的虚拟机软件

目前常用的虚拟机软件主要有 VMware 和 Sun VirtualBox，其中 VMware 是应用的主流。

（1）VMware 软件

VMware 软件是由 VMware 公司开发的虚拟软件，包括多个版本，其中 Workstation 版是一款桌面虚拟机软件，是开发、测试 、部署新应用程序的最佳解决方案。其功能强大、安装与使用简单，具有非常高的稳定性和安全性等特点，能够支持主流操作系统，目前被广泛使用，目前最高版本是 VMware Workstation 10.0。

（2）Sun VirtualBox

Sun VirtualBox 是 Sun Microsystems 公司开发的一款虚拟机软件，支持主流操作系统，虚拟机操作系统包括几乎所有操作系统，拥有强大的功能。它是一套开源软件，用户不仅可以免费使用，还能获得其源代码。

2. VMware Workstation 10.0 软件的安装

VMware Workstation 10.0 安装非常简单，只要双击安装程序包，根据提示安装即可。安装过程中出现选择“典型”安装还是“自定义”安装，对于普通用户来说，选择“典型”安装就可以了。

3．VMware workstation 软件的打开

执行“开始”→“所有程序”→“VMware”→“VMware Workstation”命令，打开 VMware Workstation 软件，如图 1-1 所示。

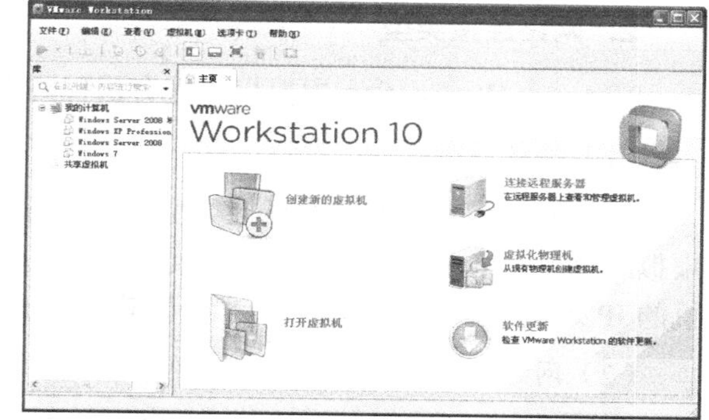

图 1-1　VMware Workstation 软件

三、虚拟机的网络模式

1．网络设备

在安装虚拟机软件 VMware Workstation 时，会生成一些虚拟网络设备，用于实现虚拟机与

宿主机、虚拟机与虚拟机、虚拟机与 Internet 上的主机相互通信。

（1）虚拟交换机

执行“编辑”命令，打开“虚拟网络编辑器”对话框，如图 1-2 所示，VMnet0、VMnet1 和 VMnet8 是虚拟交换机，其中，VMnet0 是桥接模式下的虚拟交换机，VMnet1 是仅主机模式的虚拟交换机，VMnet8 是 NAT 模式下的虚拟交换机。

（2）虚拟网卡

在宿主机中安装了两块虚拟网卡 VMware Network Adapter VMnet1 和 VMware Network Adapter VMnet8，如图 1-3 所示，其中 VMware Network Adapter VMnet1 与 VMnet1 虚拟交换机连接，是宿主机与仅主机模式虚拟网络进行通信的虚拟网卡，VMware Network Adapter VMnet8 与 VMnet8 虚拟交换机连接，是宿主机与 NAT 模式虚拟网络进行通信的虚拟网卡。

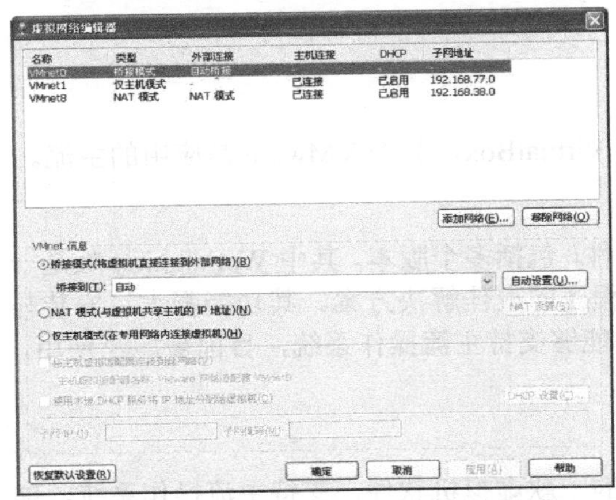

图 1-2 “虚拟网络编辑器”对话框

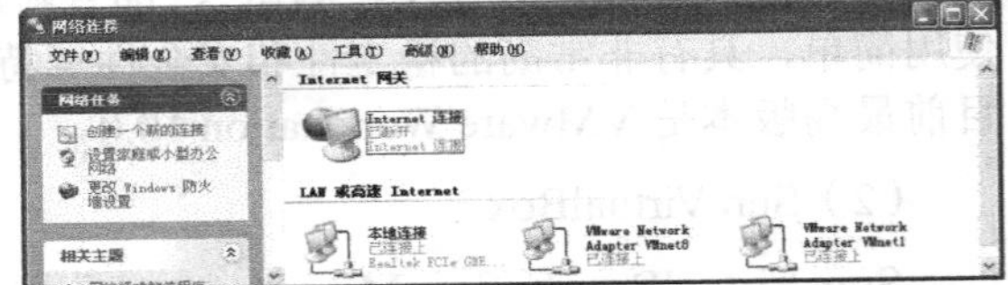

图 1-3 两块虚拟网卡

2. 网络连接类型

VMware Workstation 虚拟机软件有四种网络连接类型，如图 1-9 所示。

（1）桥接网络

桥接网络是常用的一种连接类型，宿主机物理网卡和客户机的虚拟网卡，连接在 VMnet0 虚拟网桥上。宿主机和客户机处于同一网段，如果网段中有 DHCP 服务器，那么宿主机和客户机的 IP 地址设为自动获取后，都可以获取到 IP 地址。

（2）网络地址转换

网络地址转换用于客户机通过宿主机连接到 Internet，也就是说，如果宿主机能够访问 Internet，那么通过网络地址转换后，客户机也能够访问 Internet。但虚拟机自己不能连接到 Internet，必须通过宿主机对客户机所有进出网络的数据包进行地址转换。

这种连接类型，使用 VMnet8 虚拟交换机，宿主机上的 VMware Network Adapter VMnet8 虚拟网卡连接到 VMnet8 虚拟交换机，与客户机通信。VMware Network Adapter VMnet8 虚拟网卡仅仅用于与 VMnet8 网络通信使用，不作为 VMnet8 网络提供路由功能，处于虚拟 NAT 网络下的客户机是使用虚拟的 NAT 服务器与 Internet 连接。

（3）仅主机模式网络

这种网络连接类型将网络设计成一个与外界隔绝的网络，与 NAT 网络不同的地方是没有用到 NAT 服务，没有服务器为 VMnet1 网络作路由。

（4）不使用网络连接

虚拟机作为单机使用，不与外其他计算机通信。

任务实施

1. 安装 VMware Workstation 10.0 软件

① 启动计算机，双击安装程序包，打开“VMware Workstation 安装”窗口，单击“下一步”按钮，在“许可协议”中选择“我接受许可协议中的条款”选项，单击“下一步”按钮。

② 在“安装类型”中选择“典型”项，单击“下一步”按钮，根据提示完成安装即可。

2. 创建 Windows Server 2008 虚拟机

① 在 F 盘创建名称为“Windows Server 2008”文件夹，用于保存虚拟机文件，打开 VMware Workstation 软件，单击菜单“文件”→“新建虚拟机”或单击“主页”选项卡中的“创建新的虚拟机”图标，打开“新建虚拟机向导”窗口，单击“下一步”按钮。

② 在“您希望使用什么类型的配置”中选择“自定义”选项，如图 1-4 所示，单击“下一步”按钮，在“硬件兼容性”下拉列表中选择“Workstation 10.0”选项，单击“下一步”按钮。

③ 在“安装客户机操作系统”中选择“稍后安装操作系统”选项，如图 1-5 所示，单击“下一步”按钮。

安装程序光盘：指从真实的光盘中安装操作系统。

安装程序光盘映像文件：指从光盘映像文件中安装操作系统。

稍后安装操作系统：暂时不安装操作系统。

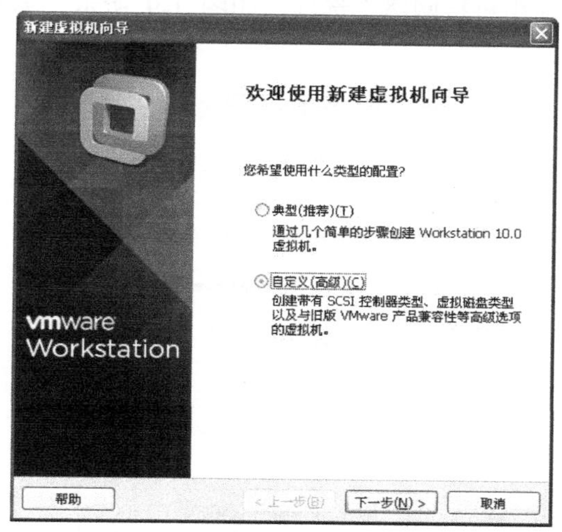

图 1-4　选择什么类型的配置

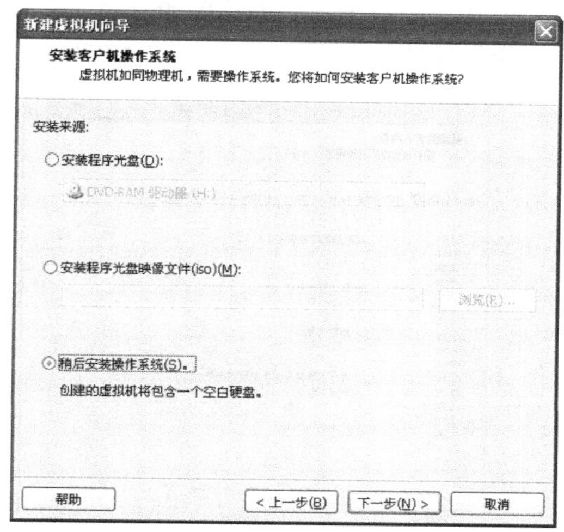

图 1-5　选择安装来源

④ 在“选择客户机操作系统”中将“客户机操作系统”设置为“Microsoft Windows”，“版

本”选择“Windows Server 2008”，如图 1-6 所示，单击“下一步”按钮。

⑤ 在“命名虚拟机”中设置“虚拟机名称”默认为“Windows Server 2008”，在“位置”中输入保存虚拟机文件的路径“F:\ Windows Server 2008”，也可以单击“浏览”按钮，选择该文件夹，如图 1-7 所示，单击“下一步”按钮。

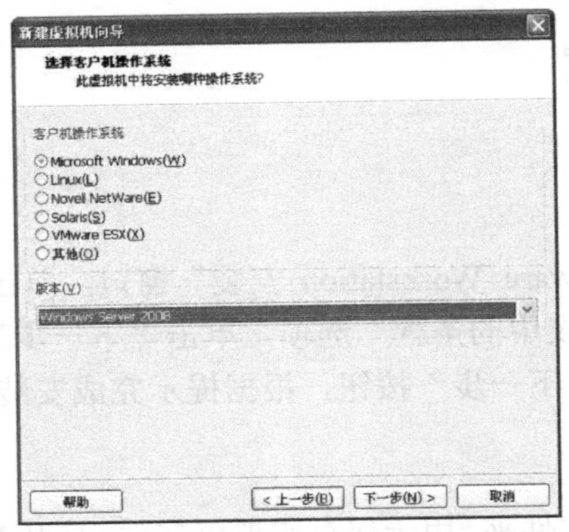

图 1-6　选择客户机操作系统

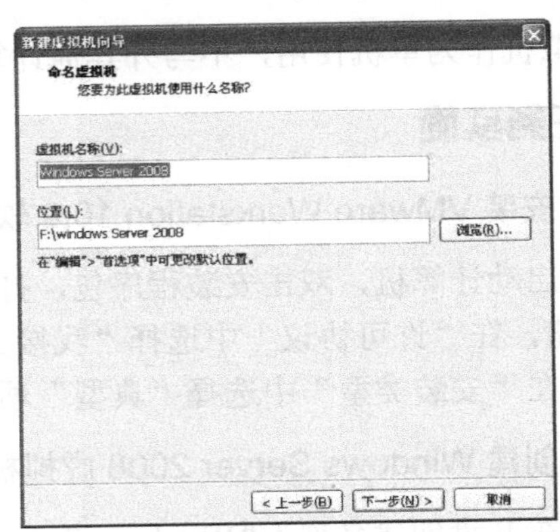

图 1-7　命名虚拟机

⑥ 在“处理器配置”中设置“处理器的数量”为“1”，设置“每个处理器的核心数量”为“1”，单击“下一步”按钮。

⑦ 在“此虚拟机的内存”中设置“此虚拟机的内存”为“768”MB，证明这里的虚拟机内存要设置为 4 的倍数，如图 1-8 所示，单击“下一步”按钮。

小经验

Windows XP 内存最小可以设置为 96MB，Windows Server 2003 内存最小可以设置为 128 MB，Windows 7 内存最小可以设置为 258 MB，Windows Server 2008 内存最小可以设置为 512 MB。

⑧ 在“网络类型”的“网络连接”中选择“使用桥接网络”选项，如图 1-9 所示。单击“下一步”按钮。

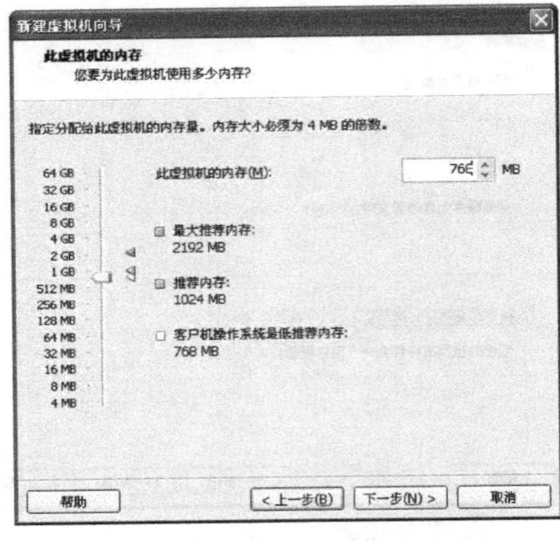

图 1-8　设置虚拟机的内存

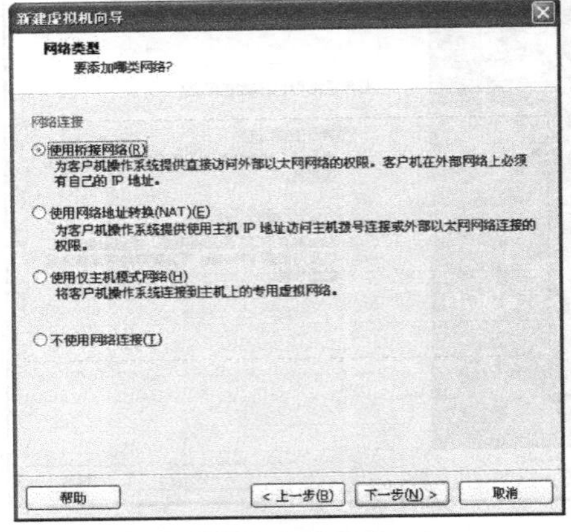

图 1-9　选择网络类型

⑨ 在“选择 I/O 控制器类型”的“I/O 控制器类型”中默认选中“LSI Logic SAS” 项，

单击“下一步”按钮。

⑩ 在“选择磁盘类型”的“虚拟磁盘类型”中默认选中“SCSI”项，单击“下一步”按钮。

⑪ 在“选择磁盘”的“磁盘”中默认选中“创建新虚拟磁盘”，如图 1-10 所示，单击“下一步”按钮。

创建新虚拟磁盘：新建一块虚拟磁盘，虚拟磁盘实际上是一些文件。

使用现有虚拟磁盘：指使用已经存在的虚拟磁盘。

使用物理磁盘：指使用真实磁盘作为虚拟机磁盘，适用于高级用户。

⑫ 在“指定磁盘容量”的“最大磁盘大小”中设置其大小为“40”GB，选中“将虚拟磁盘拆分成多个文件”项，如图 1-11 所示，单击“下一步”按钮。

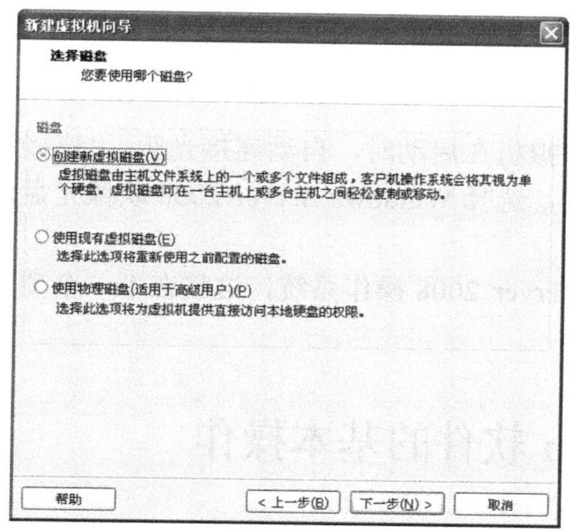

图 1-10　选择虚拟机的硬盘

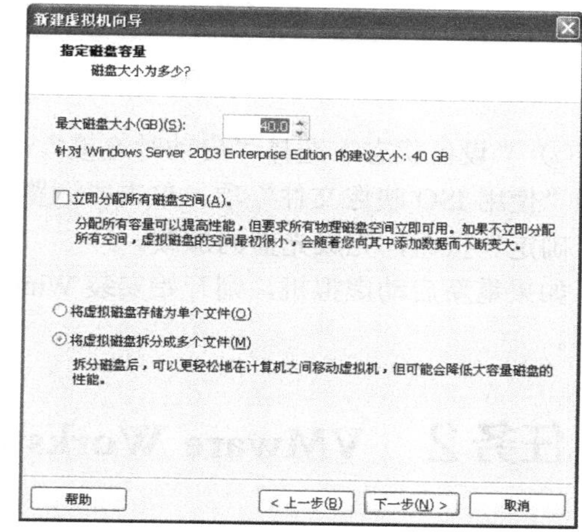

图 1-11　设置磁盘容量

立即分配所有磁盘空间：根据虚拟磁盘的大小，从真实磁盘上为虚拟磁盘分配空间，有利于提高虚拟磁盘性能，但分配的这部分空间，被虚拟磁盘完全占用。

将虚拟磁盘存储为单个文件：将虚拟磁盘存储为一个文件，性能会比较高。

将虚拟磁盘拆分成多个文件：将虚拟磁盘存储为多个文件，性能会降低，但有利于虚拟机的移动。

⑬ 在“指定磁盘文件”的“磁盘文件”中所用默认设置“Windows Server 2008.vmdk”，单击“下一步”按钮。

⑭ 单击“完成”按钮，完成虚拟机的创建。在 VMware Workstation 软件的左侧“库”中会显示“Windows Server 2008”虚拟机，在右侧显示虚拟机的配置等，如图 1-12 所示。

说明

如果要移除虚拟机可以在“库”中选择虚拟机，右击，在打开的快捷菜单中选择“移除”命令，移除虚拟机，仅仅将虚拟机从 VMware Workstation 软件中删除，而不会删除保存虚拟机的文件，以后可以继续打开。

3．加载光盘

单击虚拟机中的“设备”，展开，单击要设置的选项，如内存、CPU、网络适配器等，可

以对虚拟机的设备进行配置，如加载映像光盘。

① 单击“设备”中的“CD/DVD”，打开“虚拟机设置”对话框，显示“CD/DVD”项，如图 1-13 所示。

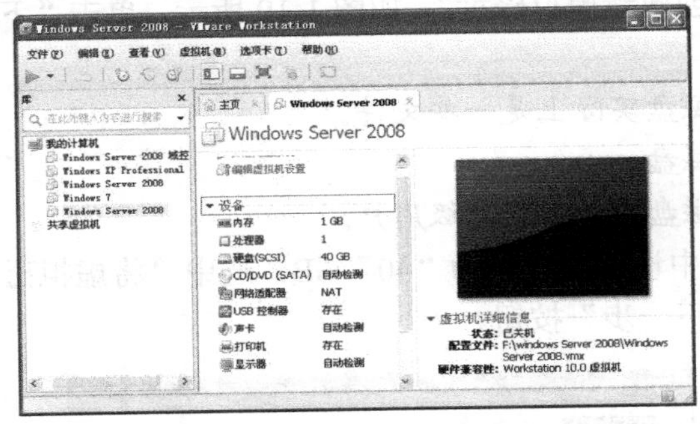

图 1-12　在库中显示虚拟机

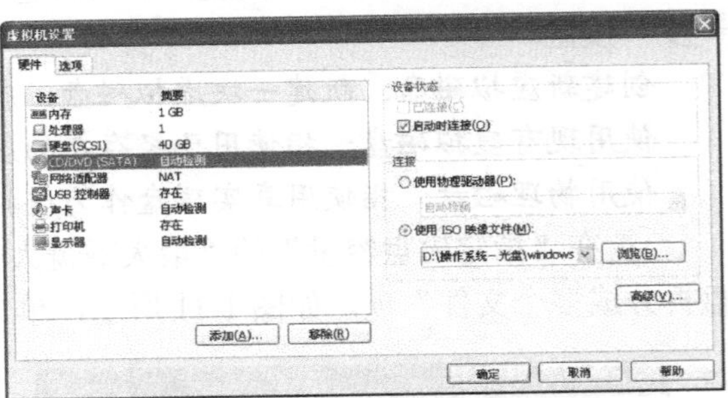

图 1-13　“虚拟机设置”对话框

② “设备状态”选择“启动时连接”，这样虚拟机在启动时，自动连接光驱，“连接”中选中“使用 ISO 映像文件”项，单击“浏览”按钮，选择 Windows Server 2008 映像光盘，单击“确定”按钮，完成光盘的加载。

如果重新启动虚拟机，则开始安装 Windows Server 2008 操作系统，这将在下一个项目中讲解。

任务 2　VMware Workstation 软件的基本操作

任务描述

打开已安装 Windows Server 2008 操作系统的虚拟机，为其创建快照，删除虚拟机中不使用的设备，并添加一块新硬盘。最后，利用已有虚拟机克隆一台新的虚拟机。

知识要点

1. 什么是虚拟机快照？

快照是虚拟机的一种状态，在虚拟机使用过程中可以保存虚拟机的一种状态，当需要回到这种状态时，可以通过恢复快照来解决。快照对 IT 工作者进行实验和测试非常有用，如果有多个快照，需要通过“快照管理”窗口来管理。

2. VMware Tools 工具包

VMware Tools 是虚拟机的工具包，一台虚拟机安装 VMware Tools 后，可以增强虚拟机的功能，例如，可以直接将鼠标在虚拟机和宿主机之间切换，可以在虚拟机和宿主机之间相互复制文件，以及提高虚拟机的显示性能等。其安装方法如下：

方法一：启动虚拟机（带有操作系统）时或安装操作系统后，VMware Tools 安装程序会自动运行，如果没有自动运行，可以打开虚拟机的光驱，运行 Setup.exe 程序安装。

方法二：启动虚拟机（带有操作系统）后，执行“虚拟机”→“安装 VMware Tools”菜单命令，在弹出的对话中单击“安装”按钮，进行安装。

任务实施

1．打开并启动 Windows Server 2008 虚拟机

① 执行“文件”→“打开”菜单命令，打开“打开”对话框，找到存放虚拟机文件的文件夹，选择“Windows Server 2008.vmx”文件，如图 1-14 所示，单击“打开”按钮，打开 Windows Server 2008 虚拟机。

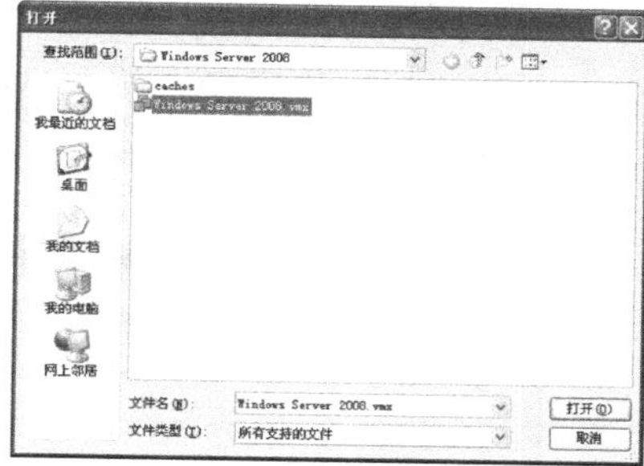

图 1-14　“打开”对话框

② 单击 开启此虚拟机 图标，开启 Windows Server 2008 虚拟机，用户自动登录，按【Ctrl+Alt+Insert】组合键（相当于宿主操作系统按 Ctrl+Alt+Delete 组合键），或者在工具栏单击“将 Ctrl+Alt+Delete 发送到虚拟机”图标。

③ 单击“切换用户”按钮，再按 Ctrl+Alt+ Insert 组合键，选择 Administrator 账户，如果没有设置密码，登录时要求设置密码，设置密码后，以管理身份登录，关闭“初始任务配置”窗口。

2．为 Windows Server 2008 虚拟机创建与还原快照

① 单击工具栏中的“拍摄此虚拟机的快照”图标，打开“拍摄快照”对话框，输入名称“快照 1”和描述信息，如图 1-15 所示，单击“拍摄快照”按钮，开始创建快照。

② 在 Windows Server 2008 中随便进行一些操作，例如，创建几个文件夹等。

③ 单击工具栏中的“将此虚拟机的恢复到快照：快照 1”图标，弹出“VMware Workstation”对话框，询问“要恢复快照 1 吗？”，如图 1-16 所示，单击“是”按钮，将虚拟机恢复到快照 1 的状态，刚才在 Windows Server 2008 中进行的操作被还原。

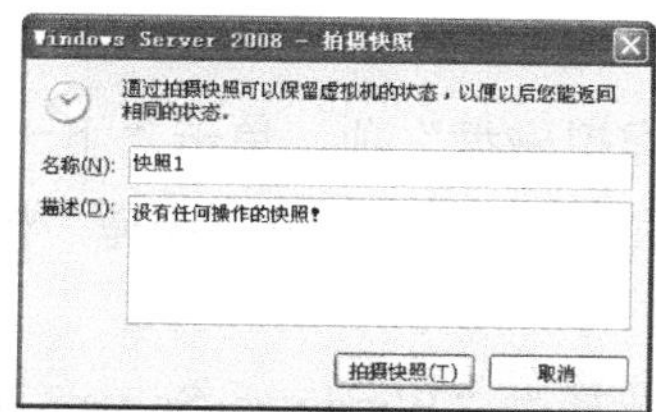

图 1-15　拍摄快照

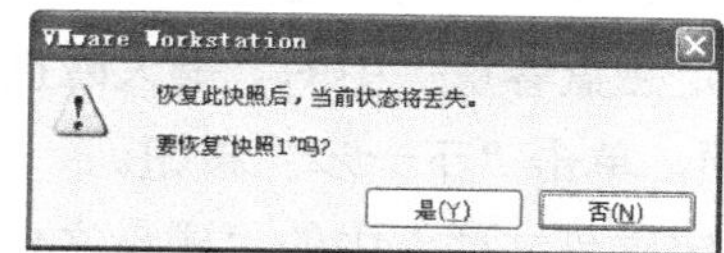

图 1-16　“VMware workstation”对话框

④ 如果创建了多重快照，需要在工具栏单击“管理此虚拟机的快照”图标，或执行“虚拟机”→“快照”→“快照管理器”菜单命令，打开“快照管理器”对话框，如图 1-17 所示，对快照进行管理。

说明

选择某一快照，单击“转到”按钮，可以还原快照，单击“删除”按钮，可以删除快照，也可以单击“拍摄快照”，为虚拟机创建新的快照。

3. 删除不使用的设备，并添加一块硬盘

① 执行“虚拟机”→“设置”菜单命令，打开“虚拟机设置”窗口，切换到“硬件”选项卡，如图 1-13 所示。

② 删除软驱。选择“设备”中的“软盘”，单击“移除”按钮，将“软驱”从虚拟机中删除。

③ 同样，选择“打印机”设备，将其删除。

④ 添加一块硬盘。单击“添加”按钮，打开“添加硬件向导”对话框，在“硬件类型”选择“硬盘”，如图 1-18 所示，单击“下一步”按钮。

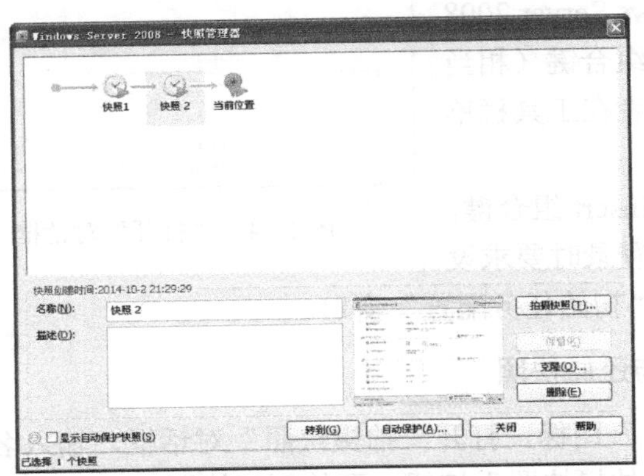

图 1-17 “快照管理”对话框

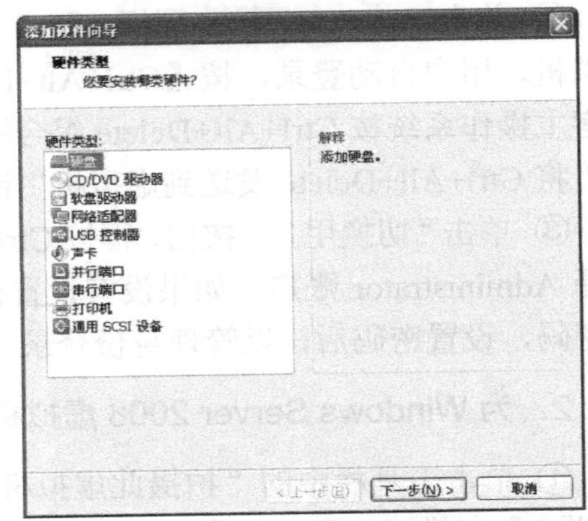

图 1-18 选择“硬盘”

⑤ 在“选择磁盘类型”中的“虚拟磁盘类型”默认选择“SCSI”项，如果“模式”中选择“独立”复选框，磁盘将不受快照影响，选择“永久”项，更改将永久写入磁盘，选择“非永久”项，关闭或还原快照后，对磁盘所做的更改将被放弃，如图 1-19 所示，单击“下一步”按钮。

⑥ 在“选择磁盘”中的“磁盘”选择“创建新虚拟磁盘”项，单击“下一步”按钮。

⑦ 将“指定磁盘容量”中的“最大磁盘大小”设置为“30”GB，选择“将虚拟磁盘拆分成多个文件”项，单击“下一步”按钮。

⑧ 在“指定磁盘文件”中的“磁盘文件”默认选择为“Windows Server 2008-1.vmdk”，单击“完成”按钮，在“虚拟机设置”窗口中单击“确定”按钮。此时，虚拟机成功添加了一块硬盘，如果要使用硬盘还需要进一步设置。

⑨ 在 Windows Server 2008 中，执行“开始”→“管理工具”→“服务器管理”命令，打开“服务器管理”窗口，单击“存储”前的加号，将其展开，单击“磁盘管理”，切换到磁盘管理，如图 1-20 所示，可以看到刚添加的磁盘 1。

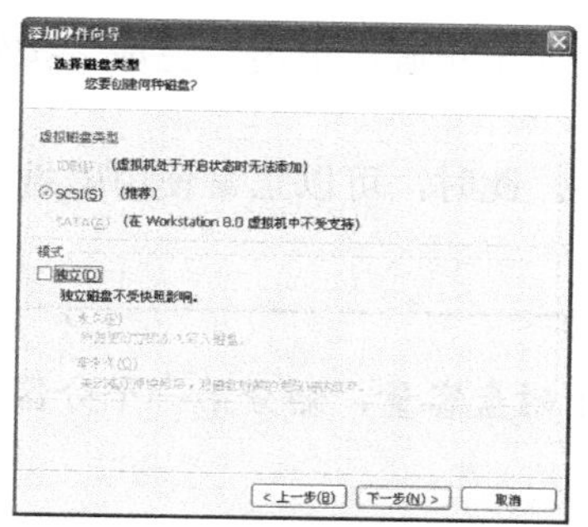

图 1-19　选择磁盘类型

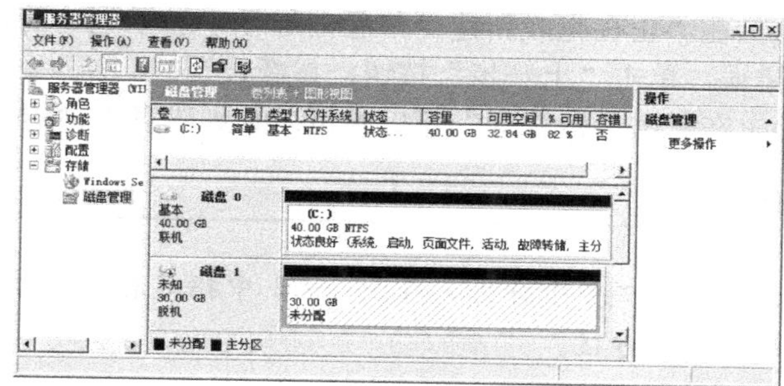

图 1-20　磁盘管理

⑩ 在“磁盘 1”上右击，选择“联机”命令，将磁盘联机，再次右击，选择“初始化磁盘”命令，打开“初始化磁盘”对话框，“选择磁盘”默认为“磁盘 1”，“为所选磁盘使用以下磁盘分区形式”选择“MBR”项，如图 1-21 所示，单击“确定”按钮，完成磁盘的初始化。

⑪ 在磁盘上右击，选择“新建简单卷”命令，打开“新建简单卷向导”对话框，单击“下一步”按钮。

⑫ 在“指定卷大小”中的“简单卷大小”默认为“30717”MB，即整个磁盘的大小，如图 1-22 所示，单击“下一步”按钮。

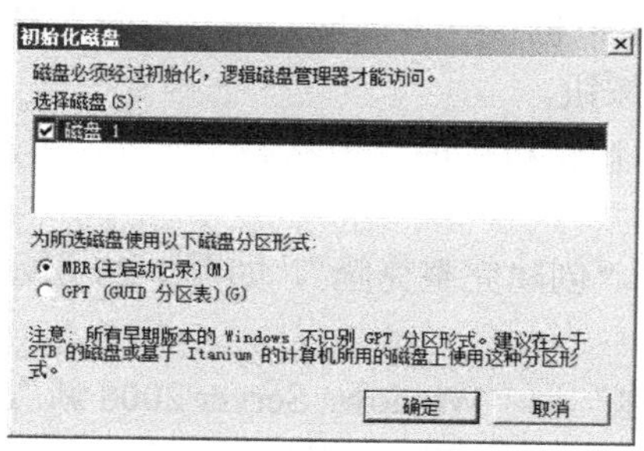

图 1-21　初始化磁盘

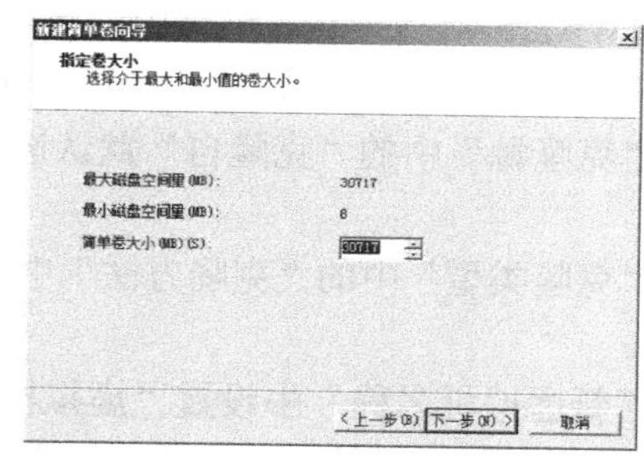

图 1-22　指定卷大小

⑬ 在“分配驱动器号和路径”中的“分配以下驱动器号”默认设置为“E”，“D”为光驱占用，如图 1-23 所示，单击“下一步”按钮。

⑭ 在“格式化分区”中选择“按下列设置格式化这个卷”，“文件系统”默认为“NTFS”，“分配单元大小”为“默认值”，“卷标”默认为“新加卷”，选择“执行快速格式化”复选框，如图 1-24 所示，单击“下一步”按钮。

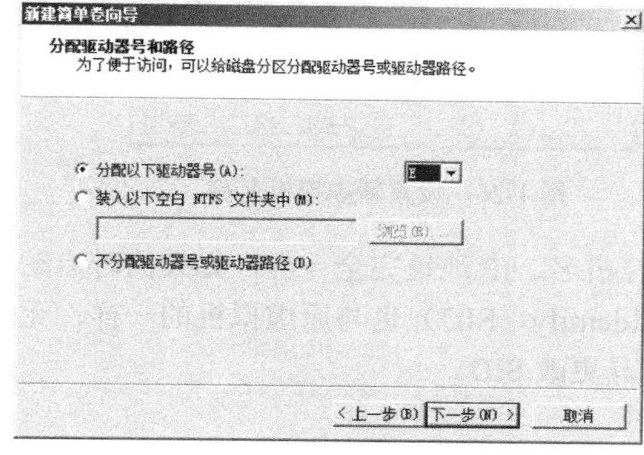

图 1-23　设置驱动器号和路径

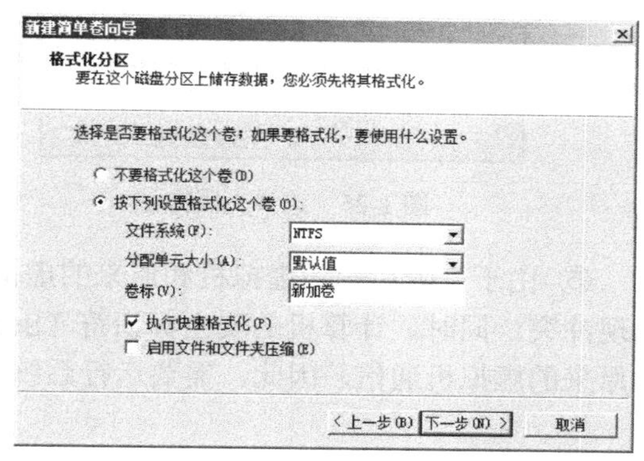

图 1-24　格式化磁盘分区

⑮ 在“正在完成新建简单卷向导”中显示刚才的设置，如果正确，单击“完成”按钮，如果错误，单击“上一步”按钮，重新设置。

⑯ 在“服务器管理”窗口中可以看到磁盘 1 中的 E 分区。此时，可以正常使用磁盘了。

证明

如果要分成多个分区，在图 1-22 中指定卷大小时应小于磁盘容量，划分第一个分区后，可以继续划分分区。

---

4. 关闭虚拟机

① 在 Window Server 2008 中，单击“关闭所有打开的程序，关闭 Windows，然后关闭计算机”按钮⊙，弹出“关闭 Windows”对话框。

② 在“关闭事件跟踪程序”的“选项”中默认选择“其他（计划的）”，在“注释”中随便输入部分文字，单击“确定”按钮，关闭计算机。

5. 克隆一台 Window Server 2008 虚拟机。

① 在 VWware Workstation 软件中，执行“虚拟机”→“管理”→“克隆”菜单命令，打开“克隆虚拟机向导”对话框，单击“下一步”按钮。

② 在“克隆源”中的“克隆自”默认选择“虚拟机中的当前状态”选项，单击“下一步”按钮。

③ 在“克隆类型”中的“克隆方法”中选择“创建完整克隆”，如图 1-25 所示。单击“下一步”按钮。

④ 在“新虚拟机名称”中设置“虚拟机名称”为“Windows Server 2008 新”，“位置”为“D:\win2008”，如图 1-26 所示，单击“完成”按钮，开始克隆虚拟机，这个过程可能需要几分钟的时间。

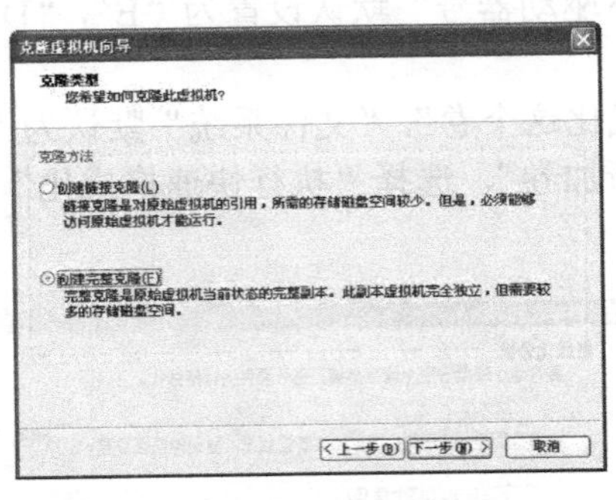

图 1-25　选择克隆方法

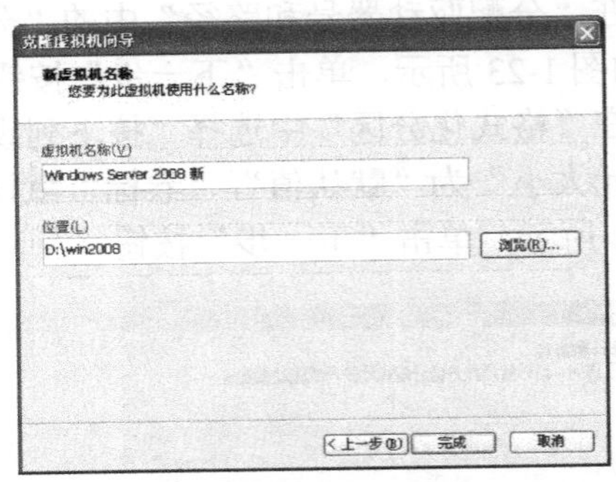

图 1-26　设置新虚拟机名称

⑤ 由于克隆后的新虚拟机和原来的虚拟机计算机名、IP 地址完全一样，如果同时启动将出现冲突，同时，计算机的安全标识符（Security Identify，SID）也与原虚拟机的一样，无法和原来的虚拟机通信，因此，需要运行系统准备工具更改 SID。

⑥ 启动克隆的虚拟机，运行 C:\windows\system32\sysprep 文件夹下的 sysprep.exe，打开“系统准备工具”对话框，在“系统清理操作”中选择“进入系统全新体验”项，选择“通用”复选框，“关机选项”中选择“重新启动”，如图 1-27 所示，单击“确定”按钮，重新启动虚拟机。

⑦ 重启后，根据提示设置国家和地区、时间和货币等，并输入新的计算机名称，最后重新设置管理员密码。

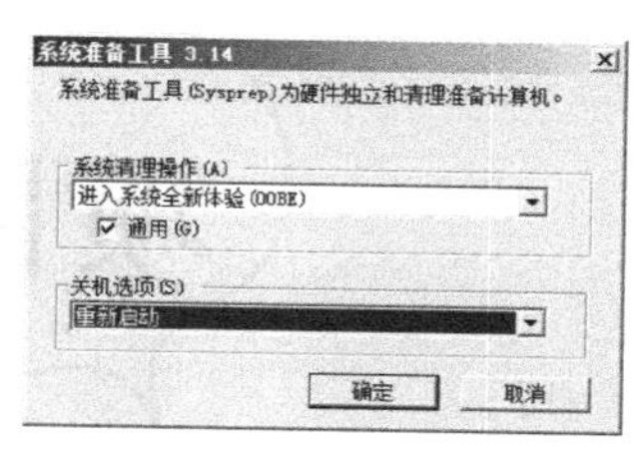

图 1-27　系统准备工具

项目评价

项目 1　分任务完成情况评价表

任务名称	配分	评分要点	自评	组长评价	教师评价
任务 1	50 分	创建 Window Server 2008 虚拟机并加载光盘			
任务 2	50 分	为虚拟机创建快照，添加一块硬盘，并克隆一个虚拟机			
项目总体评价（总分）					

习题 1

一、填空题

1. ____________并非是一台真正的计算机，而是使用虚拟机软件在已有操作系统和硬件的基础上虚拟出来的计算机。

2. ____________是指运行在虚拟机上的操作系统。

3. 一台虚拟机安装____________后，可以增强虚拟机的功能。

4. ____________是虚拟机的一种状态，在虚拟机使用过程中可以为虚拟机保存一种状态，当需要回到这种状态时，恢复即可。

5. 添加磁盘后，新建简单卷之前，先要进行____________操作。

二、简答题

1. 目前常用的虚拟机软件有哪些？各有什么特点。

2. 虚拟机安装 VMware Tools 有哪两种方法？

项目实践 1

某学生想通过虚拟机软件学习 Windows Server 2008 网络操作系统的使用，请你帮他创建一台虚拟机，安装 Windows Server 2008 操作系统（可以提前预习下一项目中的安装方法），并安装 VMware Tools 工具包。

将虚拟机不使用的硬件删除，并添加一块硬盘，为虚拟机创建快照。最后，利用虚拟机克隆一台新的虚拟机。

Windows Server 2008 安装与配置

知识目标

- 了解 Windows Server 2008 操作系统、硬件要求及版本知识；
- 掌握 Windows Server 2008 操作系统的安装方式。

技能目标

- 能够全新安装 Windows Server 2008 操作系统；
- 能够升级安装 Windows Server 2008 操作系统；
- 能够更改 Windows Server 2008 操作系统的桌面图标、计算机名称；
- 能够设置 Windows Server 2008 操作系统的 IP 地址。

项目描述

某企业要搭建一台文件服务器，安装 Windows Server 2008 操作系统，设置 IP 地址为 192.168.10.5，子网掩码为 255.255.255.0，网关为 192.168.10.254，首选的 DNS 服务器为 192.168.10.2，计算机名称为 Fileserver，并合理设置桌面图标。请你为该服务器安装操作系统，并进行相关设置。

另外，企业有一台 DHCP 服务器，操作系统为 Windows Server 2003，现要升级为 Windows Server 2008，请你为 DHCP 服务器升级操作系统。

项目分析

文件服务器全新安装 Windows Server 2008 操作系统，并设置 IP 地址、子网掩码、网关、DNS 服务器和桌面图标。DHCP 服务器升级安装，操作系统由 Windows Server 2003 升级到 Windows Server 2008，这样原有的 DHCP 数据库会保留下来，简化了管理员的操作。

项目分任务

任务 1：安装 Windows Server 2008 操作系统

任务 2：Windows Server 2008 的配置

项目准备

为保证实验顺利进行，请准备以下设备和光盘。

（1）Windows Server 2008 系统光盘一张。

（2）文件服务器一台，没有安装任何操作系统。

（3）DHCP 服务器一台，已安装 Windows Server 2003 操作系统。

项目分任务实施

任务 1　安装 Windows Server 2008 操作系统

任务描述

文件服务器全新安装 Windows Server 2008 操作系统，并设置 IP 地址、子网掩码、网关、DNS 服务器和桌面图标；DHCP 服务器升级安装，操作系统由 Windows Server 2003 升级到 Windows Server 2008。

知识要点

1．Windows Server 2008 简介

Windows Server 2008 是新一代 Windows Server 操作系统，与 Windows Server 2003 相比，对网络、高级安全功能、远程应用程序访问、集中式服务器角色管理、性能和可靠性监视工具、故障转移群集、部署以及文件系统等方面进行了巨大的改进，提供了空前的可用性和管理功能，具有非常高的灵活性、可用性和对其服务器的控制能力。建立了比以往更加安全、可靠和稳定的服务器环境。Windows Server 2008 还具有操作系统的深入洞查和诊断功能，便于管理员发现和解决服务器故障。

2．Windows Server 2008 版本

为了满足企业对服务器的不同需求，Windows Server 2008 发行了 9 个版本，其中包括三个不支持。

（1）Windows Server 2008 Standard（标准版）

Windows Server 2008 Standard 是迄今最稳固的 Windows Server 操作系统，具有专为增加服务器基础架构的可靠性和弹性而设计的强化 Web 和虚拟化功能，同时，也可节约时间，降低成本。系统强大的工具让用户拥有更好的服务器控制能力，并且能够简化设定和管理工作。增强的安全性功能可以强化操作系统，协助服务器保护数据和网络，为企业提供切实可靠的基础。

（2）Windows Server 2008 Enterprise（企业版）

Windows Server 2008 Enterprise 可提供企业级的平台，部署企业关键应用。它所具备的群集和热添加处理器功能，可以协助改善可用性；整合的身份管理功能，可协助改善安全性，利用虚拟化授权权限整合应用程序，可以减少基础架构的成本，因此，Windows Server 2008 Enterprise 能够为高度动态、可扩充的 IT 基础架构提供良好的基础。

（3）Windows Server 2008 Datacenter（数据中心版）

Windows Server 2008 Datacenter 所提供的企业级平台，可以在小型和大型服务器上部署具备企业关键应用及大规模的虚拟化。它所具备的群集和动态硬件分割功能，可以改善可用性；通过无限制的虚拟化许可授权来巩固应用，可以减少基础架构的成本。

（4）Windows Web Server 2008（Web 版）

Windows Web Server 2008 是专门为 Web 服务器设计的系统，而且是建立在下一代 Windows Server 2008 的 Web 基础架构功能的基础上，整合了重新设计架构的 IIS 7.0、ASP .NET 和 Microsoft NET Framework，方便用户快速部署网页、网站、Web 应用程序和 Web 服务。

（5）Windows Server 2008 for Itanium-Based Systems（安腾版）

Windows Server 2008 for Itanium-Based Systems 是针对大型数据库、各种企业和自订应用程序而开发的系统，最多可以支持 64 个处理器和 2TB 内存，符合高要求、关键性解决方案的技术需求。

（6）Windows HPC Server 2008（HPC 版）

Windows HPC Server 2008 是下一代高性能计算（HPC）平台，可提供企业级工具给高性能的 HPC 环境。由于它建立在 Windows Server 2008 及 64 位技术上，因此，可以有效地扩充至数以千计的处理器，并可以提供集中管理控制台，协助用户监督和维护系统健康状况及稳定性。它所具备的灵活作业调度功能，可以让 Windows 和 Linux 的 HPC 平台间进行整合，也可支持批量作业以及服务导向架构（SOA）工作负载，增强的处理能力、可扩充的性能以及使用简单实用等特点，使 Windows HPC Server 2008 成为同级中最佳的 Windows 环境。

除此之外，还有三个不支持 Hyper-V 的简体版：

Windows Server 2008 Standard 无 Hyper-V.

Windows Server 2008 Enterprise 无 Hyper-V.

Windows Server 2008 Datacenter 无 Hyper-V.

3. Windows Server 2008 对硬件的要求

为保证 Windows Server 2008 操作系统的正常、稳定运行，硬件配置需求以下要求。

① **处理器：**最低 1.0GHz x86 或 1.4GHz x64，推荐采用 2.0GHz 或更高的处理器。

② **内存**：最低 512MB，推荐采用 2GB 或更大的内存，32 位标准版内存最大支持 4GB、企业版和数据中心版内存最大支持 64GB；64 位标准版内存最大支持 32GB，其他版本内存最大支持 2TB。

③ **硬盘**：最少 10GB，推荐采用 40GB 或更大容量的硬盘。

④ **光驱**：光驱要求 DVD-ROM。

⑤ **显示器**：要求至少 SVGA 800×600 分辨率，或更高。

4. Windows Server 2008 安装方式

Windows Server 2008 的安装方式有两种，一种是全新安装；另一种是升级安装。

① 全新安装

如果硬盘上有操作系统，则会删除以前的操作系统后重新安装。对于新服务器一般都采用这种安装方式，安装时，将系统光盘放入光驱，根据系统提示安装即可。

② 升级安装

如果原来的操作系统是 Windows Server 2000 或 Windows Server 2003 可以直接采用升级安装的方式，如果未达到上述版本，可以先升级到该版本，再升级到 Windows Server 2008。升级安装的优点是可以保留原来操作系统的各种配置。

 任务实施

1. 文件服务器安装 Windows Server 2008 操作系统

① 在安装 Windows Server 2008 前，首先保证计算机能够从光盘启动。

② 将安装光盘放入光驱，重新启动计算机，光盘自动运行，打开“安装 Windows”界面，选择安装语言、时间和货币格式以及键盘和输入方法等，如图 2-1 所示。

③ 设置完成后，单击“下一步”按钮，出现安装提示界面，如图 2-2 所示，单击“现在安装”。

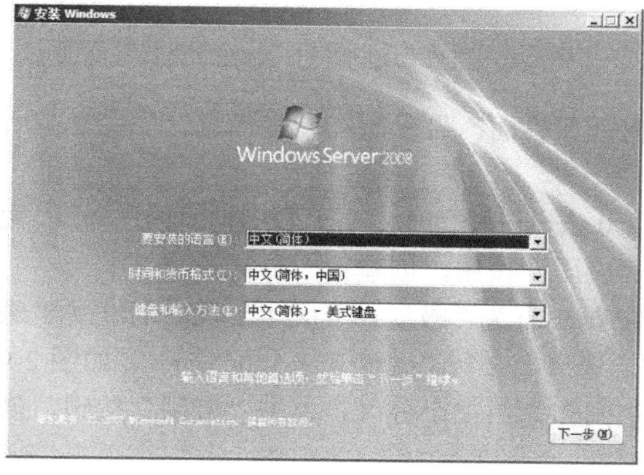

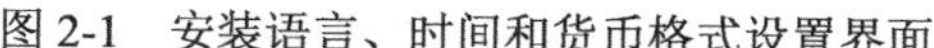
图 2-1 安装语言、时间和货币格式设置界面

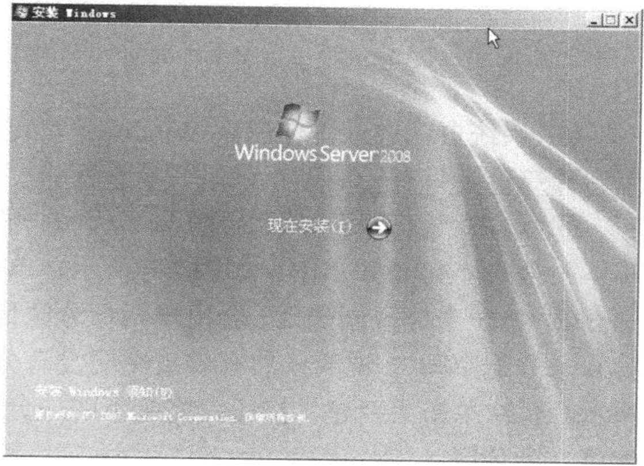

图 2-2 安装提示界面

④ 进入“选择要安装的操作系统”界面，显示可以安装的操作系统，在此选择“Windows Server 2008 Enterprise”，如图 2-3 所示。单击“下一步”按钮。

⑤ 在“获取安装的重要更新”界面中，显示联机获取更新和不获取更新，在此选择“联机以获取最新安装更新（推荐）”，如图 2-4 所示。

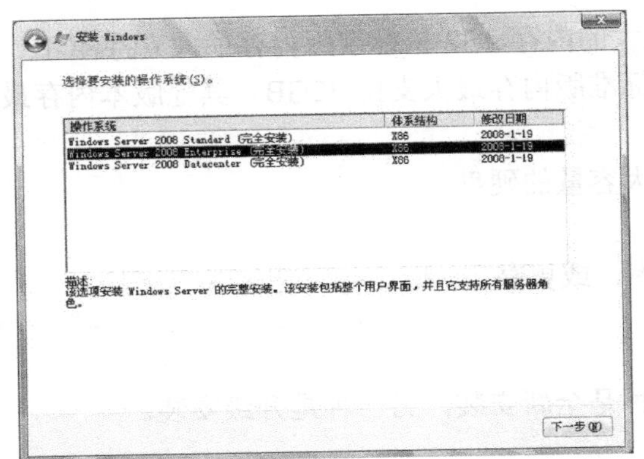

图 2-3 “选择安装的操作系统”界面

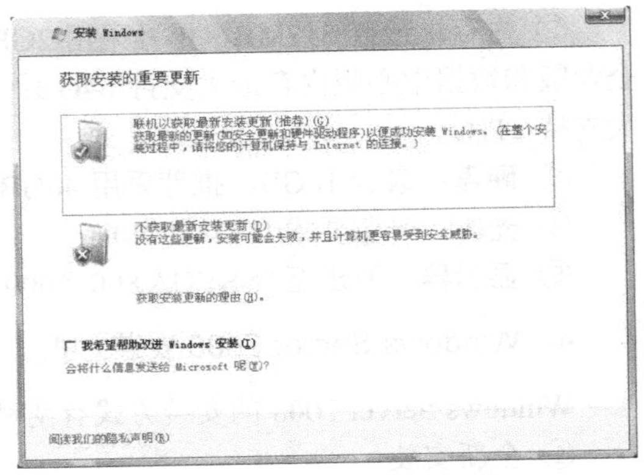

图 2-4 “获取安装的重要更新”界面

⑥ 系统自动进入“请阅读许可条款”界面，显示软件许可的条款，只有接受许可条款，才可以继续安装，勾选“我接受许可条款”，如图 2-5 所示。单击“下一步”按钮。

⑦ 在“你想进行何种类型的安装”界面中，选择“自定义（高级)”，进行全新安装。如图 2-6 所示。

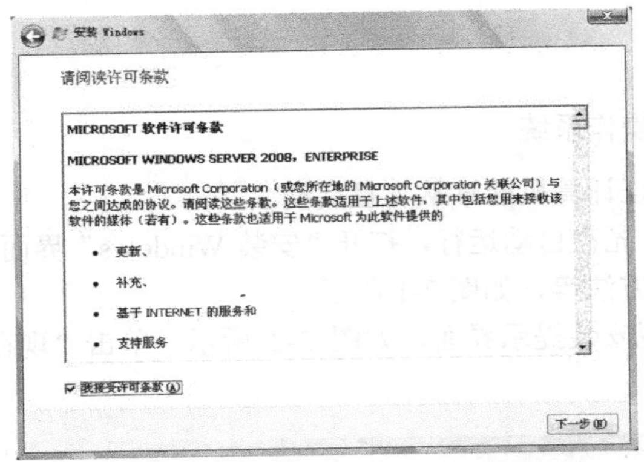

图 2-5 “请阅读许可条款”界面

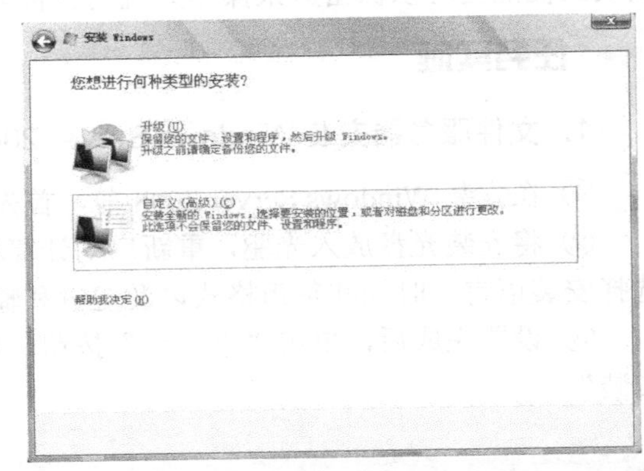

图 2-6 “你想进行何种类型的安装”界面

⑧ 系统自动进入“你想将 Windows 安装在何处”界面，显示所有硬盘信息，如图 2-7 所示，计算机中只有一块硬盘，且没有分区。

⑨ 单击“驱动器选项”，选择未分区的“硬盘 0 未分配空间”，单击“新建”按钮，在“大小”中输入“30000”MB，如图 2-8 所示，单击“应用”按钮，创建第一分区。

⑩ 第一个分区创建后，会出现两行分区信息，第 1 行为“磁盘 0 分区 1”，第 2 行仍为“磁盘 0 未分配空间”，说明依然有硬盘空间没有分区，选择第 2 行“磁盘 0 未分配空间”，如图 2-9 所示，再次单击“新建”按钮，将余下的未分配空间作为第二个分区，单击“应用”按钮，创建第二个分区。

⑪ 选择“磁盘 0 分区 1”，将操作系统安装在第一分区，单击“下一步”按钮，进入“正在安装 Windows…”界面，开始复制文件，并展开安装 Windows Server 2008，如图 2-10 所示。安装完成后，系统会自动重新启动。

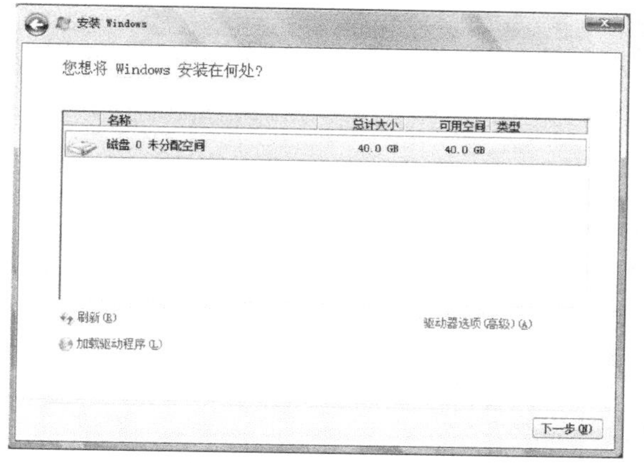

图 2-7　“您想将 Windows 安装在何处？”界面

图 2-8　创建分区

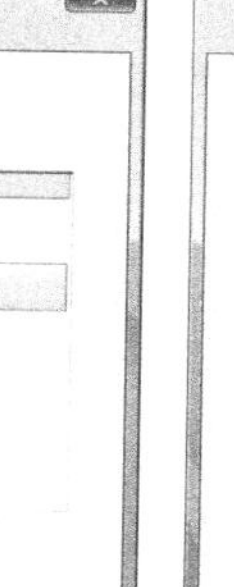

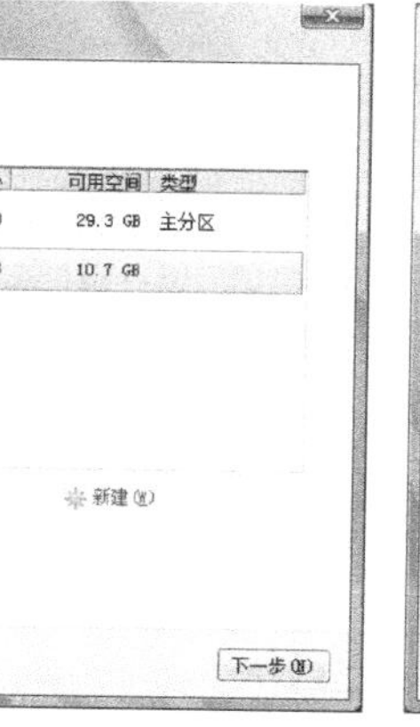

图 2-9　硬盘分区信息

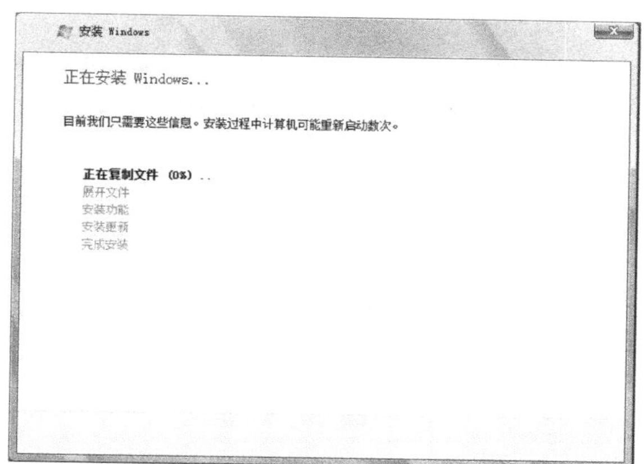

图 2-10　复制安装 Windows Server 2008

2．启动 Windows Server 2008

① 如果是第一次使用超级管理员账户登录，系统要求更改账户的密码，单击“确定”按钮，更改账户密码。

② 启动 Windows Server 2008 时，系统会提示“按 Ctrl+Alt+Delete 键登录”，按“Ctrl+Alt+Delete”组合键，进入用户登录界面，如图 2-11 所示，输入账号密码，登录系统。

③ 登录后，默认打开“初始配置任务”窗口，提示用户设置区时、配置网络、加入域和设置远程桌面等，如图 2-12 所示，同时自动打开“服务器管理器”窗口，如图 2-13 所示，方便用户配置服务器。

3．退出 Windows Server 2008

① 在关闭 Windows Server 2008 之前，应先关闭所有打开的应用程序和管理工具，然后单击“开始”菜单中的“关机”图标，系统会打开“关闭 Windows”对话框，如图 2-14 所示。

图 2-11　用户登录界面

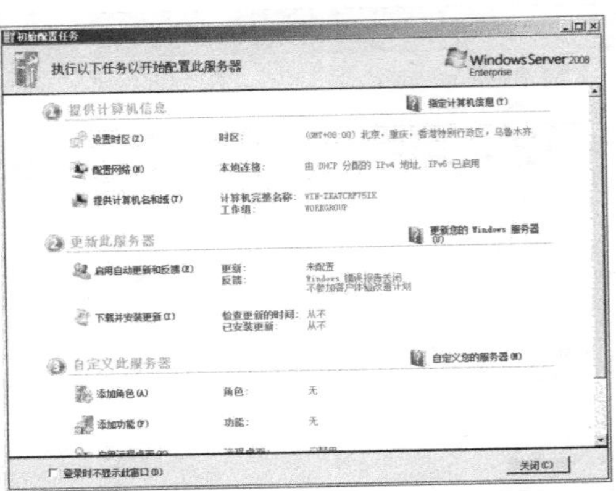

图 2-12　“初始配置任务”窗口

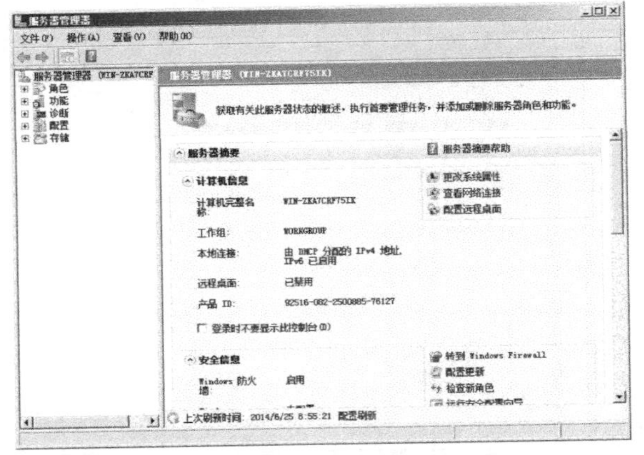

图 2-13　“服务器管理器”窗口

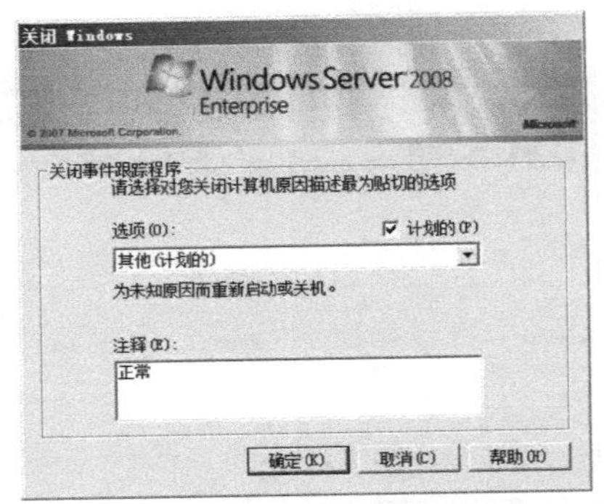

图 2-14　“关闭 Windows”对话框

② 在“选项”中，可以选择关机的原因，在注释中可以输入关机的说明。最后单击“确定”按钮，关闭服务器。

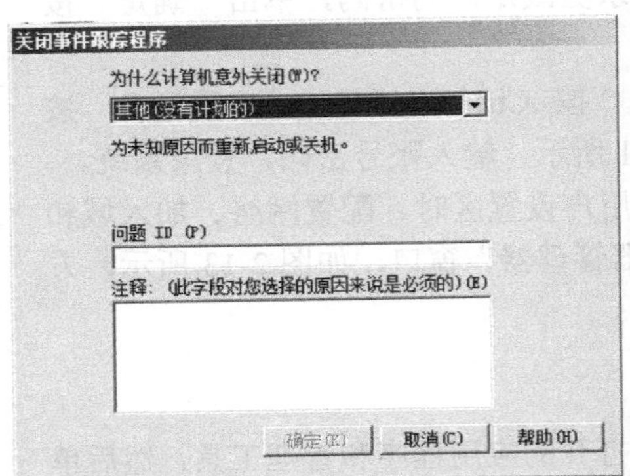

图 2-15　“关闭事件跟踪程序”对话框

说明：

① 超级管理员账号是系统默认的账号，英文为 Administrator，无需创建，默认就存在。

② 每次关闭服务器时，系统都会打开“关闭 Windows”对话框，以记录关机原因。如果服务器非正常关机或突然断电，那么在启动服务器时，会显示“关闭事件跟踪程序”对话框，如图 2-15 所示，以记录关机原因。

③ 在“开始”菜单中除了有“关机”命令，还有“重新启动”、“注销”、“锁定”和“切换用户”等命令，用户可以根据需要选择。

4. DHCP 服务器升级安装操作系统

① 打开 DHCP 服务器，放入光盘，光盘会自动运行，出现“安装 Windows”界面，如图 2-1 所示。

② 升级安装的方法与全新安装类似，只不过当出现“你想进行何种类型的安装”界面时，选择“升级”，如图 2-6 所示。另外，需要证明的是升级安装过程中不能分区。

说明： 升级安装后，原来的 DHCP 服务会保留下来，有效地减少了管理员的工作量。

任务 2 Windows Server 2008 的配置

任务描述

为方便文件服务器的操作，在桌面上显示“计算机”、“控制面板”、“网络”和“回收站”图标。并更改计算机名称为“Fileserver”，设置 IP 地址为 192.168.10.5，子网掩码为 255.255.255.0，网关为 192.168.10.254，首选的 DNS 服务器为 192.168.10.2。

知识要点

1. IP 地址的配置

IP 地址的配置有两种方法：配置静态 IP 地址和动态获取 IP 地址。

（1）配置静态 IP 地址

配置静态 IP 地址是给计算机手动配置一个 IP 地址，这个 IP 地址是固定不变的，通常情况下，服务器需要配置静态 IP 地址。

（2）动态获取 IP 地址

动态获取 IP 地址是指客户端向 DHCP 服务器发出请求，服务器向客户端分配 IP 地址，获取的 IP 地址是动态变化的。一般当网络中有 DHCP 服务器时，可以采取动态获取 IP 地址的方式，这将在以后的章节中详细讲解。

2. 计算机名称

在网络中，每台计算机都应有唯一的名称，并利用计算机名称识别不同的计算机。如果两台计算机具有相同名称，则会导致计算机通信冲突。当选择计算机名称时，建议使用简单而有意义的名字，便于记忆。例如 DHCPserver。

任务实施

1. 更改文件服务器的桌面图标

（1）打开文件服务器，以管理员身份登录，在桌面空白处右击，选择“个性化”命令，打开“个性化”窗口，单击任务栏中的“更改桌面图标”，打开“桌面图标设置”对话框。

（2）选择“计算机”、“回收站”、“控制面板”和“网络”图标，如图 2-16 所示，最后单击“确定”按钮。在桌面上会显示相应的图标。

说明： 也可以在桌面上为常用的程序和工具创建快捷方式，以方便用户操作。

2. 更改文件服务器的计算机名称

① 在桌面上右击“计算机”图标，选择“属性”命令，打开“系统”窗口。如图 2-17 所示。

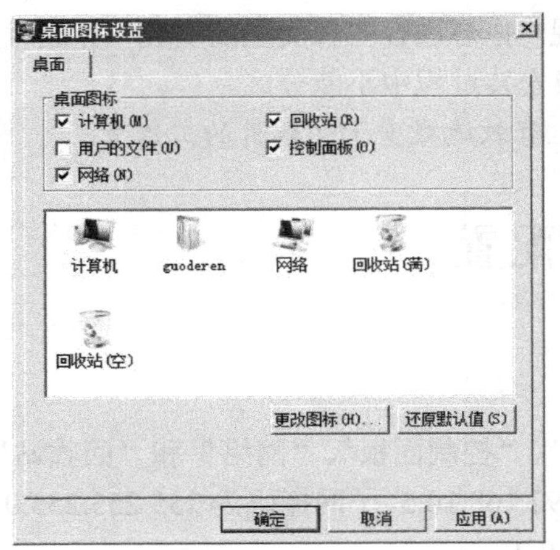

图 2-16　“桌面图标设置”对话框

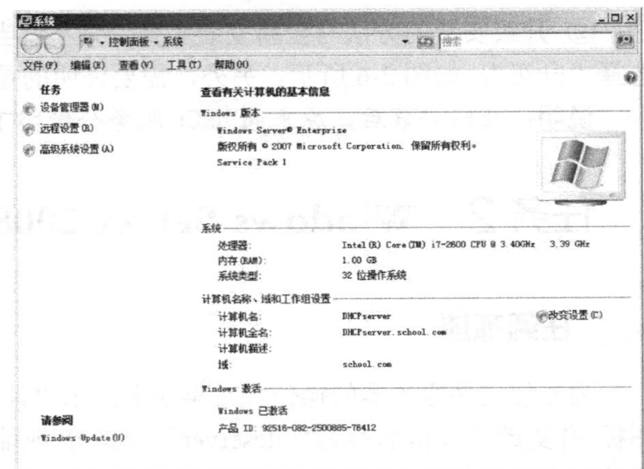

图 2-17　“系统”窗口

② 单击“更改设置”，打开“系统属性”窗口，选择“计算机名”选项卡，如图 2-18 所示。

③ 单击“更改”按钮，打开“计算机名/域更改”对话框，输入计算机名“Fileserver”，如图 2-19 所示。单击“确定”按钮，完成计算机名称的更改，此时，计算机会提示重新启动，重启即可。

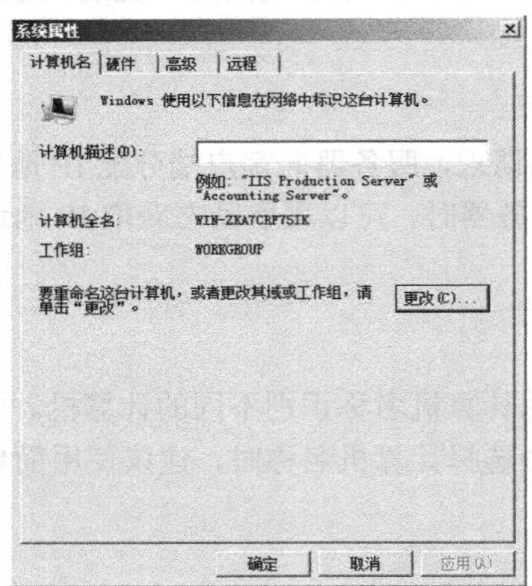

图 2-18　“系统属性”对话框

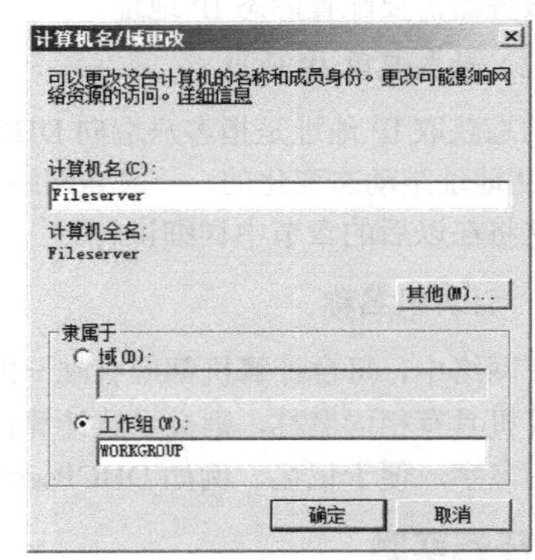

图 2-19　“计算机名/域更改”对话框

3. 设置文件服务器的 IP 地址

① 选择“开始”→“控制面板”，打开“控制面板”窗口，双击“网络与共享中心”，打开“网络与共享中心”窗口。

② 在任务栏单击“管理网络连接”，打开“网络连接”对话框，右击“本地连接”，选择“属性”命令，打开“本地连接 属性”对话框，如图 2-20 所示。

③ 双击“Internet 协议版本 4（TCP/IPv4）”，打开“Internet 协议版本 4（TCP/IPv4）属性”对话框。

④ 输入 IP 地址为 192.168.10.5，子网掩码为 255.255.255.0，网关为 192.168.10.254，首选

的 DNS 服务器为 192.168.10.2，如图 2-21 所示。最后，两次单击“确定”按钮。

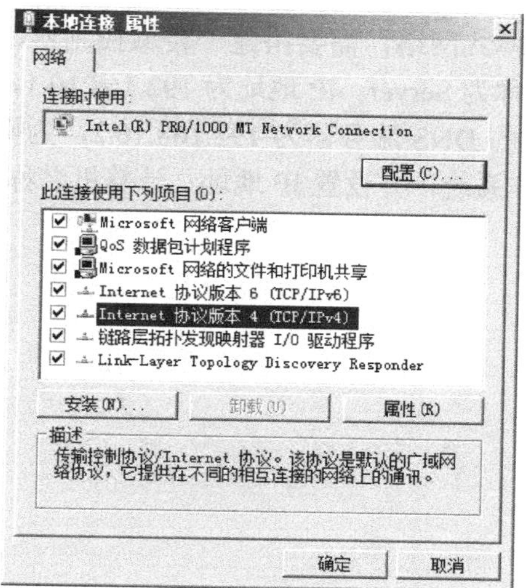

图 2-20 “本地连接 属性”对话框

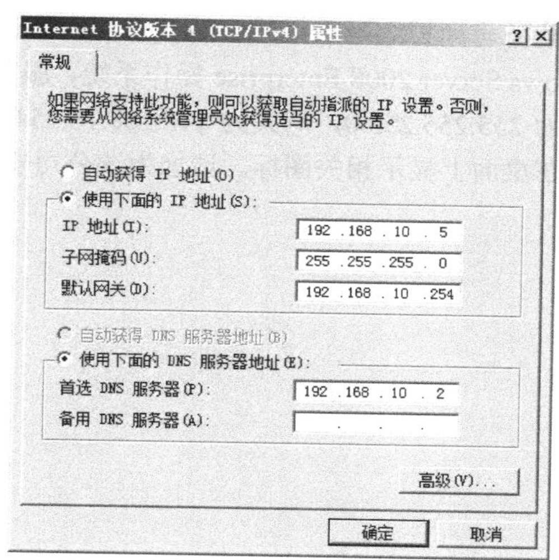

图 2-21 设置 IP 地址、子网掩码、网关、首选 DNS 服务器

项目评价

项目 2 分任务完成情况评价表

任务名称	配分	评分要点	自评	组长评价	教师评价
任务 1	70 分	正确安装 Windows Server 2008			
任务 2	30 分	正确更改服务器的桌面图标，正确设置计算机名称和 IP 地址			
项目总体评价（总分）					

习题 2

一、填空题

1. ＿＿＿＿＿是新一代 Windows Server 操作系统，与 Windows Server 2003 相比，对网络、高级安全功能、远程应用程序访问、集中式服务器角色管理、性能和可靠性监视工具等方面进行了巨大的改进。

2. Windows Server 2008 的安装方式有两种，一种是＿＿＿＿＿，另一种是＿＿＿＿＿。

3. 为保证 Windows Server 2008 操作系统的正常、稳定运行，推荐处理器采用＿＿＿＿GHz 或更高。

4. 启动 Windows Server 2008 时，系统会提示按＿＿＿＿＿组合键登录。

二、简答题

1. 服务器设置 IP 地址的方法是什么？
2. 为计算机更改名称的方法是什么？

 项目实践 2

某公司为扩大网络规模，将工作组网络改为域模式网络，需要搭建一台域控制器，安装Windows Server 2008 Enterprise 操作系统，服务器名称为 Server，IP 地址为 192.168.10.1，子网掩码为 255.255.255.0，网关为 192.168.10.254，首选的 DNS 服务器为 192.168.10.2，为操作方便，在桌面上显示相关图标。请您为该公司安装操作系统，并设置 IP 地址、计算机名称等。

活动目录的配置

教学目标

知识目标

- 掌握活动目录的概念及功能；
- 掌握域、域树、域目录林、组织单位的概念；
- 掌握创建域控制器的方法；
- 掌握客户端加入域的方法；
- 掌握服务器的三种角色。

技能目标

- 能够创建域控制器；
- 能够将客户端加入域；
- 能够降级域控制器。

项目描述

ABC 公司为一家大型企业，公司内部有生产部、销售部、设计部等多个部门，共有工作站近千台，服务器多台，目前网络模式为工作组模式。随着工作站的不断增加，公司想将网络模式改为域模式，将各类资源发布到域中，公司的域名为 abc.com，请你为公司创建域控制器，并将工作站加入到域。

项目分析

创建域控制器需要为服务器设置静态 IP 地址，并为服务器安装活动目录域服务，然后将客户端加入域。

项目分任务

任务 1：创建域控制器

任务 2：工作站加入域

任务 3：降级域控制器

项目准备

为保证本项目顺利完成，需要提供如下设备：

1．一台服务器（IP 地址为 172.30.1.1/16），网关为 172.30.1.254，首选的 DNS 服务器为 172.30.1.1，安装 Windows Server 2008 操作系统，服务器名为 DCServer。

2．一台客户端，安装 Windows 7 操作系统（IP 地址为 172.30.1.21/16），网关为 172.30.1.254，首选的 DNS 服务器为 172.30.1.1。

项目分任务实施

任务 1　创建域控制器

任务描述

为公司域模式网络创建第一台域控制器，并检查域控制器的活动目录域服务安装是否正确。

知识要点

1．活动目录

活动目录是安装在域控制器上的数据库，用于实现资源与账号的统一管理，主要包含与活动目录对象有关的信息。这些对象通常包括用户账号、组、计算机、打印机和组织单位等，主要用于实现以下功能。

（1）存储和管理网络上的资源

活动目录数据库以域、站点、组织单位等形式存储和组织网络中的资源，实现网络资源集中管理和灵活的调度。

（2）一次创建、多点登录

用户账户只需要在活动目录中创建一次，默认情况下就可以登录到活动目录管理的网络工作站上，并访问网络中的资源，这是基于工作组模式的网络所无法做到的。

(3) 灵活高效的管理机制

活动目录的逻辑结构为树状层次结构，系统管理员可以使用活动目录的管理工具直观地了解网络上的资源，并可以在管理工具中对域中的网络对象进行管理，使网络管理工作更加方便、高效。

(4) 提高了网络的安全性

活动目录在整个网络中起到了中心授权机构的作用，其核心功能之一是通过授予访问者以访问合法性和资源访问的权限，控制访问者对网络资源的访问。

Windows Server 2008 与 Windows Server 2003 相比，活动目录增加了一些新的特性，例如审核策略、颗粒化密码策略、只读域控制器、可重启的活动目录以及数据装载工具。同时，名称也变为了活动目录域服务（Active Directory 域服务）。

2. 工作组和域网络模式

Windows 网络有两种模式，工作组模式和域模式，默认是工作组模式。

(1) 工作组模式

工作组网络也称为“对等网”，网络中计算机的地位是平等，网络资源及管理分散在网络的计算机上，管理起来有一定的难度，尤其当网络中的计算机较多时，管理难度更大。

(2) 域模式

域模式网络与工作组网络最大的不同是，域内所有计算机共享一个集中式的目录数据库（活动目录数据库），它包含着整个域内的对象，如用户账户、计算机账户、共享文件等，活动目录负责目录数据库的添加、删除、更新等操作，提供对域模式网络的集中管理，使管理工作更加高效、灵活。

3. 活动目录的逻辑结构

从逻辑结构上来说，活动目录包括域、域树、域林、组织单元和全局编录，通过逻辑结构，可以更加有效地存储和管理网络资源，简化管理工作，为用户和管理员查找、定位活动目录对象提供了方便。

(1) 域

域是活动目录的核心单元，是由用户和计算机等网络对象组成的逻辑集合。与 DNS 中的域不一样，Windows Server 2008 通过活动目录管理网络对象，每个活动目录都有自己的策略和管理机制。一个域就是一个安全管理单元，一个域的管理员默认只能管理本域的资源。域与域之间可以通过自动或手动创建信任关系，实现跨域管理。

(2) 域树

域是活动目录网络体系的基础，最先建立的域称为根域，根域位于整个树状层次空间的顶层，并决定了活动目录树状结构共享的命名空间。在根域的基础上再建立的下一级域均称为子域，子域下面还可以再建立下层子域，这种子域同父域之间自动建立双向可传递的信任关系。

当多个域通过这种信任关系连接起来之后，就形成了域树，如图 3-1 所示。

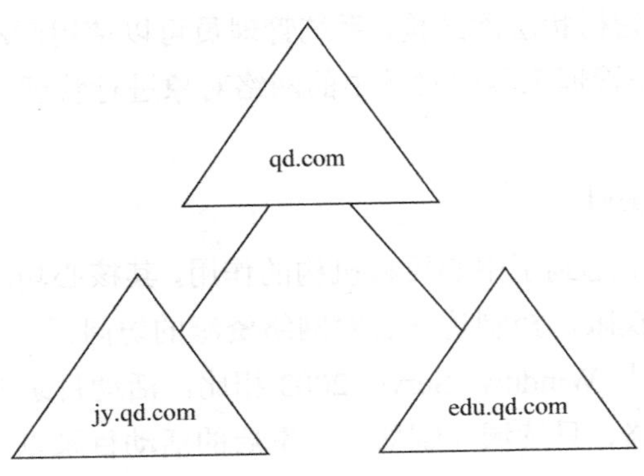

图 3-1　域树

域树共享连续的命名空间，如图 3-1 所示，根域为 qd.com，两个子域分别为 jy. qd.com 和 edu. qd.com，子域的全称域名为自己的名字加上父域的名字。

（3）域目录林

活动目录中可以有一到多棵域树。如图 3-2 所示，当多棵域树之间通过双向、可传递信息关系连接在一起后就形成域目录林。整个域林不会共享相同的名字空间，但会共享相同的架构信息、配置信息和全局编录信息。

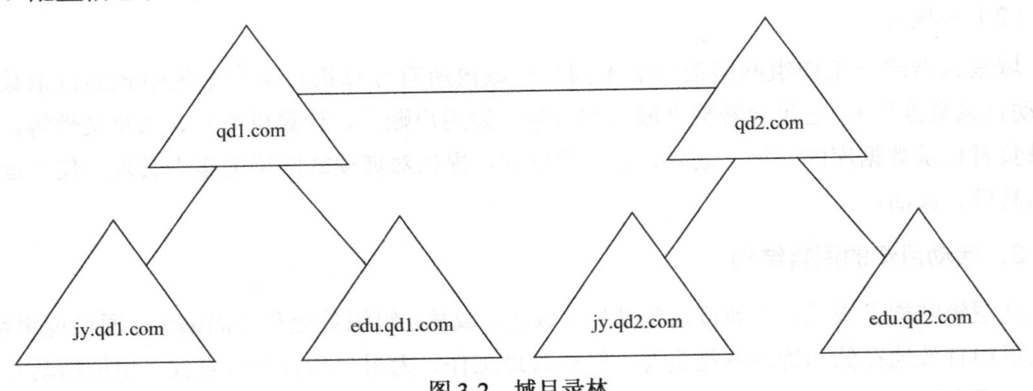

图 3-2　域目录林

（4）组织单位（OU）

当一个域中所管理的网络资源多到不便于进行集中管理时，可以通过组织单位进行优化管理。在域层次下面建立多个组织单位，然后为每个组织单位委派一个管理员，并委派给他对这个组织单位的管理权限，这样不仅管理起来更加灵活，而且安全性也更加有保障。组织单位管理员没有管理整个域和其他组织单位的权力，从而使每个组织单位在域这个大的安全堡垒中又形成了一个个小的安全单元。

通常组织单位是根据部门划分的，例如，为销售部建立国内销售部组织单位和国外销售部组织单位，将相应的用户账号和资源放到相应的组织单位中，可以提高管理效率。

4．活动目录的物理结构

活动目录的物理结构包括域控制器和站点，其分布有利于管理和控制网络中的流量。

（1）域控制器

域控制器是一台安装并运行活动目录域服务的服务器，一个域可以有多个域控制器。域控制器的主要工作是用户登录的验证，当一个用户在域网络中登录并访问网络资源时，需要首先通过 DNS 找到域控制器，然后通过域控制器上的活动目录进行身份验证，只有通过验证的用户才能登录到域，并访问授权资源。

（2）站点

当公司有多个通过 WAN 连接的较大分支时，为了优化登录验证流量和活动目录域服务的复制流量，可以考虑建立站点。通常可以根据地理位置来划分站点，每个站点由一个或几个通过高速链接串接在一起的 IP 物理子网组成。

任务实施

1. 设置域控制器的 IP 地址与计算机名称

① 启动服务器，将 IP 地址设为 172.30.1.1，子网掩码设为 255.255.0.0，网关设为 172.30.1.254，首选的 DNS 服务器设为 172.30.1.1。

② 将计算机名称改为“DCServer”，并重启服务器。

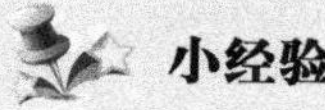

小经验

创建域控制器时，安装活动目录域服务的分区必须是 NTFS 文件系统，否则无法安装活动目录域服务。

2. 安装活动目录域服务

① 以管理员身份登录域控制器，单击“开始”→“运行”命令，打开“运行”对话框，输入“dcpromo”命令，单击“确定”按钮，系统开始为安装活动目录域服务准备二进制文件。

② 准备完成后，打开“Active Directory 域服务安装向导”对话框，选择“使用高级模式安装”复选框，如图 3-3 所示，单击“下一步”按钮。

③ 在“选择某一部署配置”中，选择“在新林中新建域”选项，如图 3-4 所示，单击“下一步”按钮。

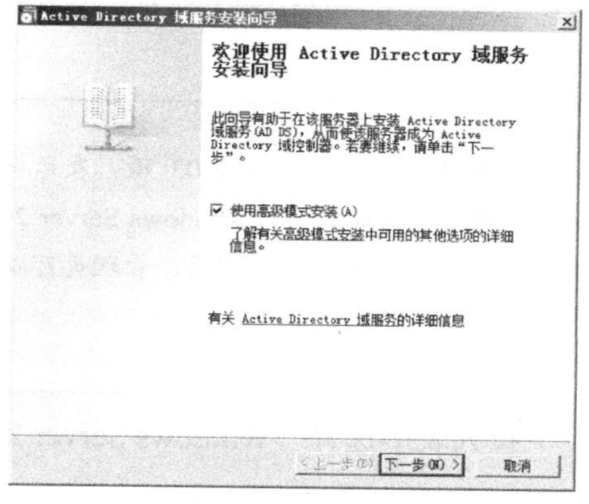

图 3-3　“Active Directory 域服务安装向导”对话框

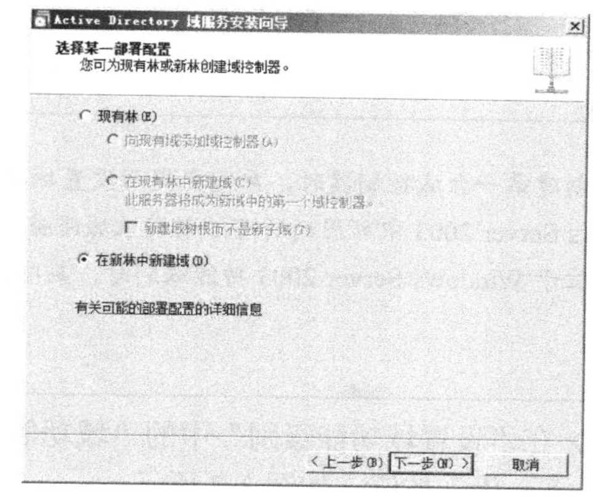

图 3-4　选择某一部署配置

证明

如果已经安装了一台域控制器，为了容错需要创建第二台域控制器时，则选择“现有林”，并选择“向现在域添加域控制器”选项。

④ 在“命名林根域”中的“目录林根级域的 FQDN”中输入“school.com”，如图 3-5 所示，单击“下一步”按钮。

**证明**

域名一旦设置就不要轻易修改，否则会影响整个域的正常运行。

⑤ 在“域 NetBIOS”中，“域 NetBIOS”默认为“SCHOOL”，单击“下一步”按钮。

⑥ 在“设置林功能级别”中的“林功能级别”下拉列表中选择“Windows Server 2003”，如图 3-6 所示，单击“下一步”按钮。

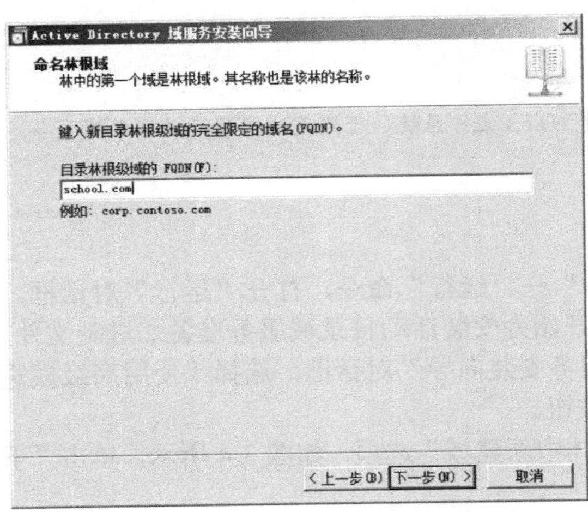

图 3-5 命名林根域

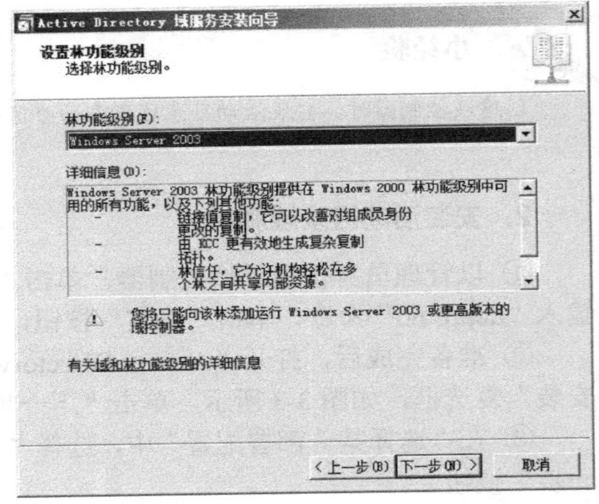

图 3-6 设置林功能级别

证明

在创建第一台域控制器时，系统会提示设置林功能级别，选择 Windows Server 2003 项，表示将提供在 Windows Server 2003 中可用的所有活动目录域服务功能。如果选择更高的版本，如 Windows Server 2008，则当该林位于 Windows Server 2003 功能级别时，某些高级功能将在这些域控制器上不可用，管理员可以根据需要选择。

⑦ 在“设置域功能级别”中的“域功能级别”下拉列表中选择“Windows Server 2008”，单击“下一步”按钮，如图 3-7 所示。

证明

如果域功能级别选择为 Windows Server 2008，则要求域中所有的域控制器都应为 Windows Server 2008；如果域功能级别选择为 Windows Server 2003，则域中的域控制器可以为 Windows Server 2003 和 Windows Server 2008。

⑧ 在“其他域控制器选项”中选择“DNS 服务器”选项，域控制器将安装 DNS 服务角色，如图 3-8 所示，在弹出的“Active Directory 域服务安装向导”提示框中单击“是”按钮，再单击“下一步”按钮。

⑨ 在“数据库、日志文件和 SYSVOL 的位置”中设置数据库文件夹、日志文件文件夹、以及 SYSVOL 文件夹的位置，在此保持默认位置。如图 3-9 所示，单击“下一步”按钮。

⑩ 在“目录服务还原模式的 Administrator 密码”中输入管理员密码“123456a_”，以便将来活动目录域服务出现故障时登录到目录服务还原模式修复，如图 3-10 所示，设置完成后，单击“下一步”按钮。

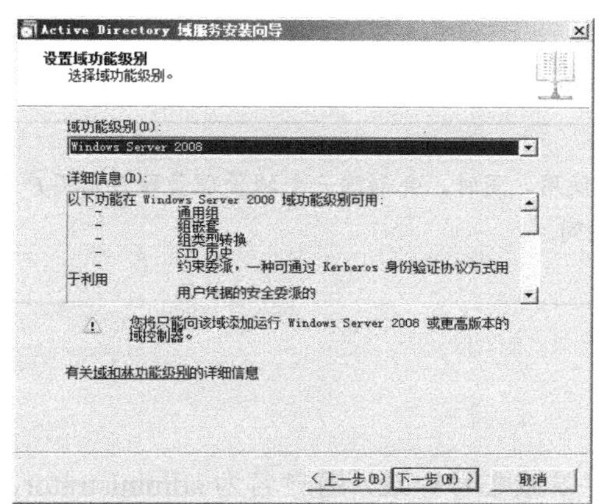

图 3-7 设置域功能级别

图 3-8 其他域控制器选项

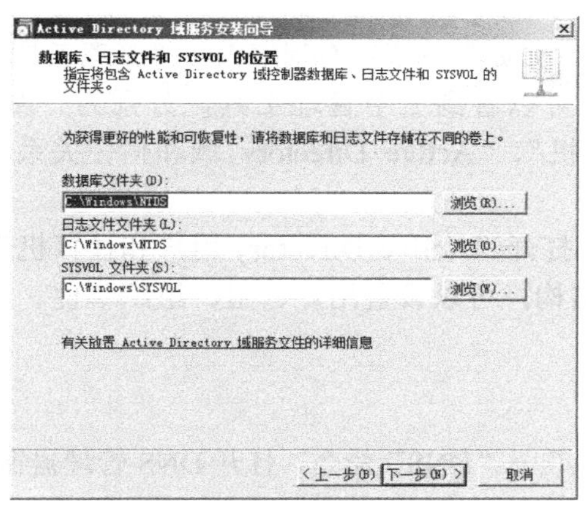

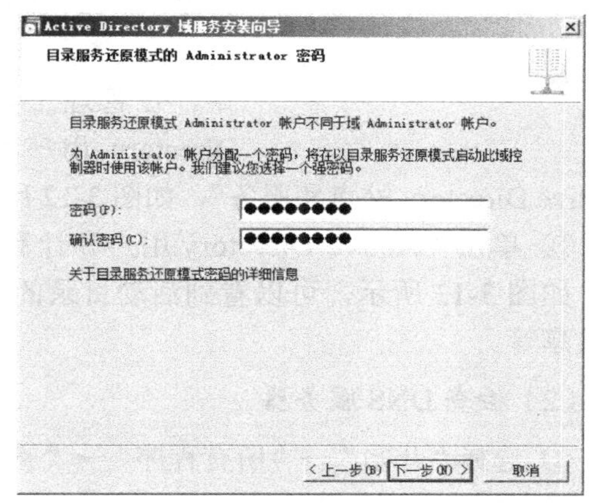

图 3-9 设置数据库、日志文件和 SYSVOL 的位置 图 3-10 设置目录服务还原模式的 Administrator 密码

⑪ 在“摘要”中显示刚才所做的配置，如果配置正确单击“下一步”按钮，如果配置错误单击“上一步”按钮，返回重新设置。

⑫ 单击“下一步”按钮，开始安装活动目录域服务，选择“完成后重新启动”复选框，如图 3-11 所示。安装完成后，根据提示重启服务器。

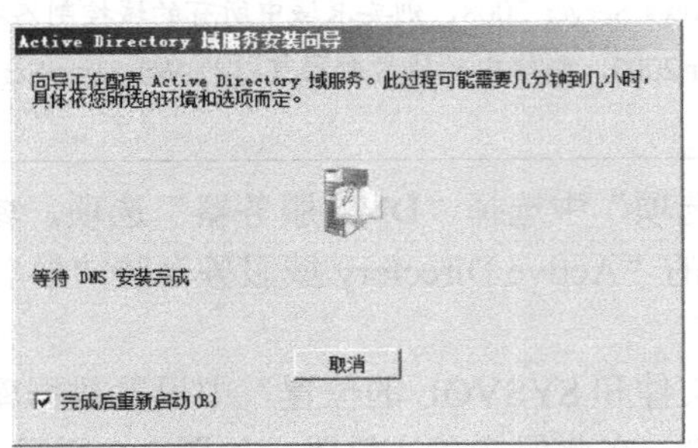

图 3-11　安装活动域服务

⑬ 重新启动计算机后，服务器升级为域控制器，以后登录时需要使用域账户登录，其格式为“域名\用户账户”。

证明

活动目录域服务安装后，所有的本地用户和组将不能再使用，同时，会创建一个域管理员账号，用户名为 administrator，密码与原来的本地账号 administrator 的密码相同。

3. 检查活动目录域服务的安装

(1) 检查活动目录域服务的管理工具

图 3-12　活动目录的工具

① 重启服务器后，以域账号登录，用户名为 administrator，输入原来的密码，如果系统提示密码已经过期，要求更改密码，则根据提示更改密码并登录。

② 登录后，选择“开始”→“所有程序”→“管理工具”命令，在管理工具中，可以看到三个管理工具，分别为“Active Directory 用户和计算机”、“Active Directory 域和信任关系”和“Active Directory 站点和服务”，如图 3-12 所示。

③ 单击“Active Directory 用户和计算机”，打开“Active Directory 用户和计算机”窗口，如图 3-13 所示，可以看到活动目录的层次结构，可以设置用户、组、组织单位、打印机共享等。

(2) 检查 DNS 服务器

① 选择“开始”→“所有程序”→“管理工具”→“DNS”命令，打开 DNS 管理器窗口，在窗口中可以看到创建的域 abc.com。

② 单击根节点“DCServer”前的加号，展开“DCServer”根节点，再展开“正向查找区域”，选择“_msdcs.abc.com”项，可以看到其中有四个子域，展开“正向查找区域”中的“abc.com”项，可以看到其中有六个子域，如图 3-14 所示。

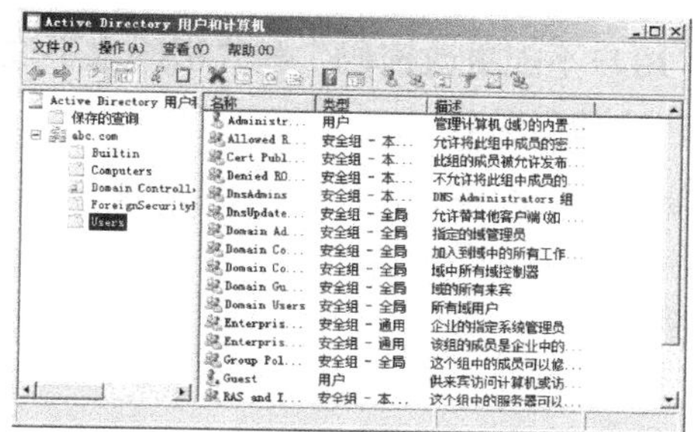

图 3-13 “Active Directory 用户和计算机”窗口

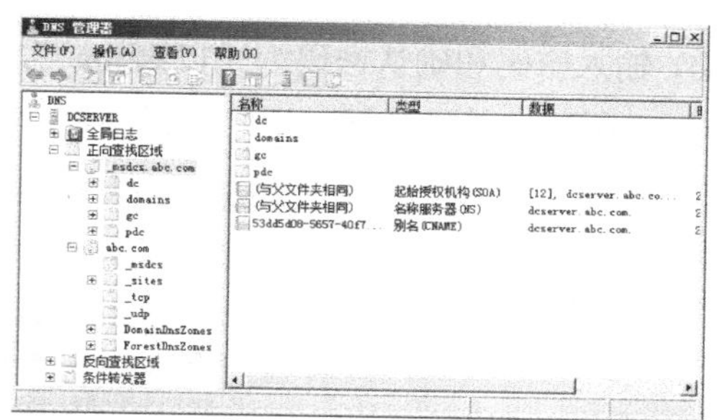

图 3-14 “DNS 管理器”窗口

任务 2 工作站加入域

任务描述

将网络中的工作站加入域，并创建一个域用户账户，从工作站（客户端）登录。

知识要点

客户端加入域。客户端计算机只有加入域后，才能使用域中的资源，接受域模式网络的统一管理。目前主流的 Windows 操作系统除 Home 版外，都能添加到域中。

任务实施

1. 创建一个域用户

创建一个域用户，用户名为“zhangsan”，密码为“123456a_”，用于工作站加入域后登录。

① 在域控制器中执行“开始”→“所有程序”→“管理工具”→“Active Directory 用户和计算机”命令，打开“Active Directory 用户和计算机”窗口，如图 3-13 所示。

② 在左侧控制台中展开“abc.com”根节点，在“User”上右击，选择“新建”→“用户”命令，如图 3-15 所示。

③ 打开“新建对象-用户”对话框，在“姓”和“名”中分别输入“张”和“三”，“姓名”中自动显示“张三”，在“用户登录名”中输入“zhangsan”，如图 3-16 所示，单击“下一步”按钮。

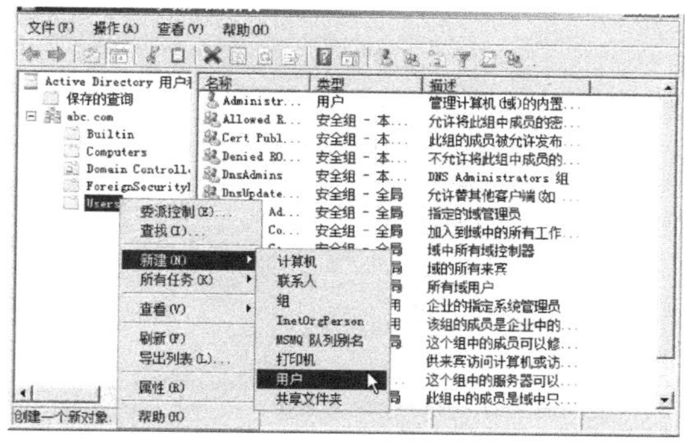

图 3-15 新建域用户

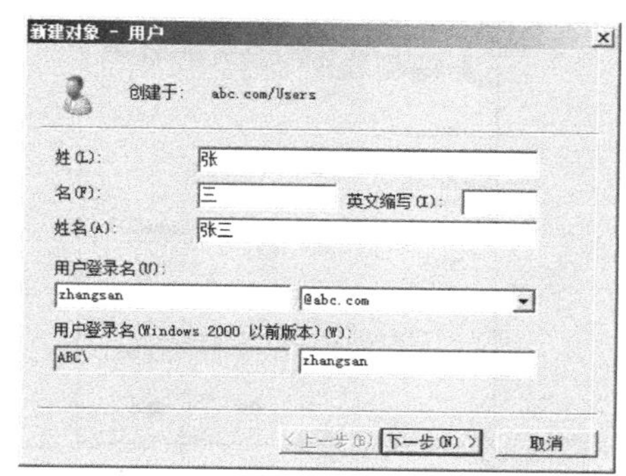

图 3-16 “新建对象-用户”对话框

④ 输入密码和确认密码为“123456a_”，设置“用户不能更改密码”和“密码永不过期”，如图 3-17 所示，单击“下一步”按钮，最后，单击“完成”按钮。

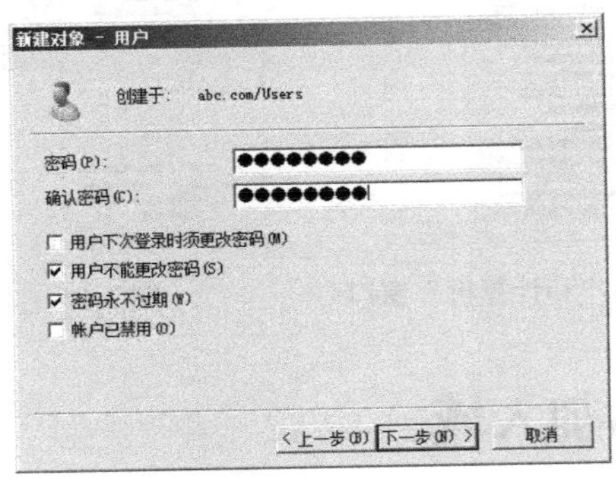

图 3-17　为用户设置密码

⑤ 创建完域用户后，在“Active Directory 用户和计算机”窗口的右侧可以看到创建的“zhangsan”用户。

2. 设置工作站的 IP 地址与计算机名称

① 启动 Windows 7 工作站，以管理员身份登录，将 IP 地址设为 172.30.1.21，子网掩码设为 255.255.0.0，网关设为 172.30.1.254，首选的 DNS 服务器为 172.30.1.1。

② 将工作站名称改为“Xiaoshou1”，并重启工作站。

3. 工作站加入域

① 工作站启动后，右击“计算机”图标，选择“属性”命令，打开“系统”窗口，单击“更改设置”按钮，打开“系统属性”对话框，选择“计算机名”选项卡。

② 单击“更改”按钮，打开“计算机名/域更改”对话框，如图 3-18 所示，在“隶属于”中选择“域”选项，输入域名“abc.com”。

③ 单击“确定”按钮，弹出“Windows 安全”提示框，要求输入有权限加入该域的账户的名称和密码（即域控制器管理员账号），输入用户名“administrator”和密码“123456a_”，如图 3-19 所示，单击“确定”按钮，在“计算机名/域更改”对话框中单击“确定”按钮。

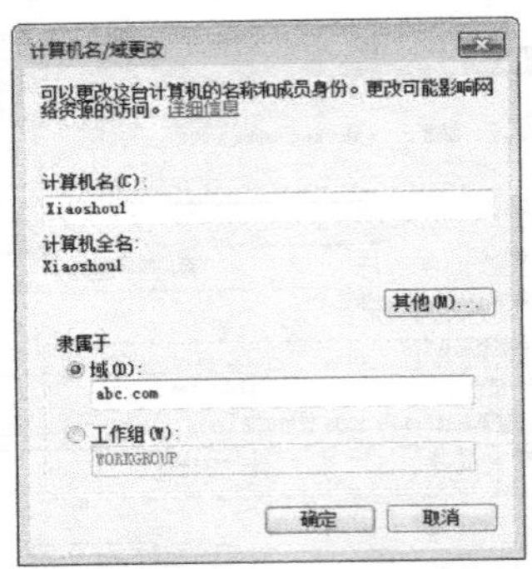

图 3-18　“计算机名/域更改”对话框

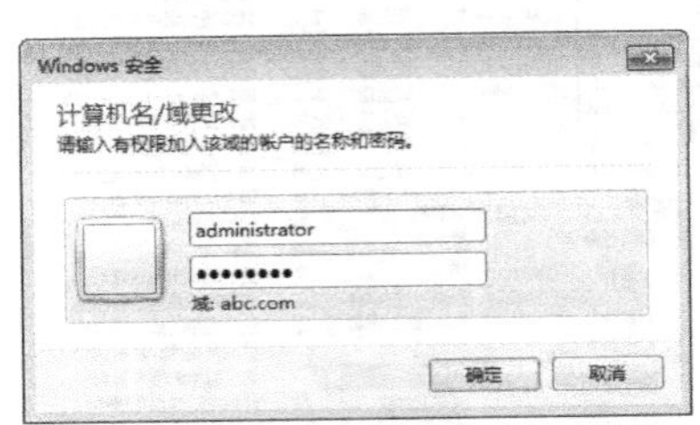

图 3-19　输入用户名和密码

④ 弹出“计算机名/域更改”提示框，显示“欢迎加入 abc.com 域”信息，单击“确定”按钮。根据提示重启计算机。

对于其他 Windows 操作系统的客户端，加入域的方法如此类似，在此不再赘述。

4. 客户端登录

① 工作站加入域后，成为一台客户端，重启完成后，显示登录界面，如图 3-20 所示，“XIAOSHOU1\ administrator”中的“XIAOSHOU1”是客户端的计算机名称，此时登录用的本地账户。

② 单击“切换用户”按钮，系统会显示所有的用户，如图 3-21 所示，单击“其他用户”图标，输入用户名“zhangsan”，密码“123456a_”，如图 3-22 所示，按回车键，以域用户登录，登录到 abc.com 域。

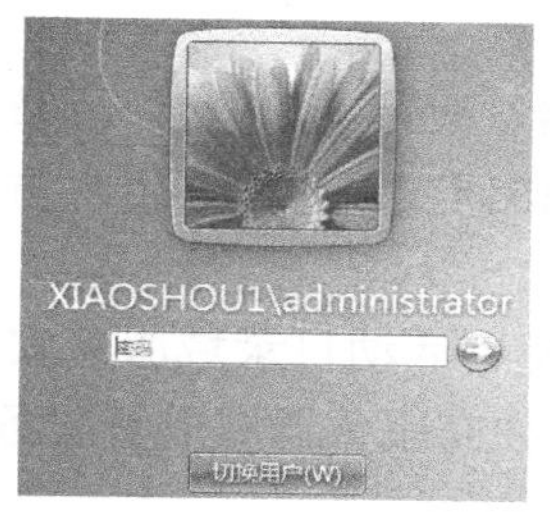

图 3-20　登录界面

图 3-21　显示所有用户

图 3-22　以域用户“zhangsan”登录

5. 使用域中的资源

客户端加入域的目的一方面是为了使用域中的资源，另一方面是为了将本机的资源发布到域中，供其他用户使用。

① 打开“计算机”，单击“网络”图标，打开“网络”窗口，在“网络”窗口中显示域中的计算机。

② 或在“网络”窗口的搜索中输入计算机名称等进行搜索。

任务 3　降级域控制器

任务描述

卸载活动目录域服务，将域控制器降级为独立服务器。

知识要点

1. 服务器的角色

服务器是整个服务器/客户端网络的核心。运行 Windows Server 2008 的服务器在网络中可以担任域控制器、成员服务器和独立服务器三种角色。

（1）域控制器

域控制器是安装并运行活动目录域服务的 Windows Server 2008 服务器。在域控制器上，Active Directory 存储了所有的域范围内的账户和策略信息，例如系统和安全策略、用户身份验证数据和目录搜索等。账户信息可以属于用户、服务和计算机。

单个域可以包括一个或多个配置为域控制器的服务器。例如，使用单个局域网的小公司可能需要一个或更多的域控制器，而拥有多个网络位置的大型公司在每个位置都需要域控制器以提供高可用性和容错性。

由于域控制器为域存储了所有的用户账户信息，因此每个域控制器都可以出现在物理位置非常安全的环境中。同样，只有管理员才允许交互式地登录到域控制器的控制台中。

（2）成员服务器

成员服务器是运行 Windows Server 2008 的服务器，并作为域的成员，但不是域控制器，所以不执行用户身份验证并且不存储安全策略信息。

成员服务器一般用作文件服务器、应用服务器、数据库服务器、Web 服务器、证书服务器、防火墙、远程访问服务器等。成员服务器可以为用户和组设置访问权限，允许用户访问并使用其中的共享资源。

域控制器与成员服务器的角色可以根据环境的变化而调整。使用活动目录域服务安装向导，可以将成员服务器升级为域控制器，也可以将域控制器降级为独立服务器域成员服务器。

（3）独立服务器

独立服务器是运行了 Windows Server 2008 的服务器，但又不是域的成员。独立服务器只有自己的用户数据库，自己处理登录要求。它不与其他计算机共享用户账户信息，不能提供进入到域的账户的访问。

独立服务器可与网络上的其他计算机共享资源，但是它们不接受活动目录所提供的任何服务。独立服务器一旦加入域，便转换为成员服务器，而成员服务器一旦退出域，则降级为独立服务器。

2. 降级域控制器

如果要将一台域控制器降级为独立服务器，可以利用活动目录域服务安装向导删除活动目录域服务来完成，降级域控制器时，需要证明以下问题。

① 如果删除的不是域中最后一个域控制器时，无须提供凭证，但必须以域管理员或企业管理员身份进行操作。

② 当要删除目录林最后一个域控制器时，需要提供域管理员或域管理组成员的凭证。

任务实施

① 以域管理员身份登录域控制器，单击“开始”→“运行”命令，打开“运行”对话框，输入“dcpromo”命令，单击“确定”按钮，系统检查是否已安装活动目录域服务二进制文件。

② 检查完成后，打开“Active Directory 域服务安装向导”对话框，单击“下一步”按钮。

③ 如果该域控制器是全局编录服务器，则会弹出“Active Directory 域服务安装向导”提示框，提示用户删除活动目录域服务前，确保位于此域的用户可以访问其他全局编录服务器。如图 3-23 所示，单击“确定”按钮。

④ 在“删除域”中选择“删除该域，因为此服务器是该域中的最后一个域控制器”选项，如图 3-24 所示，单击“下一步”按钮。

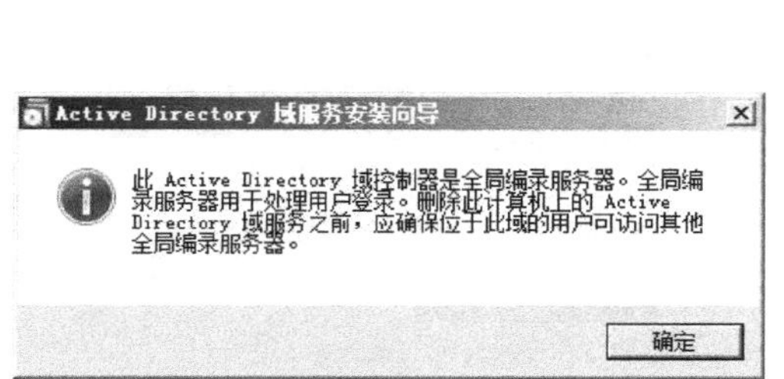

图 3-23　“Active Directory 域服务安装向导”提示框

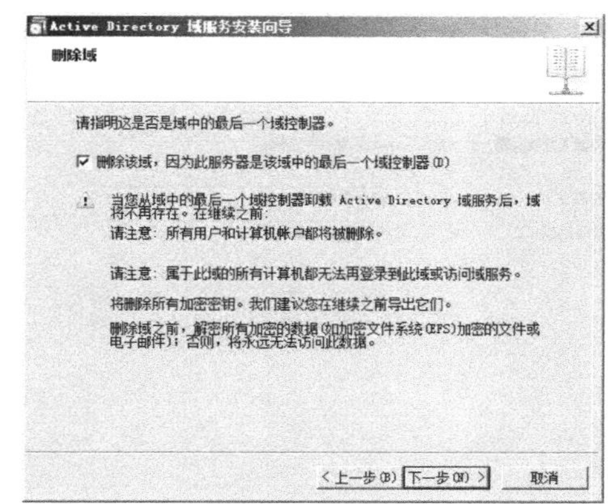

图 3-24　删除域

⑤ 在“应用程序目录分区”中选择应用程序目录分区的最后副本，采用默认设置即可，如图 3-25 所示，单击“下一步”按钮。

⑥ 在“确认删除”中选择“删除该 Active Directory 域控制器上的所有应用程序目录分区”项，如图 3-26 所示。单击“下一步”按钮。

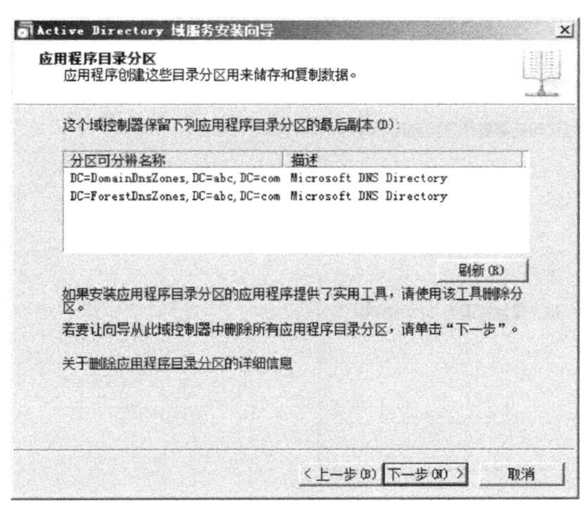

图 3-25　应用程序目录分区

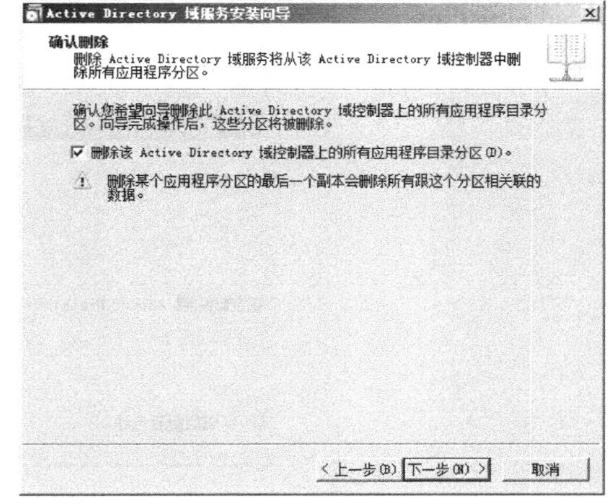

图 3-26　确认删除

⑦ 在“Administrator 密码”中的“密码”和“确认密码”中输入 administrator 用户的密码，如图 3-27 所示，单击“下一步”按钮。

证明

活动目录域服务删除后，所有的域账户将无法再使用，包括域管理员账户，因此，会创建一个本地管理员账户 administrator，在此设置的密码即 administrator 账户的密码，以后登录服务器时需要使用该账户。

⑧ 在“摘要”中显示刚才删除活动目录域服务所做的设置，如图 3-28 所示。如果错误，单击“上一步”按钮，重新设置，如果正确，单击“下一步”按钮。

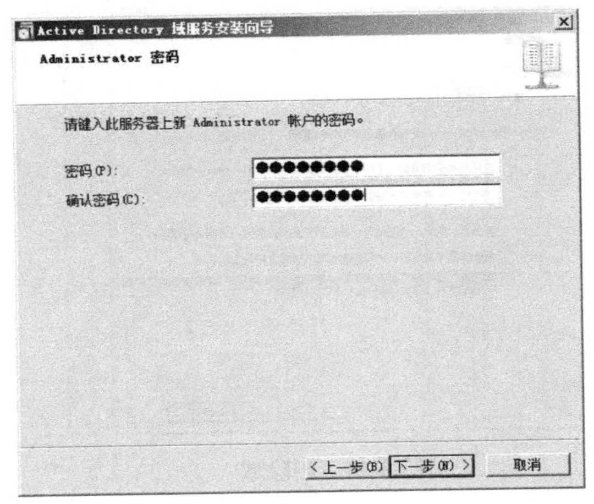

图 3-27 输入 administrator 密码

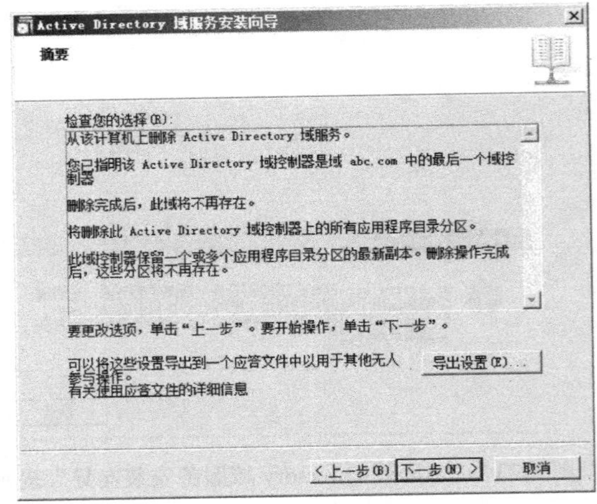

图 3-28 显示删除活动目录域服务所做的设置

⑨ 开始删除活动目录域服务及相关文件，如图 3-29 所示，选择“完成后重新启动”项，活动目录域服务删除完成后，重新启动服务器。

⑩ 重新启动完成后，域控制器变为独立服务器，登录时需要输入新创建的本地管理员账户 administrator。

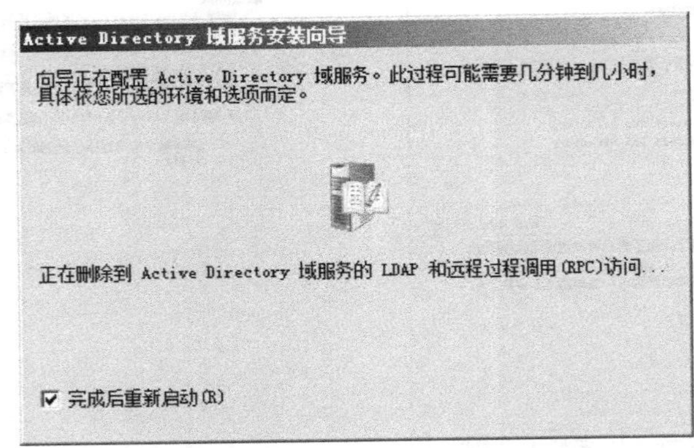

图 3-29 删除活动目录域服务及相应文件

项目评价

项目 3 分任务完成情况评价表

任务名称	配分	评分要点	自评	组长评价	教师评价
任务 1	30 分	正确安装活动目录域服务			
任务 2	40 分	工作站加入域，并使用域用户登录			
任务 3	30 分	将域控制器降级为独立服务器			
项目总体评价（总分）					

习题 3

一、填空题

1．________是安装在域控制器上的数据库，用于实现资源与账号的统一管理，主要包含与活动目录对象有关的信息。

2．Windows 网络有两种模式，________和________。

3．当一个域中所管理的网络资源多到不便于集中管理时，可以通过________进行优化管理。

4．________是一台安装并运行活动目录域服务的服务器，域控制器的主要工作是用户登录的验证。

5．客户端计算机只有加入________后，才能使用其中的资源，接受域模式网络的统一管理。

6．运行 Windows Server 2008 的服务器在网络中可以担任________、________和独立服务器三种角色。

二、简答题

1．活动目录有哪些功能？

2．什么是域模式？

3．降级域控制器时应证明哪些问题？

项目实践 3

某学校网络有几百台计算机，想要搭建域模式网络，现有一台服务器已经安装 Windows Server 2008 操作系统，请你将服务器升级为域控制器，域名为 school.com，将其他计算机加入到域，在域控制器上为客户端创建域用户账户，并登录到域。

用户和组的管理

知识目标

- 掌握用户账户、本地用户账户的概念；
- 掌握创建用户账户时设置用户名和密码应遵循的规则；
- 掌握组账户、本地组账户的概念；
- 掌握域用户账户、域组的概念；
- 掌握组的分类、组的作用域；
- 理解全局组、通用组以及本地域组的区别；
- 掌握组织单位的概念；
- 掌握策略的概念、功能及相关的组件。

技能目标

- 能够创建本地用户账户和组账户；
- 能够设置本地用户账户和组账户的属性；
- 能够将用户添加到组中；
- 能够创建组织单位、域用户账户和域组；
- 能够设置域用户账户和域组的属性；
- 能够创建并设置组策略。

项目描述

ABC 公司的销售部尚未加入公司的域，销售部有经理 1 人、职员 5 人，部门有一台 Windows Server 2008 文件服务器，服务器的 D 盘上有“销售部文件”文件夹，为了让员工能够访问文件服务器，给每位员工创建用户账户，经理对“销售部文件”文件夹有完全控制的权限，职员具有读取的权限。请在文件服务器上创建用户和组账户，为以后文件服务器共享文件夹操作等做准备。

模拟销售部人员变动及账户使用情况，员工 3 因工作需要长期出差，员工 4 辞职，员工 5 忘记账户的密码，请管理员解决上述问题。

ABC 公司的设计部已经加入公司的域，域名为 abc.com，目前有设计经理 1 人，职员 5 人，请为设计部所有员工创建域用户账户，只有上班时间可以使用域用户账户。并为设计部员工设置组策略，所有用户不能使用光盘和 U 盘，同时，只能使用目前的打印机。

项目分析

1．销售部

为销售部的每一位员工创建一个用户账户，并创建一个职员组，将具有相同权限的职员加入到职员组，以方便分配权限。

对于长期出差的员工可以停用其账户；对于辞职的员工，删除其账户，以保证安全；对忘记密码的员工，为其账户重设密码。

2．设计部

在域控制器上为设计部创建组织单位，在组织单位中创建用户账户和组，然后为用户账户设置登录时间，最后为组织单位设置组策略。

项目分任务

任务 1：本地用户账户和本地组的管理
任务 2：域用户账户和域组管理
任务 3：创建与应用组策略

项目准备

为保证本项目顺利完成，需要准备如下设备：

① 一台文件服务器（IP 地址为 172.30.1.2/16），网关为 172.30.1.254，首选的 DNS 服务器为 172.30.1.1，安装 Windows Server 2008 操作系统，服务器名为 FileServer。

② 一台客户端，安装 Windows 7 操作系统（IP 地址为 172.30.1.22/16），网关为 172.30.1.254，首选的 DNS 服务器为 172.30.1.1。

③ 一台域控制器（IP 地址为 172.30.1.1/16），网关为 172.30.1.254，首选的 DNS 服务器为 172.30.1.1，安装 Windows Server 2008 操作系统，服务器名为 DCServer，已安装活动目录域服务，域名为 abc.com。

④ 一台客户端，安装 Windows 7 操作系统（IP 地址为 172.30.1.21/16），网关为 172.30.1.254，首选的 DNS 服务器为 172.30.1.1，已加入到 abc.com 域中。

项目分任务实施

任务1　本地用户账户和本地组的管理

任务描述

本任务为销售部的经理设置"jingli"用户账户，为5位职员分别创建"zhiyuan1"～"zhiyuan5"的用户账户，并创建一个职员组"zy_zu"，将具有相同权限的职员加入到职员组，以方便分配权限，为以后文件服务器共享文件夹操作等做准备。

停用长期出差的职员3账户"zhiyuan3"；删除辞职职员的账户"zhiyuan4"，以保证安全；为忘记密码职员的用户账户"zhiyuan5"重设密码。

知识要点

1．用户账户

用户账户是登录并访问计算机或网络资源的重要凭证，当用户登录时系统会将用户输入的用户名和密码与SAM文件中的用户账户信息进行比对，只有通过验证的用户才是合法用户，才可以使用本地域网络中的资源。Windows Server 2008 支持两种用户账户，本地用户账户和域用户账户。

（1）本地用户账户

本地用户账户是指登录并访问本地计算机资源的用户账户，一般在工作组模式的计算机上创建，也可以在域成员计算机上创建，使用本地账户只能登录到建立该账户的计算机，并访问该计算机上的资源，用户账户信息保存在%Systemroot%\system32\config 文件夹下的安全数据库SAM中，用户登录时，需要到SAM数据库中验证。

（2）域用户账户

域用户账户是建立在域控制器的活动目录数据库中的账户。此类账户可以登录到域网络中的任何一台计算机，并使用域网络中的资源。这需要管理员在域控制器上为每个登录到域的用户创建一个用户账户。

2．默认的本地用户账户

Windows Server 2008 提供了一些预定义的本地用户账户，包括 Administrator 和 Guest，如图4-1所示，用于执行特定的任务或使用户能够访问网络资源。

（1）Administrator 账户：即系统管理员账户，安装系统时自动创建，对计算机拥有完全控制的权限，例如创建、修改用户账户和组，管理安全策略、创建打印机、设置用户访问权限等。为了完全，管理员可以根据需要改变 Administrator 账户的名称，或禁用该账户，但不能删除。

（2）Guest 账户

Guest 账户是权限最小的来宾账户，安装系统时自动创建，并且不能删除，默认为禁用状态。在安全性要求不高的网络环境中，可以使用该账户，管理员可以根据需要更改其权限。

3．创建用户账户时设置用户名和密码遵循的规则

创建用户账户的用户名和密码要遵循如下规则：

① 用户登录名是唯一的。本地用户账户在本地计算机上是唯一的，域用户账户在整个域网络中是唯一的。

② 用户登录名最多 20 个字符，在设置登录名时，不能出现如“\/[]:;|+?<>”等字符。

③ 最短密码。Windows Server 2008 要求用户账户至少使用 6 个字符长度的密码。

④ 采用大小写、数字和特殊字符组合密码。Windows Server 2008 用户账户密码严格区分大小写，采用大小写、数字和特殊字符组合密码将使账户更加安全。

证明

用户可通过 Windows Server 2008 的组策略设置用户账户密码的复杂性要求。

4．组

组是多个用户账户、计算机账户、联系人和其他组的集合，通过组可以灵活组织用户并简化对资源授权的管理，通常一个组可以包含多个用户，一个用户也可以属于多个组，当一个用户属于多个组时，用户可以继承多个组的权限。

5．本地组

本地组与本地用户账户一样，本地组驻留于本地 SAM 中，本地组中的用户账户只能访问创建它的这台计算机上的资源，本地组不能成为其他任何组的成员，但可以包含计算机上的所有用户账户。

根据创建方式不同，组可以分为预定义组和用户自定义组。用户自定义组由管理员创建，预定义本地组在安装操作系统时自动创建，如果一个用户属于某一个预定义本地组，那么该用户就具有预定义本地组的一切权限。

任务实施

1．设置文件服务器的地址与计算机名称

① 启动文件服务器，以管理员身份登录，将 IP 地址设为 172.30.1.2，子网掩码设为 255.255.0.0，网关设为 172.30.1.254，首选的 DNS 服务器设为 172.30.1.1。

② 将计算机名称改为“FileServer”，并重启服务器。

2．创建经理用户账户

① 执行“开始”→“管理工具”→“服务器管理器”命令，打开“服务器管理器”窗口，在左侧导航树中展开“配置”→“本地用户和组”，如图 4-1 所示。

② 在“用户”上右击，选择“新用户”命令，打开“新用户”对话框，输入用户名为“jingli”，全名为“销售经理”，描述为“销售经理”，密码为“123456_a”，勾选“用户下次

登录时须更改密码”项，这样用户在下一次登录时，需要更改密码，如图 4-2 所示，单击“创建”按钮。

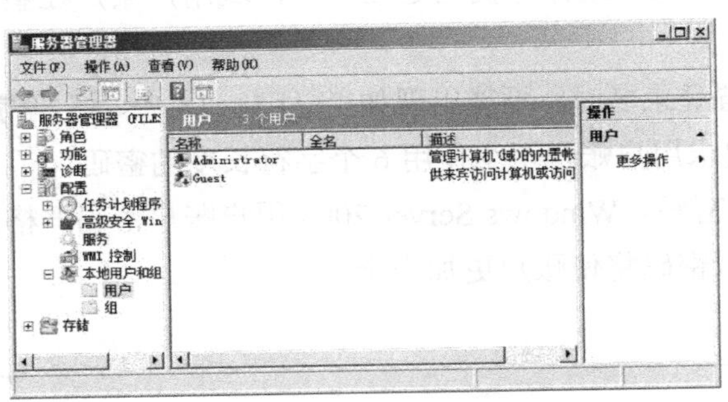
图 4-1　本地用户和组

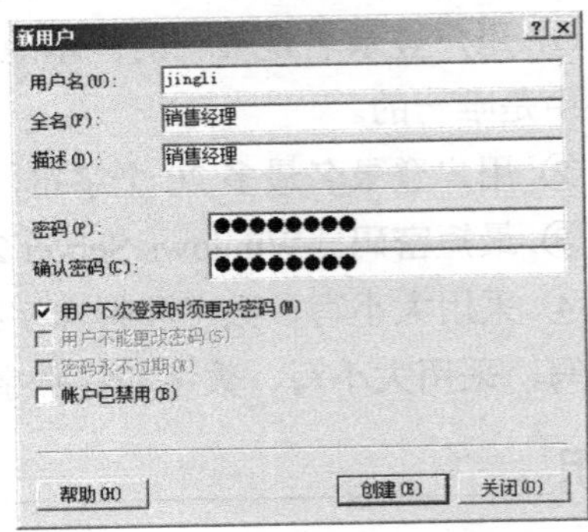
图 4-2　设置账户密码

小经验

管理员为用户账户设置密码时，建议选择“用户下次登录时须更改密码”，这样用户可以自己设置密码。

③ 创建完成后，选择“用户”，可以看到刚才创建的用户账户，如图 4-3 所示。

3．设置账户属性

“常规”选项卡

用于设置用户账户全名、密码信息、账户锁定/禁用等。

① 在“jingli”用户账户上右击，选择“属性”命令，打开“jingli 属性”对话框，如图 4-4 所示。

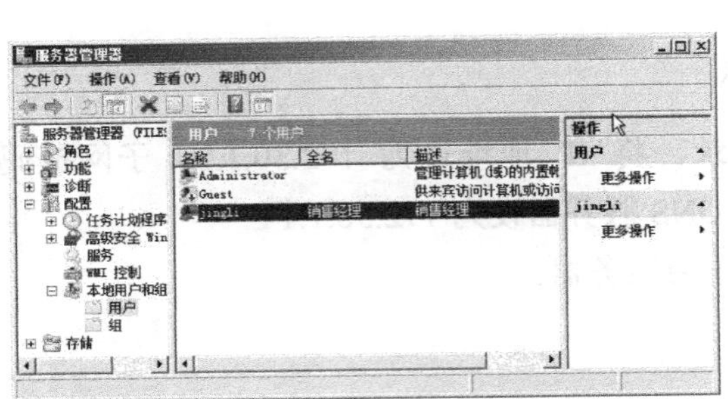
图 4-3　显示“jingli”用户账户

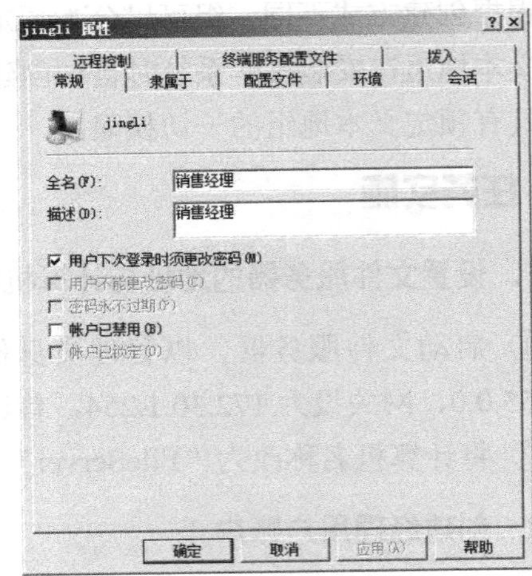
图 4-4　“jingli 属性”对话框

② 如果选择“用户不能更改密码”和“密码永不过期”，则用户只能使用管理员为用户设置的密码，并且密码永不过期。

③ 如果选择“账户已禁用”，则该账户将停止使用。

④ 如果选择“账户已锁定”，则账户被锁定，不能登录。

4．创建其他账户

① 以同样的方法，创建用户名为“zhiyuan1”的用户账户，全名为“职员一”，描述为“职员一”，密码为“123456_a”，设置用户下次登录时须更改密码。

② 以同样的方法，创建“zhiyuan2”、“zhiyuan3”、“zhiyuan4”和“zhiyuan5”用户账户，具体设置与“zhiyuan1”类似。创建完成后，如图 4-5 所示。

5．创建职员组，并添加成员

① 在“组”上右击，选择“新建组”命令，打开“新建组”对话框，在“组名”中输入“zy_zu”，在“描述”中输入“销售部职员组”，如图 4-6 所示。

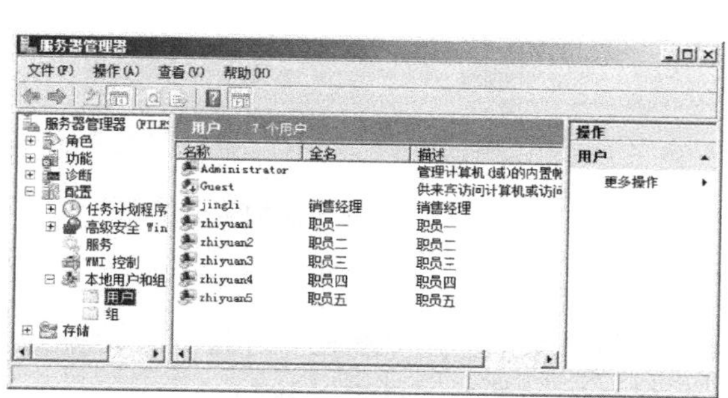

图 4-5　创建完成职员用户账户

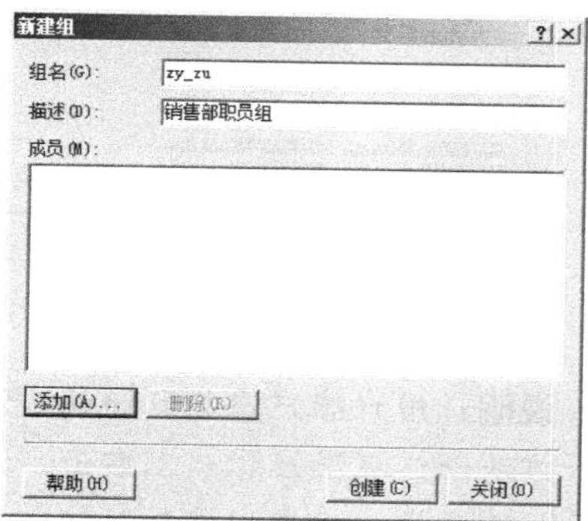

图 4-6　新建“zy_zu”组

② 单击“添加”按钮，打开“选择用户”对话框，如图 4-7 所示，单击“高级”按钮，打开“选择用户”对话框，如图 4-8 所示。

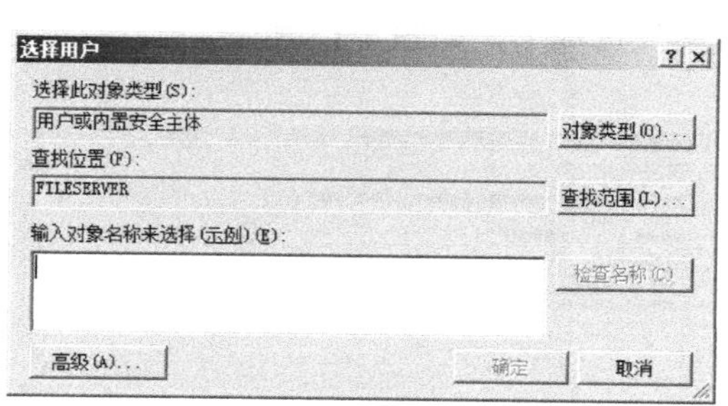

图 4-7　选择用户

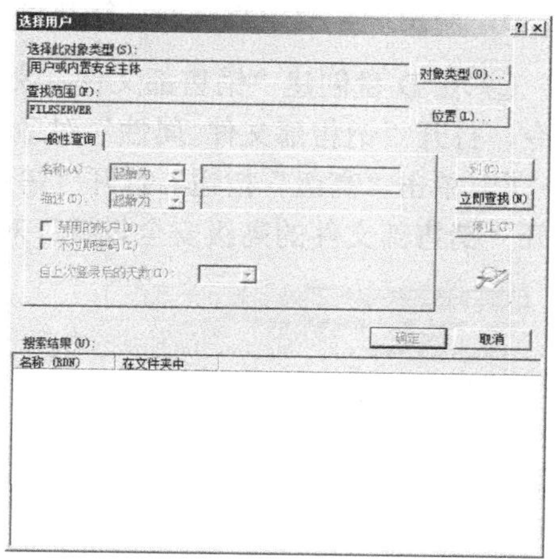

图 4-8　查找用户账户

③ 单击“立即查找”按钮，列出所有用户账户，选择“zhiyuan1”用户账户，按住 Shift 键不放，选择“zhiyuan5”用户账户，可以同时选择所有职员账户，单击“确定”按钮，所有

职员账户在“选择用户”对话框中显示，如图 4-9 所示。

小经验

查找到用户账户后，按住 Ctrl 键不放，可以选择多个位置不相邻的用户账户，按住 Shift 键不放，可以选择多个位置相邻的用户账户。

④ 在“选择用户”对话框中单击“确定”按钮，所有职员账户添加到组中，如图 4-10 所示，单击“创建”按钮完成组的创建。

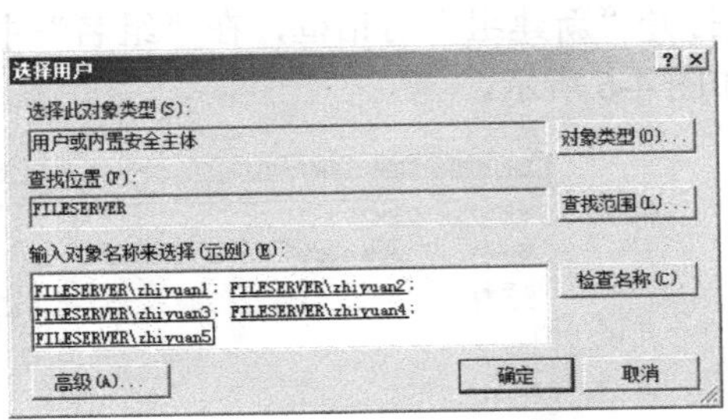

图 4-9　选择所有职员用户

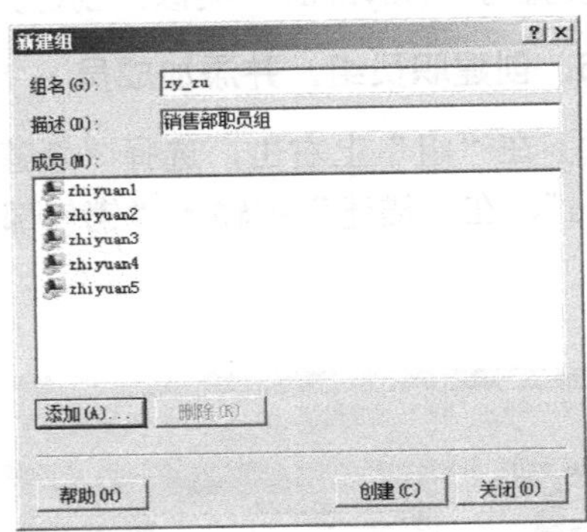

图 4-10　添加职员用户

说明：用户账户添加到组的方法

方法一：在用户账户上右击，选择“属性”命令，打开账户“属性”对话框，切换到“隶属于”选项卡，单击“添加”按钮，查找到添加到的组，单击“确定”按钮。

方法二：除创建组时可以添加用户账户外，可以在创建好的组上右击，选择“属性”命令，打开组的“属性”对话框，单击“添加”按钮，查找到要添加到该组的用户，单击“确定”按钮。

6．对用户和组设置访问“销售部文件”文件夹的权限

① 在 D 盘创建“销售部文件”文件夹，在“销售部文件”文件夹上右击，选择“属性”命令，打开“销售部文件 属性”对话框，切换到“安全”选项卡，如图 4-11 所示。

② 单击“高级”按钮，打开“销售部文件的高级安全设置”对话框，单击“编辑”按钮，打开“销售部文件的高级安全设置”对话框的“权限”选项卡，如图 4-12 所示。

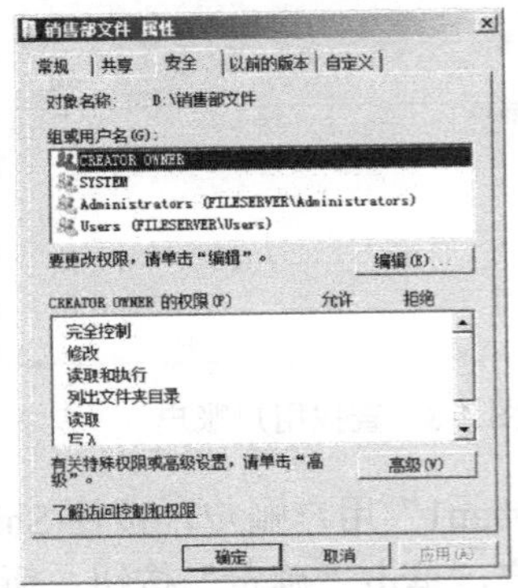

图 4-11　“销售部文件 属性”对话框

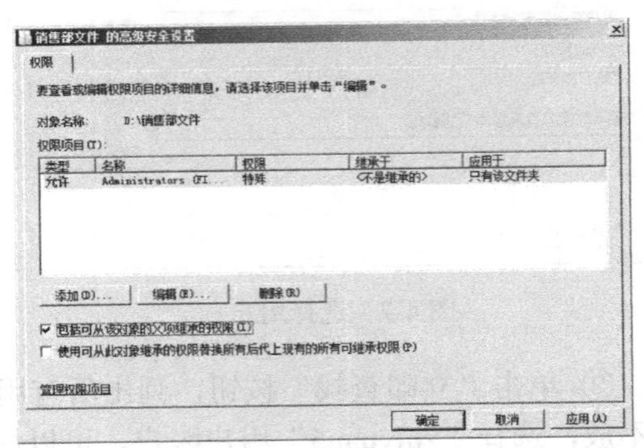

图 4-12　“销售部文件的高级安全设置”对话框

③ 取消选中“包括可从该对象的父项继承的权限”复选框，弹出“Windows 安全”对话框，如图 4-13 所示。

④ 单击“删除”按钮，删除所有继承权限，单击两次“确定”按钮，完成“销售部文件”文件夹禁止权限继承的设置，返回到“销售部文件 属性”对话框的“安全”选项卡。如图 4-11 所示。

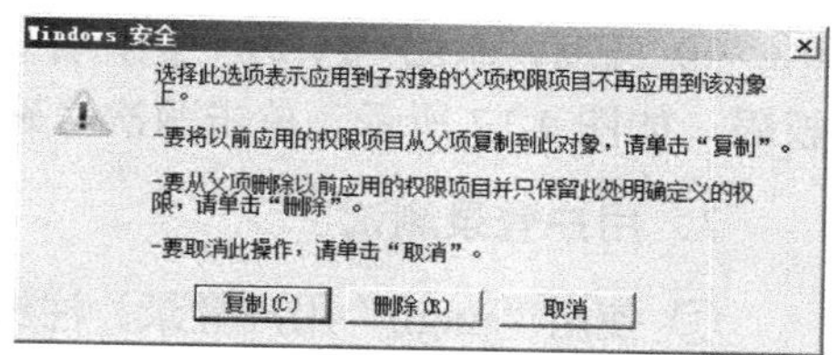

图 4-13　“Windows 安全”对话框

⑤ 单击“编辑”按钮，打开“销售部文件的权限”对话框，如图 4-14 所示，单击“添加”按钮，打开“选择用户或组”对话框，如图 4-15 所示。

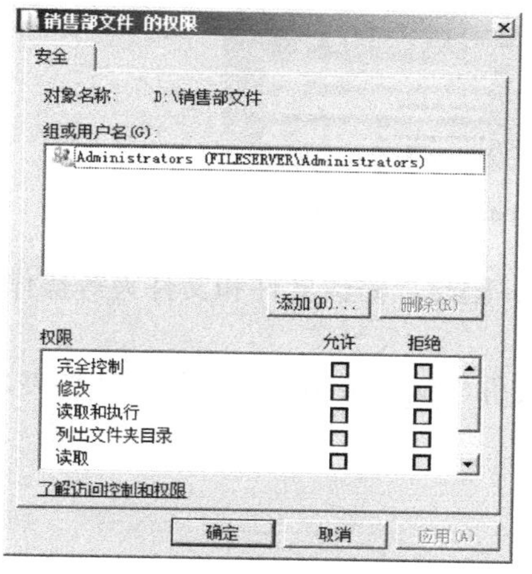

图 4-14　“销售部文件的权限”对话框

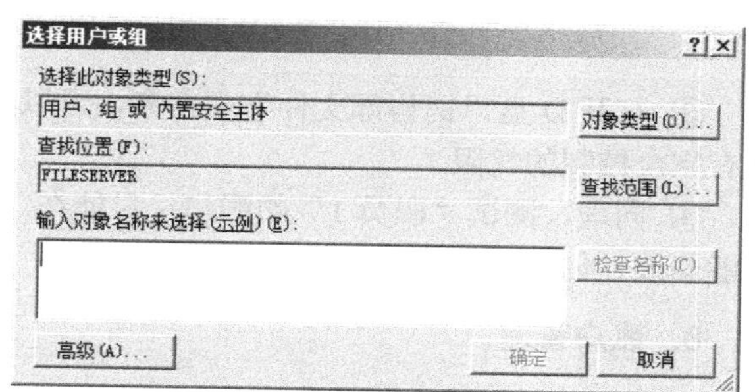

图 4-15　“选择用户或组”对话框

⑥ 单击“高级”按钮，展开“选择用户或组”对话框，单击“立即查找”按钮，将所有用户和组在“搜索结果”中列出，选择“jingli”用户，单击两次“确定”按钮，完成用户的添加，返回“销售部文件的权限”对话框，如图 4-16 所示，可以看到添加了“jingli”用户账户。

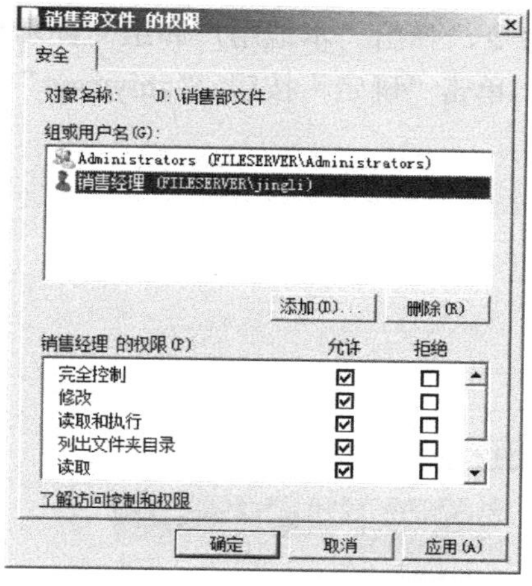

图 4-16　设置“jingli”账户的权限

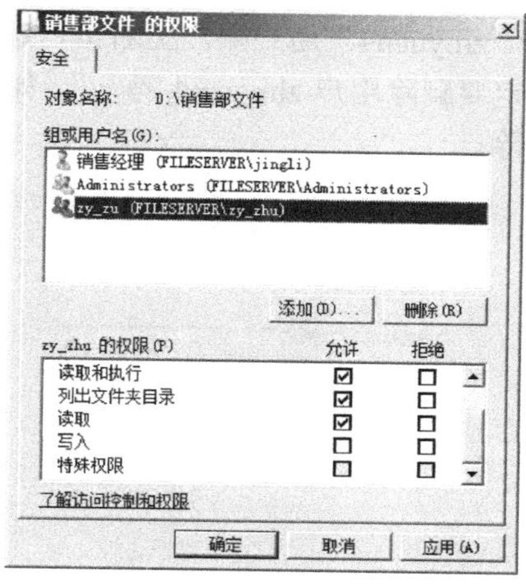

图 4-17　设置“zy_zu”组的权限

⑦ 选择“jingli”账户，设置权限为“完全控制”，其他权限自动选中，如图 4-16 所示。

⑧ 同理，添加“zy_zu”组，并设置权限为“读取和执行”、“列出文件夹目录”和“读取”权限，如图 4-17 所示。单击两次“确定”按钮，完成权限的设置。

7. 用户登录测试

① 使用“jingli”用户登录。注销文件服务器，按“Ctrl+Alt+Del”组合键，显示所有用户账户，如图 4-18 所示。

② 单击“销售经理”用户，输入密码“123456a_”，回车，弹出“用户首次登录前必须更改密码”的提示框，单击“确定”按钮，显示密码输入窗口，输入新密码，如图 4-19 所示，回车，进入系统。

图 4-18 显示所有用户账户

图 4-19 显示密码输入窗口

③ 打开 D 盘“销售部文件”文件夹，可以进行新建、删除、修改文件和文件夹等操作，具有完全控制的权限。

④ 同理，测试“职员 1”的账户，只能在“销售部文件”文件夹中读取文件和文件夹，不能修改、创建、删除文件或文件夹。

8. 账户管理

（1）停用职员 3 的账户

① 在“zhiyuan3”用户账户上右击，选择“属性”命令，打开“zhiyuan3 属性”对话框。

② 选择“账户已禁用”复选框，如图 4-20 所示，单击“确定”按钮，“zhiyuan3”用户账户会出现一个向下的箭头，表示账户被停用。

（2）删除职员 4 的账户

在“zhiyuan4”用户账户上右击，选择“删除”命令，弹出“本地用户和组”提示框，询问“确定要删除用户 zhiyuan4 吗？”，如图 4-21 所示，单击“确定”按钮。“zhiyuan4”用户账户被删除。

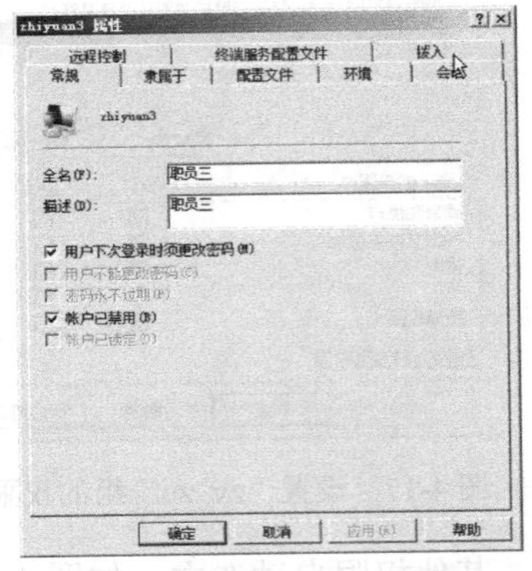

图 4-20 停用职员 3 的用户账户

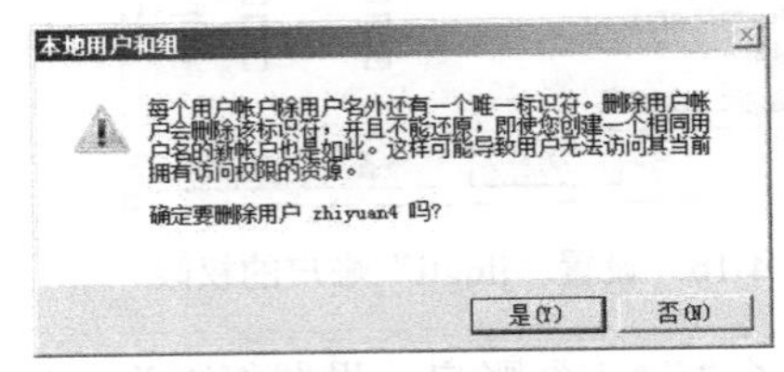

图 4-21 “本地用户和组”提示框

（3）为职员 5 重设密码。

在“zhiyuan5”用户账户上右击，选择“设置密码”命令，弹出“为 zhiyuan5 设置密码”提示框，单击“继续”按钮，输入新的密码，单击“确定”按钮，系统提示密码已经设置，管理员可以将新密码告之该用户。

9. 登录测试

登录测试“zhiyuan3”、“zhiyuan4”和“zhiyuan5”用户账户，在此不再赘述。

任务 2　域用户账户和域组管理

任务描述

在域控制器上为设计部创建“设计部”组织单位，然后在“设计部”组织单位中为每一个员工创建用户账户，并设置登录时间为周一至周五的 9:00～17:00 可以登录域。创建职员组，将所有职员账户加入到职员组。

知识要点

1. 域用户账户

域用户账户是建立在域控制器活动目录上的账户，每个域用户登录域前，都必有一个域用户账户，登录时，需要输入用户名和密码，通过验证后，可以访问域网络中的资源。用户登录名有两种格式，一种格式是用户登录名@域名，与电子邮件账户的格式相同，如 zhangsan@school.com；另一种格式是域名\用户登录名，如 school.com\zhangsan。

2. 预定义账户

活动目录域服务安装后，有两个预定义账户 Administrator 和 Guest，Administrator 是管理员账户，在域中具有最高的权限；Guest 是来宾账户，只具有有限的权限。

3. 域组

域组是相关域账户的集合，保存于域控制器的活动目录数据库中，可以包含用户、联系人、计算机账户和其他组等。当通过域安全组对资源进行授权访问时，组成员默认继承这个安全组的访问权限，如是一个用户属于多个组，则这个用户的访问权限是所属组的权限的叠加。

4. 组的类型

在 Windows Server 2008 中，组按照安全性可以分为安全组和通信组，两种类型的组都支持全局组、本地域组和通用组三种作用域。

（1）安全组

安全组主要实现与安全相关的工作及功能，限制安全组成员对域中资源的访问，可以通过对安全组赋予相应的资源访问权限来实现。每个安全组都有唯一的 SID。当一个安全主体，如用户或组建立时，系统会分配唯一的安全标识符 SID，并通过 SID 来实现对安全主体的标识和授权。

（2）通信组

通信组不具有安全相关的功能，不能被赋予访问资源的权限，因此也不分配 SID。但它能够完成与通信相关的功能。通过通信组可以将组成员的 E-mail 地址形成邮件列表，向通信组发送邮件，组内用户都会收到邮件，用于电子邮件应用程序。

5．组的作用域

每个组都有一个作用域，用来确定在域树或林中该组的应用范围，有三种作用域：全局组、本地域组和通用组。

（1）全局组

全局组主要用来组织一个域中的用户和用户组，为了管理方便，管理员通常将多个具有相同权限的用户账户加入到一个全局组中，全局组之所以被称为全局组，是因为全局组不仅能够在创建它的计算机上使用，而且还能在域中的任何一台计算机上使用。只有在 Windows Server 2008 域控制器上能够创建全局组。

（2）本地域组

本地域组一般用于在域中对资源赋予相应的访问权限。通过本地域组可以快速地为本地域和其他信任域的用户账户和全局组的成员指定访问本地资源的权限。为了管理方便，管理员通常在本域内建立本地域组，并根据资源访问的需要将适合的全局组和通用组加入到该组，最后为该组分配本地资源的访问权限。本地域组的成员只能访问本域的资源，而无法访问其他域中的资源。

（3）通用组

在整个目录林中组织用户和组，可以包含任何一个域内的用户账户、通用组和全局组，但不能包含本地域组。一般在大型企业应用环境中，管理员常常先建立通用组，并为该组的成员分配在各域内的访问控制权限。通用组的成员可以使用目录林中的资源。

表 4-1 列出全局组、通用组和本地域组的区别。

表 4-1　全局组、通用组和本地域组的区别

组作用域	包含成员	可隶属于	作用域范围	权限范围
全局组	1．本域的用户账户 2．本域的其他全局组	1．本域的其他全局组 2．目录林中其他域的域本地组 3．目录林中其他域的通用组	1．本域 2．信任域	目录林中所有域
通用组	1．目录林中任何域的用户账户 2．目录林中任何域的全局组 3．目录林中任何域的其他通用组	1．目录林中任何域的其他通用组 2．目录林中任何域的域本地组	目录林中所有域	目录林中所有域
本地域组	1．目录林中任何域的用户账户 2．目录林中任何域的全局组 3．目录林中任何域的其他通用组 4．本域的其他域本地组	本域中的其他域本地组	本域	本域

6. 内置组和预定义组

安装活动目录域服务时，一些组自动安装在“Active Directory 用户和计算机”控制台的“内置”（builtin）和“用户”（users）文件夹中。这些组是安全组，并且拥有一定的公共权限，可将其授权给加入该组的用户和其他组，管理员可以将内置组和预定义组移动到域中的其他组或组织单位中，但不能将它们移动至其他域。

（1）内置组

本地域的内置组放在“Active Directory 用户和计算机”的“内置”（builtin）文件夹中，主要包括：Account Operators（账户操作员）、Administrators（管理员）、Backup Operators（备份操作员）、Guests（来宾）、Print Operators（打印操作员）、Replicators（复制者）、Server Operators（服务器操作员）及 Users（用户）等本地内置组，查看其后的描述，可了解其权限。

（2）预定义组

全局作用域的预定义组放在“Active Directory 用户和计算机”的“用户”（users）文件夹中，主要包括：Cert Publishers（证书发行者）、Domain Admins（域管理员）、Domain Computers（域计算机）、Domain Controllers（域控制器）、Domain Guests（域来宾）、Domain Users（域用户）等全局组。查看其后的描述，可了解其权限。

默认情况下，在域中创建的任何用户账户都将自动添加到 Domain Users（域用户组）中，创建的任何计算机账户都将自动添加到 Domain Computers（域计算机组），可使用域用户组和域计算机组来表示域中创建的全部账户。例如，如果希望本域中所有用户有访问打印机的权限，可将打印机的权限指派给域用户组，或将域用户组放入具有打印机权限的本地域组中。

7. 组织单位

组织单位（Organizational Unit）简称 OU，是可以将用户、组、计算机和其他组织单位放入其中的活动目录容器，是可以指派组策略设置或委派管理权限的最小作用域或单元。组织单位具有很清晰的层次结构，管理员可以根据企业不同的部门，定义不同的组织单位，有利于将网络所需的域数量降到最低，可以创建任意规模的、具有伸缩性的管理模式。

任务实施

1. 新建组织单位

① 启动域控制器，执行“开始”→“所有程序”→“管理工具”→“Active Directory 用户和计算机”命令，打开“Active Directory 用户和计算机”窗口，在左侧控制台中展开“abc.com”根节点，如图 4-22 所示。

② 在“abc.com”根节点上右击，选择“新建”→“组织单位”命令，打开“新建对象-组织单位”对话框，如图 4-23 所示，在“名称”中输入“设计部”，单击“确定”按钮。

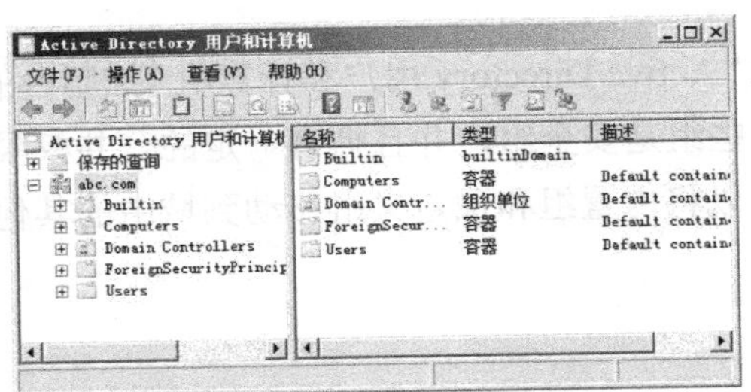
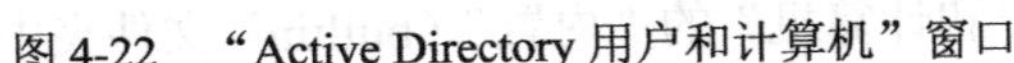

图 4-22 “Active Directory 用户和计算机”窗口

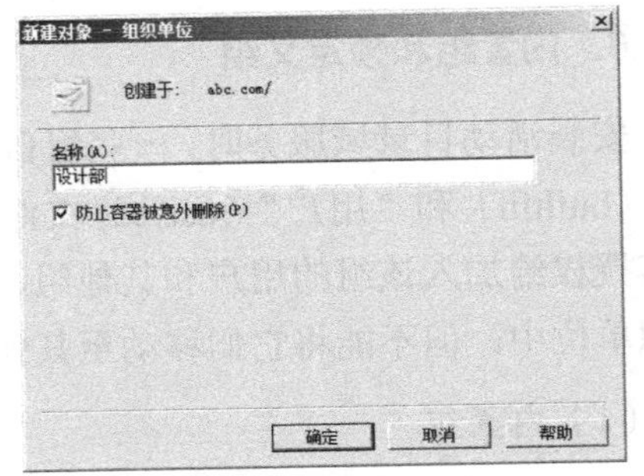

图 4-23 “新建对象-组织单位”对话框

③ 在“abc.com”根节点下建立“设计部”组织单位。

2．新建设计部经理用户账户

① 在“设计部”组织单位上右击，选择“新建”→“用户”命令，打开“新建对象-用户”对话框，在“姓名”中输入“设计部经理”，在“用户登录名”中输入“sj_jingli”，如图 4-24 所示，单击“下一步”按钮。

② 输入密码和确认密码为“123456a_”，设置“用户下次登录时须更改密码”，如图 4-25 所示，单击“下一步”按钮，最后，单击“完成”按钮。

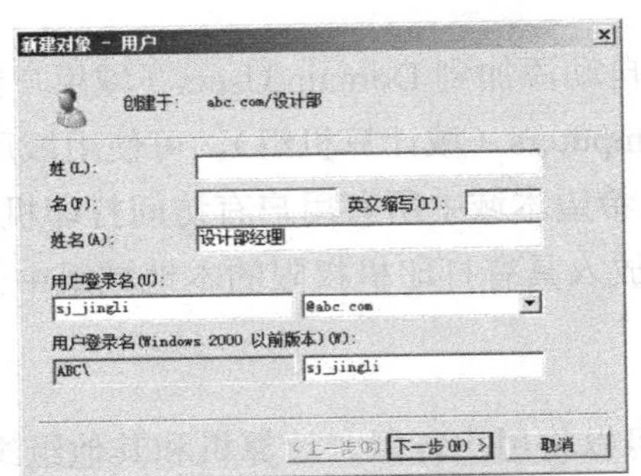

图 4-24 “新建对象-用户”对话框

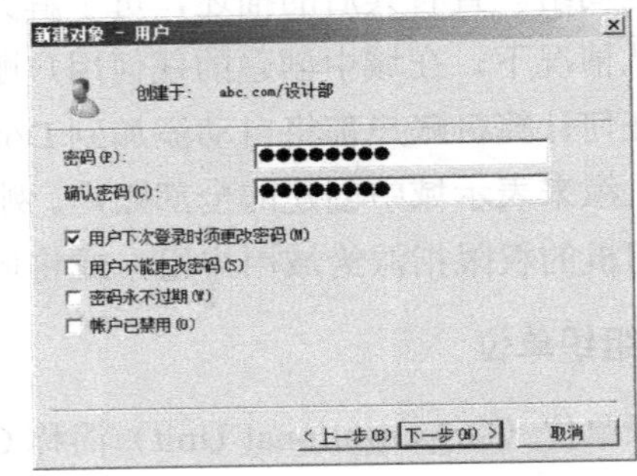

图 4-25 设置用户账户密码

③ 创建完成用户账户后，在“设计部”组织单位中可以看到创建的“sj_jingli”用户账户。

3．设置“设计部经理”用户账户的属性

（1）“常规”选项卡

“常规”选项卡可以设置用户的姓名、描述、办公室和电话号码等信息。

① 在“sj_jingli”用户账户上右击，选择“属性”命令，打开“设计部经理 属性”对话框，如图 4-26 所示，默认显示“常规”选项卡。

② 设置用户的姓名、描述、办公室和电话号码，如图 4-26 所示，单击“应用”按钮。

（2）“地址”选项卡

切换到“地址”选项卡，“地址”选项卡可以设置用户所在的国家、省/自治区、市/县、街道、邮箱地址信息，如图 4-27 所示。

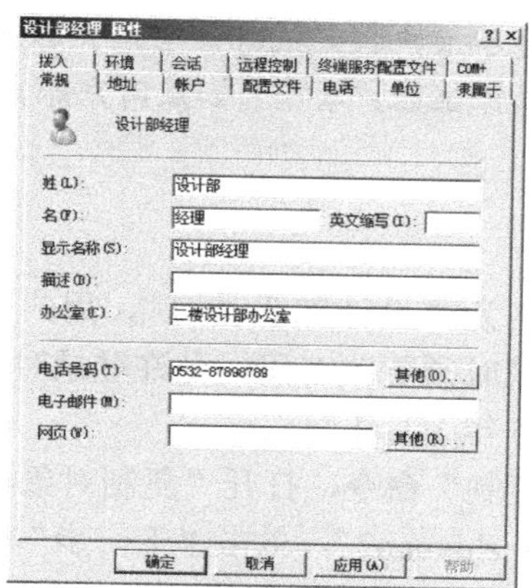

图 4-26　“常规”选项卡

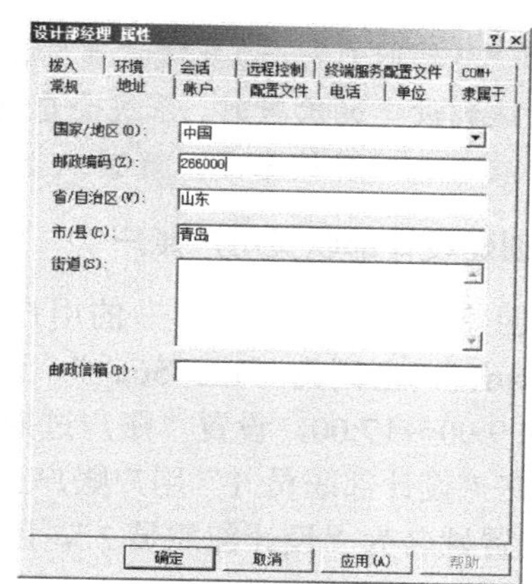

图 4-27　“地址”选项卡

（3）“账户”选项卡

“账户”选项卡可以设置用户的登录时间、登录的计算机以及账户密码、账户过期时间等信息，如图 4-28 所示。

① 切换到“账户”选项卡，如图 4-29 所示。单击“登录时间”按钮，打开“设计部经理的登录时间”对话框，默认一个周的全部时间均允许登录。

② 设置允许登录时间为周一至周五的 9:00～17:00，其他时间不允许账户登录。选择周日到周六的 0:00～9:00 时间，选中“拒绝登录”选项，选中的时间块变为白色，表示不允许登录。

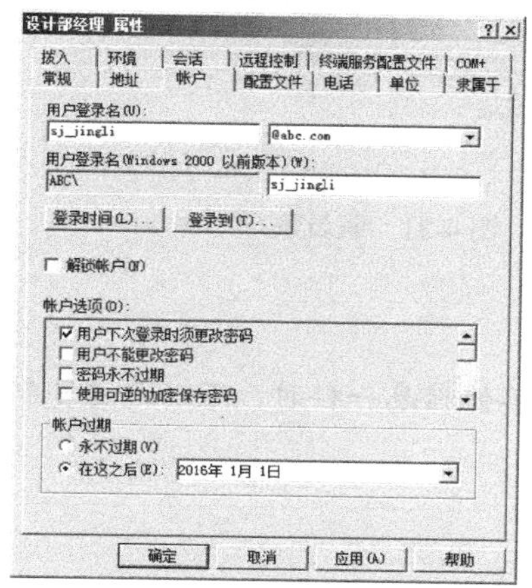

图 4-28　“账户”选项卡

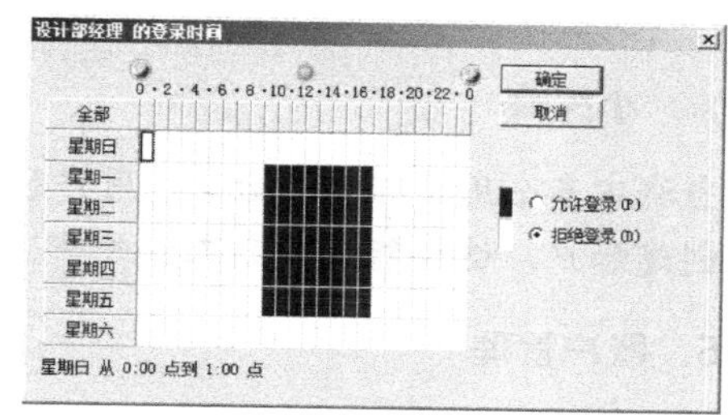

图 4-29　设置登录时间

③ 以同样的方法，设计其他的时间不允许登录，如图 4-29 所示，单击“确定”按钮，完成登录时间的设置。

④ 账户选项保持默认信息，设置“账户过期”时间为“2016 年 1 月 1 日”。单击“应用”按钮。

说明：

（1）“登录到”：默认可以登录到所有的客户端，为了限制用户只能登录到指定计算机，可以选择“下列计算机”选项，在“计算机名称”中输入客户端名称，如图 4-30 所示，单击“添加”按钮完成登录到计算机的添加，最后单击“确定”按钮。

（2）“解锁账户”：如果域管理员在账户策略内设定了用户锁定策略，当用户输入密码失败的次数达到设定的次数时，系统会自动锁定该账户，以保证账户安全。如果用户账户被锁定，管理员可以勾选“解锁账户”解锁。

4．创建设计部职员用户账户

① 创建“设计部职员 1”的用户账户。设置姓名为“设计部职员 1”，用户登录名为“sj_zhiyuan1”，密码为“123456a_”，设置用户下次登录时须更改密码，允许登录时间为周一至周五的 9:00～17:00，设置“账户过期”时间为“2016 年 1 月 1 日”。

② 在“设计部职员 1”用户账户上右击，选择“复制”命令，打开“复制对象-用户”对话框，设置姓名为“设计部职员 2”，用户登录名为“sj_zhiyuan2”，单击“下一步”按钮。

③ 设置密码为“123456a_”，选择“用户下次登录时须更改密码”项，单击“下一步”按钮，最后，单击“完成”按钮。

④ 以同样的方法。复制“设计部职员 3”、“设计部职员 4”和“设计部职员 5”用户账户，如图 4-31 所示。

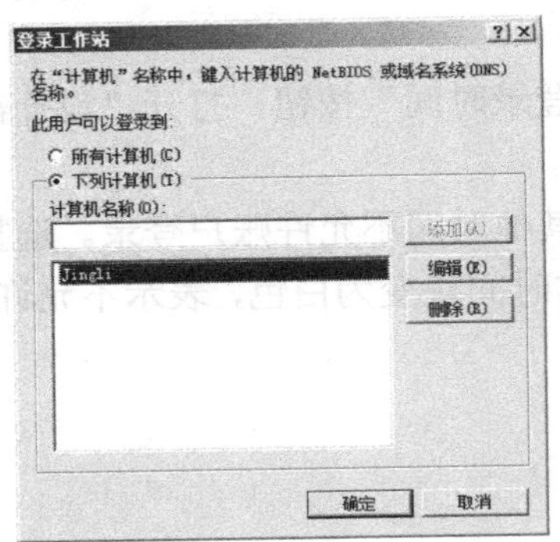

图 4-30　设置登录时间

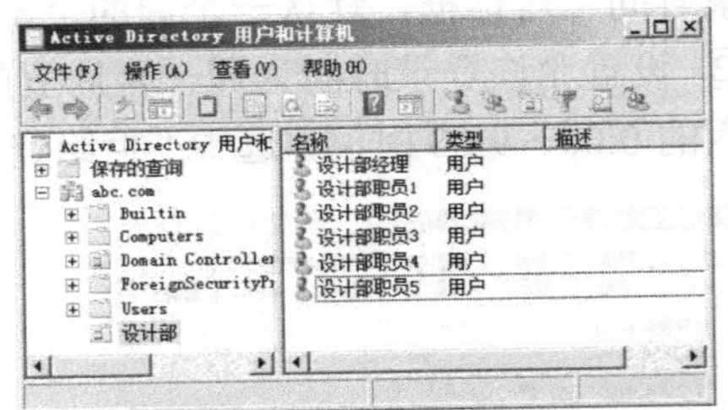

图 4-31　职员账户

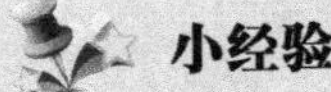
小经验

当域中多个用户账户除姓名、用户登录名和密码外，其他信息一样时，可以通过复制的方式来创建账户，这样能够提高工作效率。

5．账户管理

在某一用户账户上右击，常用的域用户管理命令如下：

① **删除**：删除选择的用户账户。

② **重命名**：为选择的用户账户重新命名。

③ **重置密码**：为选择的用户设置新的密码。

④ **添加到组**：将选择的用户添加为某一组的成员。

⑤ **禁用账户**：禁止选择的用户账户使用，可以防止用户在域中登录。

⑥ **移动**：可以将选择的用户账户从一个对象移动到另一个对象，如一个组织单位移动到另一个组织单位。

⑦ **属性**：对域用户公有属性和私有属性进行详细的设置。

6. 新建“sheji_zu”组

① 在“设计部”上右击，选择“新建”→“组”命令，打开“新建对象-组”对话框，在“组名”中输入“sheji_zu”。“组作用域”选择“全局”项，“组类型”选择“安全组”项，如图 4-32 所示，单击“确定”按钮，完成组的创建。

② 在“sheji_zu”组上右击，选择“属性”命令，打开“sheji_zu 属性”对话框，切换到“成员”选项卡，如图 4-33 所示。

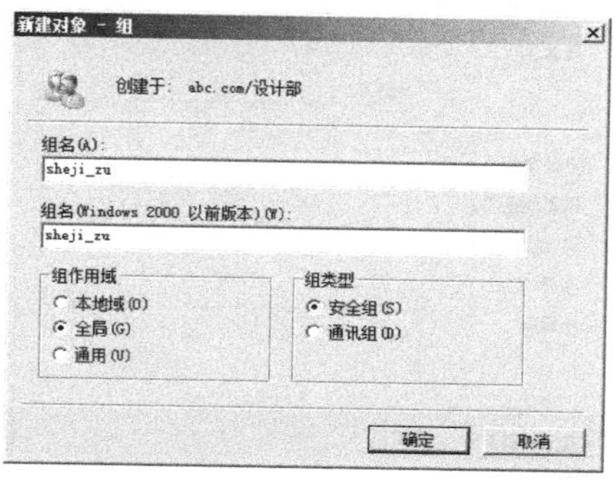

图 4-32 “新建对象-组”对话框

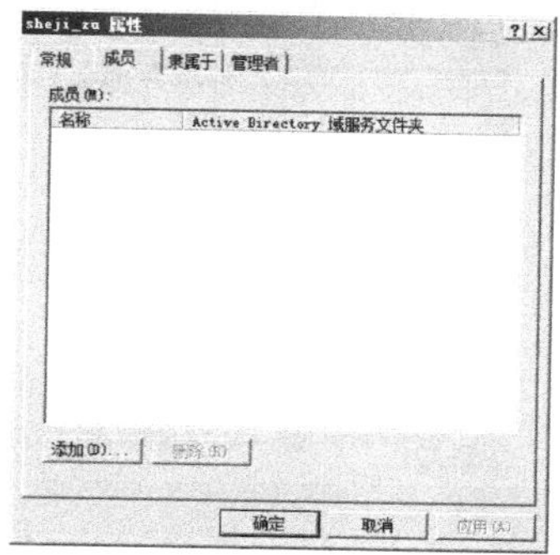

图 4-33 “sheji_zu 属性”对话框

③ 单击“添加”按钮，找到所有设计部职员账户，添加到“sheji_zu”组，如图 4-34 所示，最后，单击“确定”按钮，完成组的创建。

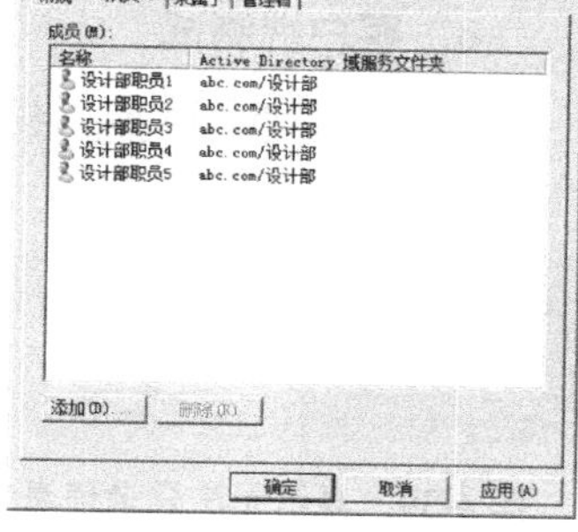

图 4-34 添加设计部职员账户

7. 设置“sheji_zu”组的属性

在“sheji_zu”组上右击，选择“属性”命令，打开“sheji_zu 属性”对话框，如图 4-35 所示，默认显示“常规”选项卡。

(1)“常规”选项卡

可以设置组名、描述、组的作用域以及组的类型等信息。

(2)“成员”选项卡

切换到“成员”选项卡，如图 4-36 所示，用于添加或删除组的成员。

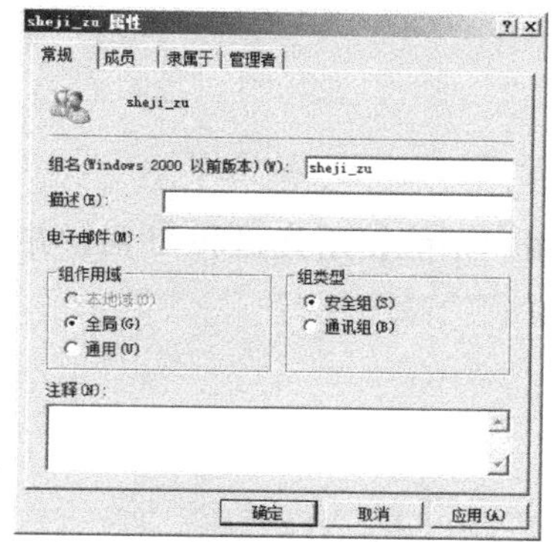

图 4-35 “常规”选项卡

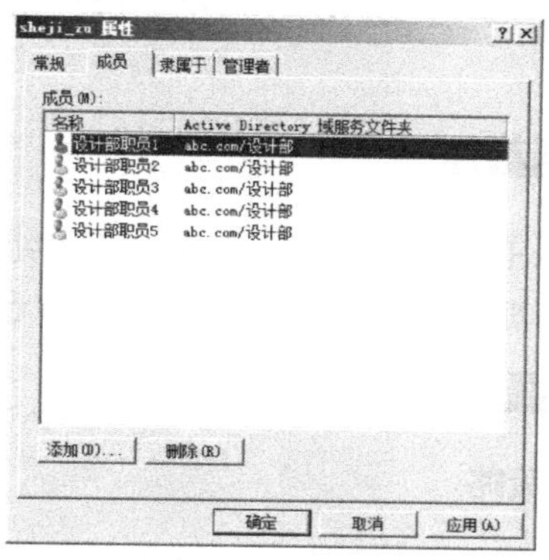

图 4-36 “成员”选项卡

（3）“隶属于”选项卡

切换到“隶属于”选项卡，如图 4-37 所示，用于将本组添加到其他组中，添加到其他组后，本组成员也拥有相应组的权限。

（4）“管理者”选项卡

切换到“管理者”选项卡，如图 4-38 所示，可以为组添加管理员。

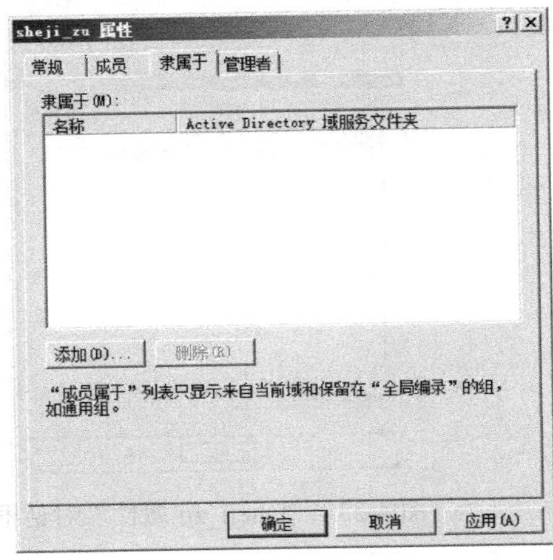

图 4-37 “隶属于”选项卡

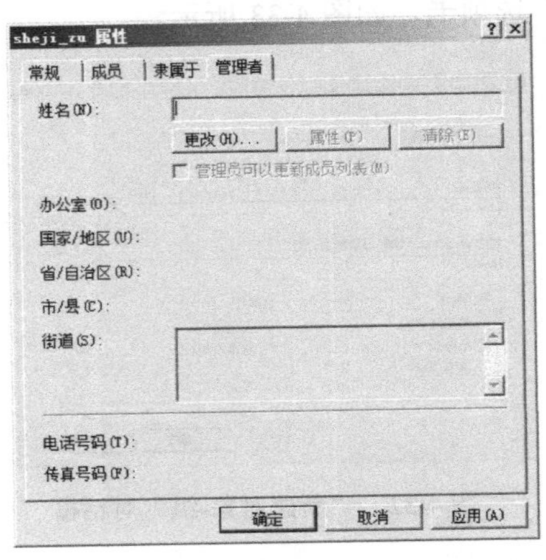

图 4-38 “管理者”选项卡

8．客户端测试

① 启动域控制器，将时间设置为周一至周五 9：00～17：00 之间的某一时间。

② 打开 Windows 7 客户端（已加入到 abc.com 域），以“sj_jingli”用户登录，提示第一次登录时更改密码，根据提示更改密码，用户可以正常登录。

③ 将服务器的时间设置为周一至周五 9:00～17：00 外的某一时间，再次以“sj_jingli”用户登录，显示“您的账户有时间限制，当前无法登录，请稍后再试。”如图 4-39 所示。

图 4-39 显示无法登录信息

任务 3 创建与应用组策略

任务描述

为组织单位“设计部”创建并应用组策略，所有用户不能使用光盘和 U 盘，并且只能使用目前已经添加的打印机，不能删除或自己添加打印机。

知识要点

1．组策略

组策略（Group Policy，GP）是管理员为计算机账户和用户账户定义的，用来控制应用程序、系统设置和管理模板的一种机制。组策略是介于控制面板和注册表之间的一种修改系统、设置程序的工具，提供了一种对计算机批量、高效管理的模式。

2. 组策略的功能

基于活动目录的组策略不仅可以应用于用户账户和计算机账户，还可以应用于成员服务器、域控制器以及管理范围内的任何 Windows 2000 以上操作系统的计算机上。组策略可应用于域和组织单位，会对域或组织单位中所有的计算机账户和用户账户起作用。

组策略包括影响用户的“用户配置”策略设置和影响计算机的“计算机配置”策略设置。通过组策略能够设置集中化和分散化策略，确保用户处于所需要的工作环境中，以及控制用户和计算机的环境等。

3. 组策略的组件

（1）组策略对象组件

在活动目录中，包括站点、域和组织单位在内的容器对象都可以作为组策略的对象组件，通过连接，可以将组策略对象设置应用于指定容器中的用户账户和计算机账户，组策略对象由组策略容器组件和组策略模板组件两部分组成。

（2）组策略模板组件

组策略模板组件实现了一系列的指令集。例如，对注册表进行更新的策略存储在一个名为组策略的模板组件文件中，基于文件的组策略模板组件存储在每个域控制器的 Sysvol 文件夹。

（3）组策略容器组件

组策略容器组件列出了一个特定组策略对象关联的组策略模板组件的名称。Windows 客户端使用一个组策略容器组件的信息来确定要下载和处理的组策略模板组件信息。

（4）计算机策略组件和用户策略组件

一个组策略对象的策略设置既可以用于计算机对象也可以用于用户对象。计算机在启动时下载所属的策略，用户在登录域时下载所属的策略。

当然，并不是所有的策略都是从域中下载的，每个客户端都有自己的本地策略，如果用户不是一个域成员，那么在启动时将下载并应用本地策略，而不是域策略。

任务实施

1. 创建组策略对象“shejibu”

① 以管理员身份登录域控制器，执行“开始”→“管理工具”→“组策略管理”命令，打开“组策略管理”窗口，在左侧导航树中展开“林”→“域”→“abc.com”，如图 4-40 所示。

② 在组织单位“设计部”上右击，选择“在这个域中创建 GPO 并在此处连接”命令，打开“新建 GPO”对话框，如图 4-41 所示。

③ 在“名称”中输入“shejibu”，在“源”中选择“无”，单击“确定”按钮，完成组策略对象的创建，如图 4-42 所示。

2. 设置拒绝使用移动存储设备的策略

① 在组策略对象“shejibu”上右击，选择“编辑”命令，打开“组策略管理编辑器”窗口，在左侧导航树中依次选择“用户配置”→“策略”→“管理模板”→“系统”→“可移动

存储访问”项，如图 4-43 所示。

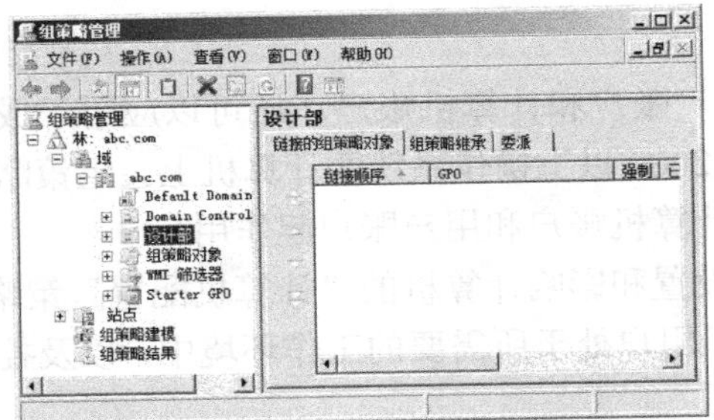

图 4-40 “组策略管理”窗口

图 4-41 “新建 GPO”对话框

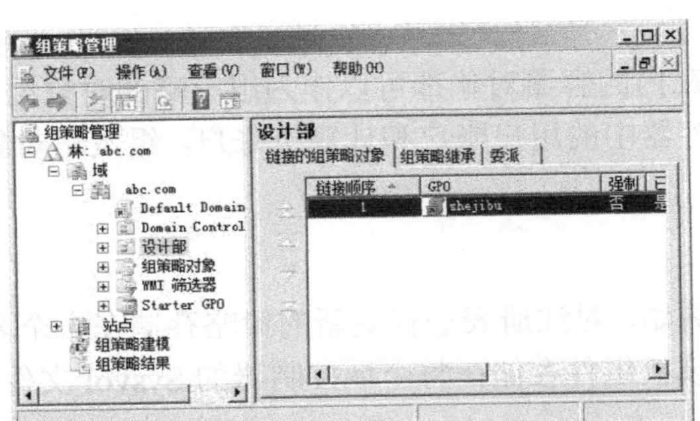

图 4-42 “组策略管理”窗口中的“shejibu”组策略对象

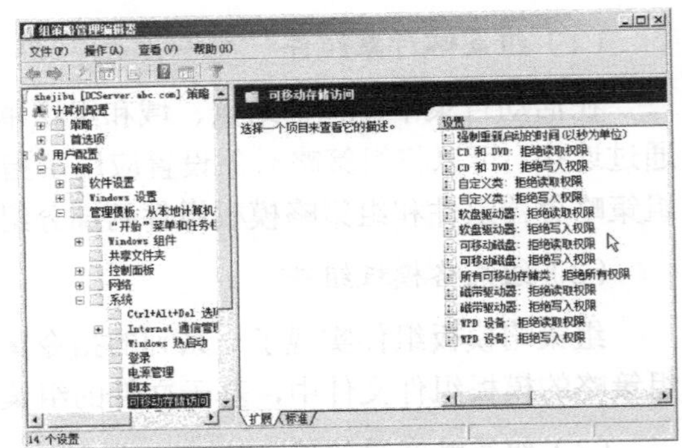

图 4-43 选择策略中的“可移动存储访问”项

② 在右窗格中的“所有可移动存储类：拒绝所有权限”上右击，选择“属性”命令，打开“所有可移动存储类：拒绝所有权限”对话框，选择“已启用”项，如图 4-44 所示，证明该策略支持 Windows Vista 操作系统以上的客户端，单击“确定”按钮。

3．设置打印机策略

① 在左侧导航树中依次选择“用户配置”→“策略”→“管理模板”→“控制面板”→“打印机”项，如图 4-45 所示。

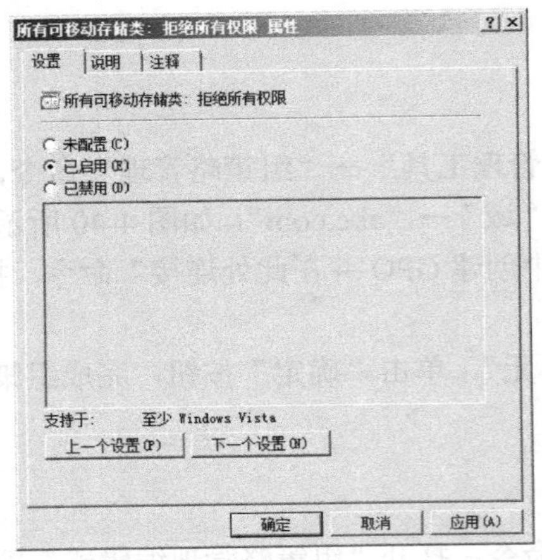

图 4-44 选择策略中的“打印机”项

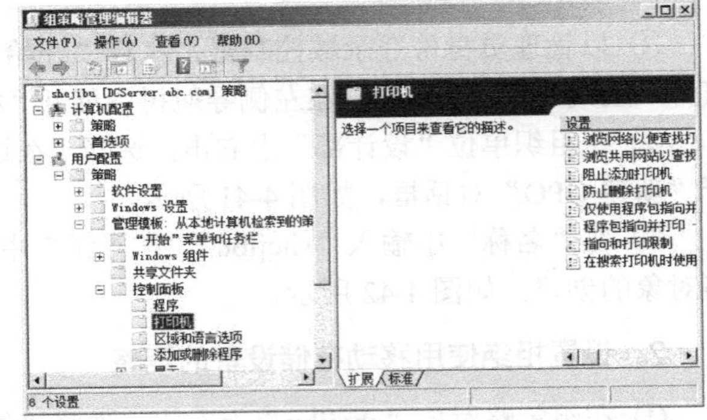

图 4-45 “组策略管理”窗口中的“shejibu”组策略

② 在“防止删除打印机”上右击，选择“属性”命令，打开“防止删除打印机 属性”对话框，选择“已启用”项，如图 4-46 所示，单击“确定”按钮。

③ 在“阻止添加打印机”上右击，选择“属性”命令，打开“阻止添加打印机属性”对话框，选择“已启用”项，如图 4-47 所示，单击“确定”按钮。

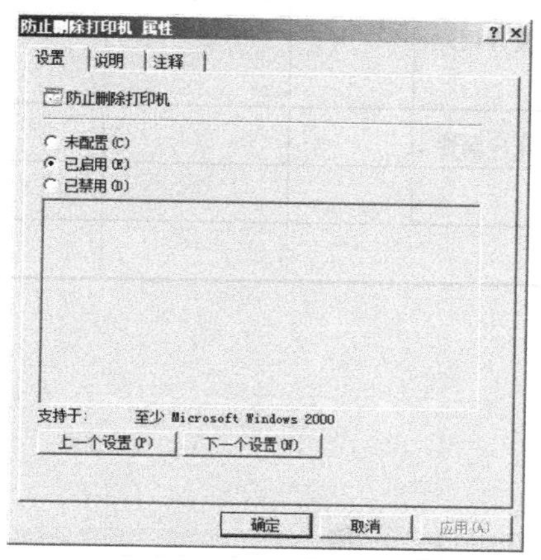

图 4-46　“防止删除打印机 属性”对话框

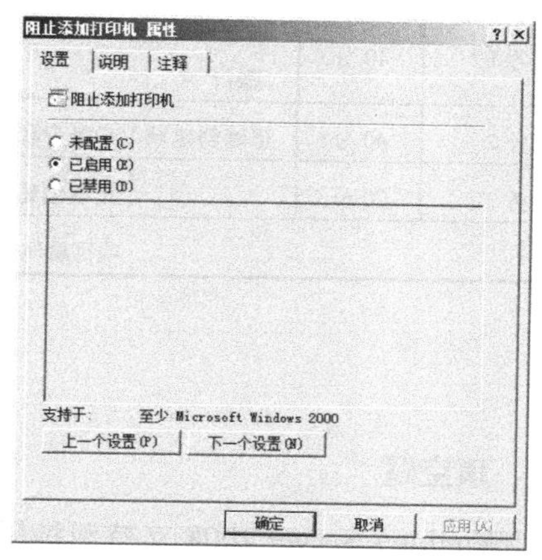

图 4-47　“阻止添加打印机 属性”对话框

4. 更新组策略

在域控制器上，单击“开始”→“运行”命令，打开“运行”对话框，输入“gpupdate /force”命令，回车，强制更新组策略。

5. 客户端测试

① 打开“Windows 7”客户端，单击“开始”→“设备和打印机”命令，打开“设备和打印机”窗口，如图 4-48 所示。

② 在“设备和打印机”窗口中单击“添加打印机”图标，弹出“限制”对话框，如图 4-49 所示，提示本次操作因受限而被取消，即不能添加打印机。

③ 在打印机图标上右击，选择“删除设备”命令，同样，提示操作因受限而被取消。

说明：在实际应用中，可以设置好网络打印机或共享打印机后，再设置和应用组策略。

④ 在光驱中放入光盘，如果使用的是虚拟机，可以加载 ISO 镜像文件。在光驱上右击，选择“打开”命令，弹出“位置不可用”对话框，显示“无法访问 D:\。”，如图 4-50 所示，即光驱不可用。U 盘测试方法与此类似，在此不再测试。

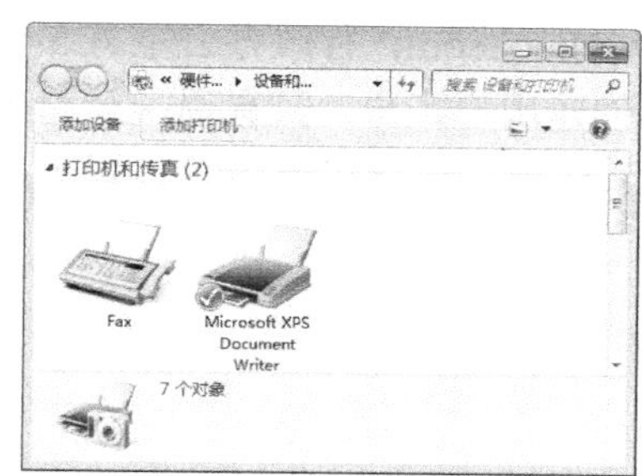

图 4-48　“设备和打印机”窗口

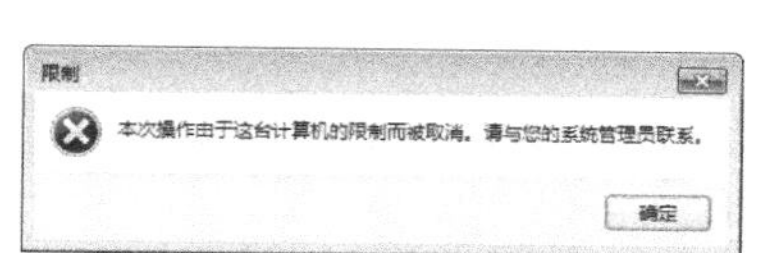

图 4-49　“限制”对话框

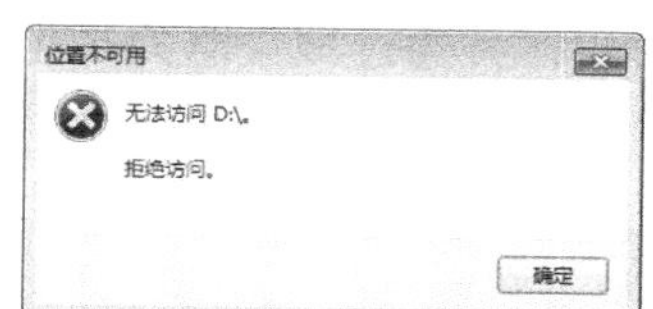

图 4-50　“位置不可用”对话框

项目评价

项目 4 分任务完成情况评价表

任务名称	配分	评分要点	自评	组长评价	教师评价
任务 1	40 分	正确创建本地用户账户和本地组，能够管理用户账户			
任务 2	40 分	正确创建域用户账户和域组，并正确设置账户属性			
任务 3	20 分	正确创建并设置组策略			
项目总体评价（总分）					

习题 4

一、填空题

1．Windows Server 2008 支持两种用户账户，____________和____________。

2. Windows Server 2008 提供了一些预定义的本地用户账户，包括____________和________。

3．_________是多个用户账户、计算机账户、联系人和其他组的集合。

4．__________是建立在域控制器活动目录上的账户，每个域用户登录域前，都必有一个用户账户。

5．_____是相关域账户的集合，保存于域控制器的活动目录数据库中，可以包含用户、联系人、计算机账户和其他组等。

6．__________是可以指派组策略设置或委派管理权限的最小作用域或单元。

7．_______是管理员为计算机账户和用户账户定义的，用来控制应用程序、系统设置和管理模板的一种机制。

二、简答题

1．创建用户账户时用户名和密码要遵循哪些规则？

2．组有哪三种作用域？

3．组策略有哪些功能？

项目实践 4

某学校网络有几百台计算机，已搭建域模式网络，域名为 school.com，行政办公室有 5 位员工，财务室有 3 位员工，请为行政办公室员工和财务室员工创建用户账户，只有周一至周五的 8:00～17：00 可以使用账户，账户过期时间为 2017 年 12 月 31 日，用户可以自己设置账户密码，并通过域策略为员工设置统一的桌面背景。

Windows Server 2008 的磁盘管理

知识目标

- 了解 FAT、FAT32 和 NTFS 文件系统;
- 理解什么是 NTFS 权限?
- 掌握标准权限与特殊权限有哪些种类?
- 理解什么是有效权限和所有权;
- 掌握文件和文件夹的压缩、加密的概念;
- 掌握磁盘配额的概念和功能。

技能目标

- 能够根据需求合理设置文件和文件夹的标准权限与特殊权限;
- 能够加密和压缩文件与文件夹;
- 能够根据需求设置磁盘配额;
- 能够为特定用户设置磁盘配额。

项目描述

海滨高职校有一台文件服务器，用于保存教学资源、学校文件以及员工的个人资料，学校员工通过网络可以使用文件服务器，请合理配置学校服务器，满足学校的需求。具体需求说明如下。

① 在文件服务器的 E 盘创建“学校文件”文件夹，用于存放学校发布的通知公告、相关政策等文件，由行政办公室管理，学校员工只能查看，不能修改，不能删除。同时，要保证学校文件的机密性。

② 在文件服务器的 E 盘创建“教学资源”文件夹，用于保存教师提交的教学资源，所有的教师都可以查看、增加新教学资源，但不能删除、不能修改，同时要尽量节省磁盘空间，以保存更多的教学资源。

③ 在文件服务器的 D 盘为每个员工创建个人文件夹，用于保存个人资料，并限制每位员工最多可存放 1GB 的数据，行政办公室员工最多可存放 2GB 的数据。

假如学校有行政人员刘伟，教师王明、李阳等员工。

项目分析

① 学校员工对“学校文件”文件夹只能查看，不能进行写入、删除和修改其中的文件或文件夹，可以通过标准权限设置允许读取权限赋予员工组，并将完全控制权限赋予行政办公室职员，以便管理发布的文件。要保证服务器上学校文件的机密性，可以将“学校文件”文件夹加密处理。

② 教师对“教学资源”文件夹可以查看、增加但不能删除、不能修改文件或文件夹，可以通过为教师组设置特殊权限来实现。要节省磁盘空间，可以将“教学资源”文件夹压缩。

③ 对于员工个人文件夹通过标准权限设置赋予其完全控制的权限。通过设置磁盘配额控制学校员工使用服务器上的磁盘空间。

④ 学校员工通过网络访问文件服务器，可以通过共享文件夹的方式实现，这将在下一个项目中讲解。

项目分任务

任务 1：设置 NTFS 权限
任务 2：压缩与加密
任务 3：设置磁盘配额

项目准备

为保证本项目顺利完成，需要准备一台文件服务器，安装 Windows Server 2008 操作系统。

项目分任务实施

任务 1　设置 NTFS 权限

任务描述

在文件服务器上创建员工用户和组，在 E 盘上创建“学校文件”和“教学资源”文件夹，在 D 盘创建“员工文件”文件夹，在“员工文件”文件夹中创建以员工姓名命名的文件夹，并给相应的用户和组设置相应的 NTFS 权限。

任务分析

① 在服务器上创建员工用户，分别为刘伟（lw）、王明（wm）和李阳（ly），并创建两个组，教师组（teachers）和员工组（staff），将用户 wm 和 ly 加入到 teachers 组，将用户 lw、wm 和 ly 加入到 staff 组。

② 对“学校文件”文件夹、“教学资源”文件夹、“员工文件”文件夹、设置禁止权限继承。

③ 对“学校文件”文件夹利用标准权限设置赋予 staff 组读取的权限。同时，赋予 lw 用户完全控制的权限。

④ 对“教学资源”文件夹利用特殊权限设置赋予 teachers 组列出文件夹/读取数据、读取属性、读取扩展属性、创建文件/写入数据、创建文件夹/附加数据和写入属性的权限。

⑤ 创建每个员工的个人文件夹，为每个员工个人文件夹设置禁止权限继承，设置通过标准权限设置赋予员工组读取“员工文件”文件夹的权限，对学校员工赋予完全控制其个人文件夹的权限。

知识要点

一、文件系统

文件系统是操作系统用于明确存储设备或分区上文件的方法和数据结构，即在存储设备上组织文件的方法，负责管理和存储文件信息的软件机构称为文件管理系统，简称文件系统。具体地说，它负责为用户建立、存取、修改和转存文件等，常见的文件系统主要有 FAT、FAT32、NTFS、EXT2、EXT3 等。

从 Windows NT 开始，采用了一种新的文件系统 NTFS，它比以前的 FAT、FAT32 性能更好，在磁盘空间、文件大小和安全性等方面都有非常大的提高。一块硬盘在格式化之前没有任何类型的文件系统，只有在分区并格式化后才有文件系统，然后可以正常保存数据。文件系统是针对分区而言的，一块硬盘上不同的分区可以是不同的文件系统。Windows Server 2008 主要支持 FAT、FAT32 和 NTFS 等文件系统。

1. FAT 文件系统

FAT（File Allocation Table）是“文件分配表”的意思，是用来记录文件所在位置的表格，最初用于小型磁盘和简单文件结构的简单文件系统。为确保正确装卸启动系统所必需的文件，文件分配表和根文件夹必须存放在磁盘分区的固定位置。文件分配表对于硬盘的使用是非常重要的，假如丢失文件分配表，那么硬盘上的数据就会因为无法定位而不能存取。

FAT 通常使用 16 位的空间来表示每个扇区配置文件的情形，FAT 由于受到先天的限制，因此每超过一定容量的分区之后，所使用的簇就必须扩大，以适应更大的磁盘空间。所谓簇就是磁盘空间的配置单位，就像图书馆内一格一格的书架一样。每个要存到磁盘的文件都必须配置足够数量的簇，才能存放到磁盘中。一个簇存放一个文件后，其剩余的空间不能再被其他文件利用，所以在使用磁盘时，都会或多或少地浪费一些磁盘空间。

FAT 文件系统主要应用在 MS-DOS、OS/2、Windows 95/98 等以前版本的操作系统中。需要证明的是，在不考虑簇大小的情况下，使用 FAT 文件系统的分区不能大于 2GB，因此，FAT 文件系统适合用在较小分区上。

2. FAT32 文件系统

FAT32 文件系统使用 32 位的空间来表示每个扇区配置文件的情形，其单个分区最大可达到 2TB(2048GB)，而且各种大小的分区所能用到的簇的大小，也更加适合，这些优点使应用 FAT32 的系统在硬盘使用上具有更高的效率。举例来说，假如有两个分区，容量都为 2GB，一个分区采用 FAT 文件系统，另一个分区采用 FAT32 文件系，采用 FAT 分区的簇大小为 32KB，而 FAT32 分区的簇只有 4KB，那么 FAT32 就比 FAT 的存储效率高很多，通常情况下可以达到 15%。

另外，FAT32 文件系统可以重新定位根目录，并且 FAT32 分区的启动记录包含在一个含有关键数据的结构中，降低了计算机系统崩溃的可能性。

3. NTFS 文件系统

NTFS 是 Windows Server 2008 推荐使用的高性能文件系统，它支持许多新的文件安全、存储和容错等功能，而这些功能恰恰是 FAT/FAT32 所缺少的。NTFS 文件系统支持大容量的存储媒体和长文件名，能够在大容量的硬盘上快速地执行如读写、搜索文件等标准操作。同时，NTFS 还支持文件系统恢复等的高级操作。

NTFS 以卷为基础，卷建立在磁盘分区之上，分区是磁盘的基本组成部分，是一个能够被格式化和单独使用的逻辑单元。当用 NTFS 文件系统格式化磁盘分区时就创建了 NTFS 卷，一个磁盘可以有多个卷，一个卷也可以由多个磁盘组成。在 Windows Server 2008、Windows Server 2003 和 Windows XP/2000 系统中常使用 FAT32 和 NTFS 文件系统。需要证明的是，当从 NTFS 卷移动或复制文件到 FAT32 分区时，NTFS 文件系统权限和其他特有属性将会丧失。

Windows Server 2008 采用的是新版本的 NTFS 文件系统，用户不但可方便、快捷地操作和管理计算机，同时也可享受到 NTFS 所带来的系统安全性。NTFS 文件系统主要有以下特点。

（1）NTFS 文件系统是一个日志文件系统

NTFS 文件系统会为所发生的所有改变保留一份日志，这一功能让 NTFS 文件系统在发生错误的时候（如系统崩溃或电源供应中断）更容易恢复，使系统更加强壮。在 NTFS 卷上用户很少需要运行磁盘修复程序，只需通过使用标准的事务处理日志和恢复技术来保证卷的一致性。当发生系统失败事件时，NTFS 使用日志文件和检查点信息自动恢复文件系统的一致性。

（2）NTFS 文件系统具有良好的安全性

良好的安全性是 NTFS 另一个引人注目的特点，也是 NTFS 成为 Windows 网络系统中常用文件系统的最主要原因。NTFS 的安全系统可以对文件系统的对象访问权限（允许或禁止）做非常精确的设置。同时，在 NTFS 分区上，可以为共享资源、文件以及文件夹设置访问许可权限，许可权限的设置包括两方面的内容：一是允许哪些组或用户对文件、文件夹和共享资源进行访问；二是获得访问许可的组或用户可以进行什么级别的访问。访问许可权限的设置不但适用于本地计算机用户，同样也适用于通过网络共享文件夹访问的用户。另外，在采用 NTFS 文件系统的 Windows Server 2008 中，用审核策略可以对文件、文件夹以及活动目录对象进行审核，审核结果记录在安全日志中，通过安全日志可以查看用户或组对文件、文件夹或活动目录对象进行了什么级别的操作，有利于发现系统可能面临的非法访问，将安全隐患降到最低。以上这些在 FAT32 文件系统下是无法实现的。

（3）NTFS 文件系统支持对卷、文件和文件夹的压缩

任何基于 Windows 的应用程序对 NTFS 卷上的压缩文件进行读写时不需要事先由第三方程序进行解压缩，当对文件读取时，文件将自动进行解压缩，文件关闭或保存时系统会自动对文件进行压缩。

（4）在 NTFS 文件系统下可以进行磁盘配额管理

磁盘配额就是管理员为用户所能使用的磁盘空间进行配额限制，每一位用户只能使用最大配额范围内的磁盘空间。设置磁盘配额后，可以对每一位用户的磁盘使用情况进行跟踪和控制，通过监测可以标识出超过配额报警阈值和配额限制的用户，而采取相应的措施。磁盘配额管理使管理员可以方便、合理地为用户分配磁盘空间，避免由于磁盘空间使用失控而造成系统崩溃。

（5）NTFS 文件系统对大容量的磁盘有很好的扩展性

在磁盘空间使用方面，NTFS 采用了更小的簇，可以更有效地管理磁盘空间，最大限度地避免了磁盘空间的浪费。NTFS 对大容量磁盘的支持远远大于 FAT，而且 NTFS 的性能和存储效率并不像 FAT 那样随着磁盘容量的增大而降低。

二、NTFS 权限

1．什么是 NTFS 权限

为了保护文件或文件夹的安全，Windows Server 2008 在 NTFS 卷上提供了 NTFS 权限，管理员可以为用户或组设置 NTFS 权限，允许、拒绝或限制对某些文件或文件夹的访问，这种权限不仅对计算机本地用户起作用，而且对通过网络访问的用户同样起作用，大大提高了数据的安全性。

NTFS 权限通过访问控制列表控制对文件或文件夹的访问，访问控制列表是文件或文件夹的一个列表，列表中记录了用户或组对文件或文件夹的访问权限，只有用户的操作和访问控制列表中的权限一致时，才允许用户操作，否则拒绝操作。

Windows Server 2008 操作系统的 NTFS 权限分为标准权限和特殊权限两种。

2．NTFS 的标准权限

（1）标准权限的种类

NTFS 文件的标准权限有读取、写入、读取和执行、修改和完全控制。

① **读取**：可以读取该文件的数据，查看文件的属性、所有者及权限。

② **写入**：可以更改或覆盖文件的内容，更改文件属性、查看文件的所有者和权限。

③ **读取和执行**：拥有“读取”的所有权限，还具有运行应用程序的权限。

④ **修改**：拥有“读取”、“写入”和“读取及运行”的所有权限，并可以修改和删除文件。

⑤ **完全控制**：拥有所有 NTFS 文件的权限，不仅具有前述的所有权限，还具有更改权限

和取得所有权的权限。

NTFS 文件夹的标准权限有读取、写入、列出文件夹目录、读取和执行、修改和完全控制等。

① **读取**：该权限可以查看文件夹中的文件和子文件夹，查看文件夹的所有者、属性和权限。

② **列出文件夹目录**：该权限拥有“读取”的所有权限，并且还具有“遍历子文件夹”的权限，也就是具备进入到子文件夹的权限。

③ **写入**：可以在文件夹内添加文件和子文件夹，更改文件夹的属性，查看文件夹的所有者和权限。

④ **读取和执行**：拥有“读取”权限和“列出文件夹目录”权限的所有权限，只是在继承方面有所不同：“列出文件夹目录”的权限由文件夹继承，而“读取和运行”权限由文件夹和文件同时继承。

⑤ **修改**：拥有“写入”和“读取及执行”权限的所有权限，还可以删除文件夹。

⑥ **完全控制**：拥有所有 NTFS 文件夹的权限，不仅具有前述的所有权限，还具有更改权限和取得所有权的权限。

（2）标准权限的设置方法

在 Windows Server 2008 中只有文件或文件夹的所有者、对文件或文件夹具有完全控制权限的用户以及 Administrator 组内的用户才可以设置文件或文件夹的 NTFS 权限，需要证明的是设置权限的文件和文件夹必须在 NTFS 卷上。设置权限分两步，一是添加/删除用户或组；二是为用户或组设置权限。

添加/删除用户或组

要设置用户或组对一个文件或文件夹的访问权限，首先需要将用户或组加入到文件或文件夹的访问控制列表中，或是从访问控制列表中删除。在此以 E 盘的“File”文件为例，为“zhangsan”用户添加“修改”标准权限进行说明。

① 在 E 盘“File”文件夹上右击，选择“属性”命令，打开“File 属性”对话框，切换到“安全”选项卡，如图 5-1 所示，可以看到列出的用户或组以及选中用户或组的权限。

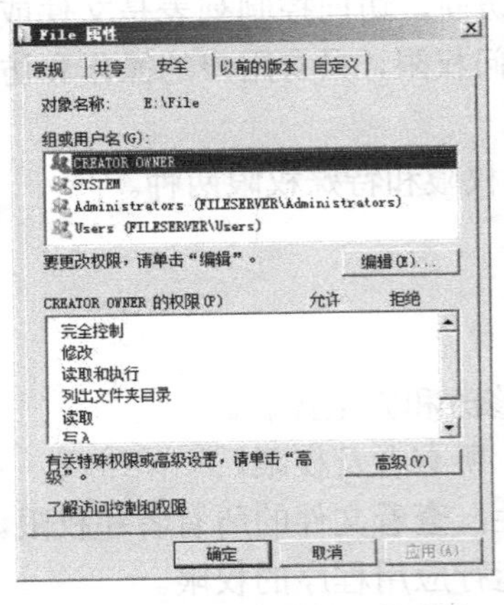

图 5-1 “File 属性”对话框

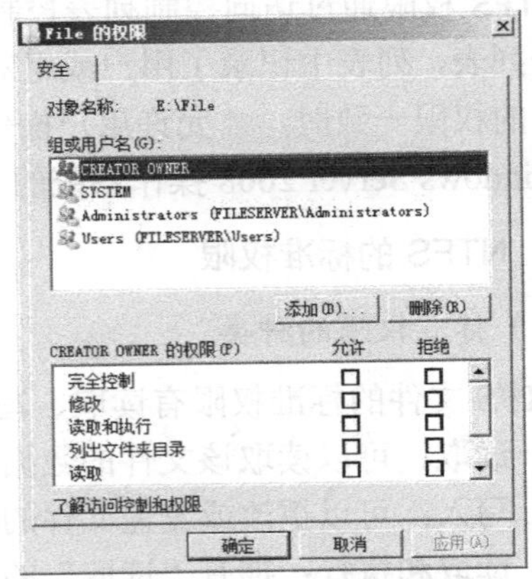

图 5-2 “File 的权限”对话框

② 单击“编辑”按钮，打开“File 的权限”对话框，如图 5-2 所示，单击“添加”按钮，

打开“选择用户或组”对话框，如图 5-3 所示。

说明： 如果用户或组已经存在，可以直接选择用户或组，在“File 的权限”对话框的“权限”中选择用户或组，直接设置用户或组的权限。如果用户或组不存在，则需要先添加用户或组。当然也可以根据需要删除用户或组。

③ 单击“高级”按钮，展开“选择用户或组”对话框，单击“立即查找”按钮，将所有用户和组在“搜索结果”中列出，选择“zhangsan”用户，如图 5-4 所示，单击两次“确定”按钮，完成用户的添加。

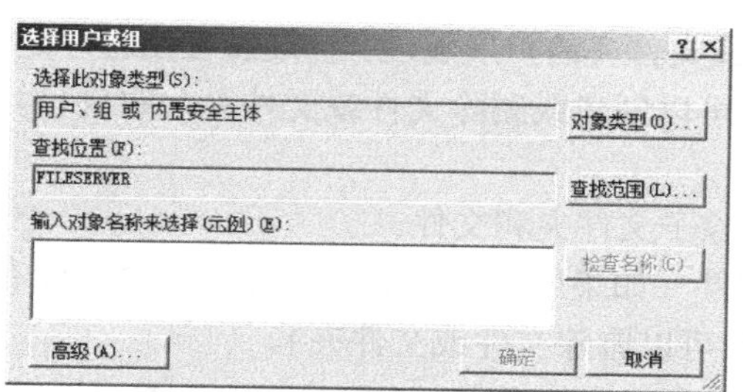

图 5-3　“选择用户或组”对话框

图 5-4　查找“zhangsan”用户

为用户或组设置标准权限

在“File 的权限”对话框中，选择“zhangsan”用户，设置允许修改的权限，如图 5-5 所示，表示赋予“zhangsan”用户对“File”文件夹修改的权限，单击“确定”按钮。最后，在“File 属性”对话框中单击“确定”按钮，完成“zhangsan”用户权限的设置。

说明： 每一种权限都有“允许”和“拒绝”两种状态，选择“允许”表示赋予用户这种权限，选择“拒绝”表示不赋予用户这种权限。

文件的标准权限的设置方法与此类似，在此不再讲解。

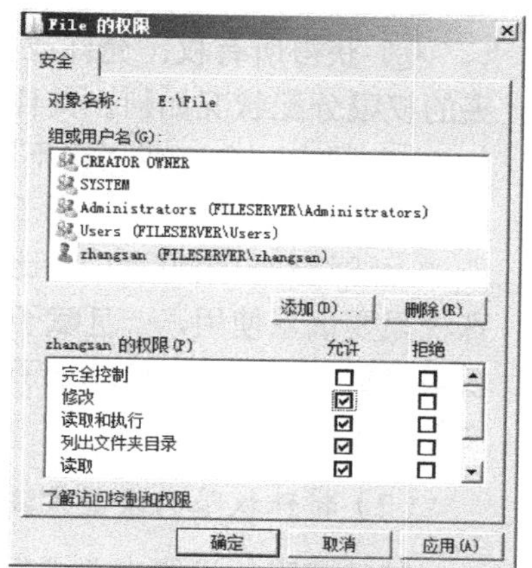

图 5-5　设置“修改”权限

3. NTFS 的特殊权限

（1）特殊权限的种类

NTFS 的标准权限都由更小的特殊权限元素组成。管理员可以根据需要利用 NTFS 特殊权限进一步控制用户对 NTFS 文件或文件夹的访问，文件和文件夹主要有以下特殊权限。

① **遍历文件夹/运行文件：** 对于文件夹，“遍历文件夹”允许或拒绝通过文件夹移动，以到达其他文件或文件夹；对于文件，“运行文件”允许或拒绝运行程序文件。设置文件夹的“遍历文件夹”权限不会自动设置该文件夹中所有文件的“运行文件”权限。

② **列出文件夹/读取数据：** 允许或拒绝用户查看文件夹内容列表或查看数据文件。

③ **读取属性**：允许或拒绝用户查看文件或文件夹的属性，如只读或者隐藏，属性由 NTFS 定义。

④ **读取扩展属性**：允许或拒绝用户查看文件或文件夹的扩展属性。扩展属性由程序定义，可能因程序而变化。

⑤ **创建文件/写入数据**："创建文件"权限允许或拒绝用户在文件夹内创建文件（仅适用于文件夹）。"写入数据"允许或拒绝用户修改文件（仅适用于文件）。

⑥ **创建文件夹/附加数据**："创建文件夹"允许或拒绝用户在文件夹内创建文件夹（仅适用于文件夹）。"附加数据"允许或拒绝用户在文件的末尾进行修改，但是不允许用户修改、删除或者改写现有的内容（仅适用于文件）。

⑦ **写入属性**：允许或拒绝用户修改文件或者文件夹的属性，如只读或者是隐藏，属性由 NTFS 定义。"写入属性"权限不表示可以创建或删除文件或文件夹，它只包括更改文件或文件夹属性的权限。要允许（或者拒绝）创建或删除操作，请参阅"创建文件/写入数据"、"创建文件夹/附加数据"、"删除子文件夹及文件"和"删除"。

⑧ **写入扩展属性**：允许或拒绝用户修改文件或文件夹的扩展属性。扩展属性由程序定义，可能因程序而变化。"写入扩展属性"权限不表示可以创建或删除文件或文件夹，它只包括更改文件或文件夹属性的权限。

⑨ **删除子文件夹及文件**：允许或拒绝用户删除子文件夹和文件。

⑩ **删除**：允许或拒绝用户删除子文件夹和文件（如果用户对于某个文件或文件夹没有删除权限，但是拥有文件和删除子文件夹权限，仍然可以删除文件或文件夹）。

⑪ **读取权限**：允许或拒绝用户读取文件或文件夹权限的权限。如完全控制、读或写权限。

⑫ **修改权限**：允许或拒绝用户修改该文件或文件夹的权限分配，如完全控制、读或写权限。

⑬ **获得所有权**：允许或拒绝用户获得对该文件或文件夹的所有权。无论当前文件或文件夹的权限分配状况如何，文件或文件夹的拥有者总是可以改变他的权限。

⑭ **同步**：允许或拒绝不同的线程等待文件或文件夹的句柄，并与另一个可能向它发信号的线程同步。该权限只能用于多线程、多进程程序。

上述特殊权限设置中，比较重要的是修改权限和获得所有权权限，通常情况下，这两个特殊权限要慎重使用，一旦赋予了某个用户修改权限，该用户就可以改变相应文件或者文件夹的权限设置。同样，一旦赋予了某个用户获得所有权的权限，该用户就可以作为文件的所有者对文件做出查阅和更改。

（2）特殊权限的设置方法

特殊权限的设置也要求用户是文件或文件夹的所有者、对文件或文件夹具有完全控制权或是 Administrator 组内的成员，设置特殊权限同样分为两步。在此同样以 E 盘的"File"文件夹为例，为"lisi"用户添加"创建文件/写入数据"、"创建文件夹/附加数据"和"写入属性"的权限。

添加/删除用户或组

① 在 E 盘"File"文件夹上右击，选择"属性"命令，打开"File 属性"对话框，切换到"安全"选项卡。

② 单击“高级”按钮，打开“File 的高级安全设置”对话框，单击“编辑”按钮，打开“File 的高级安全设置”对话框的“权限”选项卡，如图 5-6 所示。

③ 单击“添加”按钮，打开“选择用户和组”对话框，单击“高级”按钮，展开“选择用户或组”对话框，单击“立即查找”按钮，将所有用户和组在“搜索结果”中列出，选择“lisi”用户，如图 5-7 所示，两次单击“确定”按钮，打开“File 的权限项目”对话框，完成“lisi”用户的添加，返回“File 的权限项目”对话框。

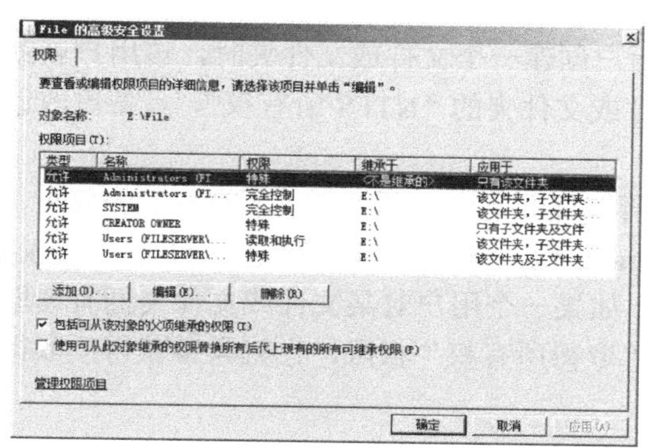

图 5-6 “File 的高级安全设置”对话框“权限”选项卡

图 5-7 选择“lisi”用户

为用户或组设置特殊权限

在“权限”中添加“创建文件/写入数据”、“创建文件夹/附加数据”和“写入属性”特殊权限，如图 5-8 所示。四次单击“确定”按钮，完成“lisi”用户特殊权限的设置。

文件的特殊权限的设置方法与此类似，在此不再讲解。

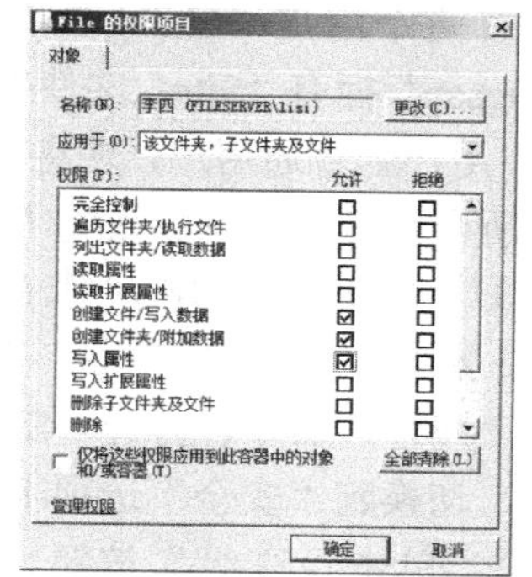

图 5-8 设置“File”文件夹的特殊权限

4. 继承 NTFS 权限

默认情况下，文件和文件夹会继承父文件夹的 NTFS 权限，当然也可以根据需要改变这种继承关系。

（1）权限继承

当文件和文件夹从其父文件夹继承权限时，父文件夹的权限也适用于包含的文件和子文件夹，同样也适用于新建的文件和文件夹，默认状态下所有文件和文件夹都从其父文件夹继承权限。

（2）禁止权限继承

当禁止权限继承时，文件和子文件夹不会继承其父文件夹的权限，被禁止继承权限的文件夹变成新的父文件夹。禁止权限继承在实际应用中经常用到，可以通过如下操作禁止继承权限。

① 以“File”文件夹为例，如图 5-6 所示，在“File 的高级安全设置”对话框的“权限”选项卡中，取消选中“包括可从该对象的父项继承的权限”的复选框，系统会打开“Windows

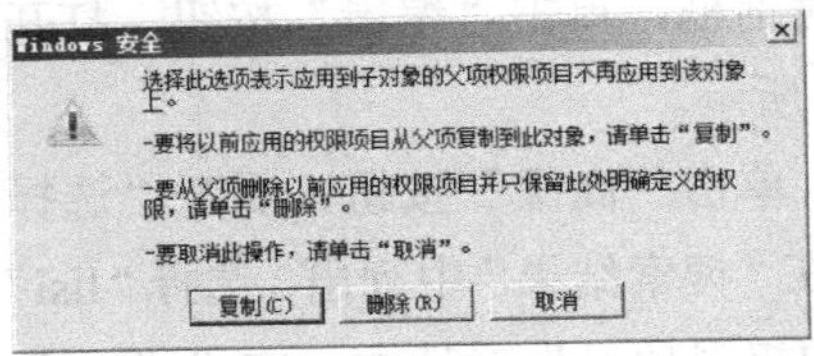

图 5-9　“Windows 安全”对话框

安全”对话框，如图 5-9 所示。

② 如果单击“复制”按钮，将会保留所有继承的权限，用户可以编辑这些权限；如果单击“删除”按钮，将删除所有继承权限。

5．NTFS 所有权

（1）NTFS 所有权介绍

在 Windows Server 2008 的 NTFS 卷上，当用户创建一个文件或文件夹时，该用户就默认成为这个文件或文件夹的所有者，即具有这个文件或文件夹的“NTFS 所有权”，具备更改该文件或文件夹权限的能力。

要更改某文件或文件夹的所有权，要求更改所有权的用户必须拥有“所有权”的权限，或者能够获得“取得所有权”权限的能力。Administrator 组内的用户拥有“取得所有权”的权限，因此，可以修改所有文件或文件夹的所有权设置。如果一个用户对某文件或文件夹拥有读取权限或更改权限的权限，那么，它可以为自己添加“取得所有权”权限，也就具备获得“取得所有权”的权限能力。

（2）更改所有权的方法

在此以 E 盘的“Site”文件夹为例说明文件夹所有权的更改，文件所有权的更改与此类似。假如有两个用户“zhangsan”和“lisi”，“zhangsan”拥有“Site”文件夹的所有权，“lisi”用户为普通用户，现将“Site”文件夹的所有权的拥有者更改为“lisi”用户。

① 以管理员用户登录 Windows Server 2008，在 E 盘“Site”文件上右击，选择“属性”命令，打开“Site 属性”对话框，切换到“安全”选项卡。

② 单击“高级”按钮，打开“Site 的高级安全设置”对话框，切换到“所有者”选项卡，如图 5-10 所示，可以看到目前“Site”文件夹的所有者为“zhangsan”用户。

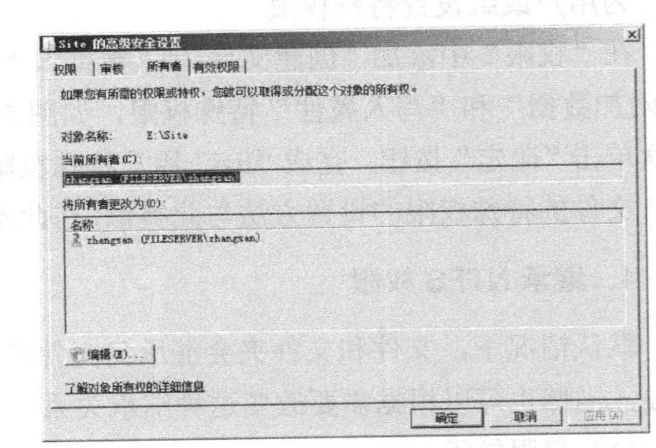

图 5-10　“Site 的高级安全设置”对话框“所有者”选项卡

③ 单击“编辑”按钮，打开“Site 的高级安全设置”对话框的“所有者”选项卡，单击“其他用户或组”按钮，打开“选择用户和组”对话框，单击“高级”按钮，展开“选择用户或组”对话框。

④ 单击“立即查找”按钮，将所有用户或组在“搜索结果”中列出，选择“lisi”用户，两次单击“确定”按钮，如图 5-11 所示，可以看到“将所有者更改为”中增加了“lisi”用户。

⑤ 单击“确定”按钮，在“Site 的高级安全设置”对话框中可以看到“Site”文件夹的所

有者变为“lisi”用户，如图 5-12 所示，最后，两次单击“确定”按钮，完成“Site”文件夹所有权的更改。

图 5-11　添加“lisi”用户

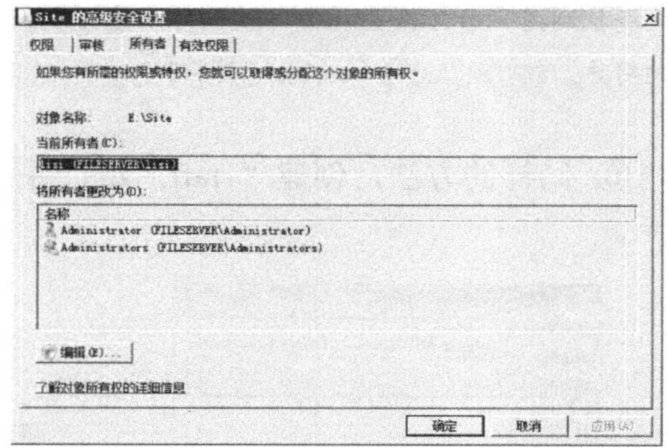

图 5-12　“Site”文件夹的所有者变为“lisi”用户

任务实施

1．设置文件服务器的地址与计算机名称

① 启动文件服务器，以管理员身份登录，将 IP 地址设为 202.101.101.16，子网掩码设为 255.255.255.0，网关设为 202.101.101.254，首选的 DNS 服务器设为 202.101.101.11。

② 将计算机名称改为“FileServer”，并重启服务器。

2．创建用户与组

① 单击“开始”→“管理工具”→“服务器管理器”命令，打开“服务器管理器”窗口，在导航树中展开“配置”，展开“本地用户和组”。

② 在“用户”上右击，选择“新用户”命令，打开“新用户”对话框，输入用户名为“lw”，全名为“刘伟”，描述为“行政办公室职员”，密码为“123456_a”，并设置为“用户不能更改密码”和“密码永不过期”，如图 5-13 所示，单击“创建”按钮。

③ 继续创建“wm”（王明）用户和“ly”（李阳）用户，创建后的用户如图 5-14 所示。

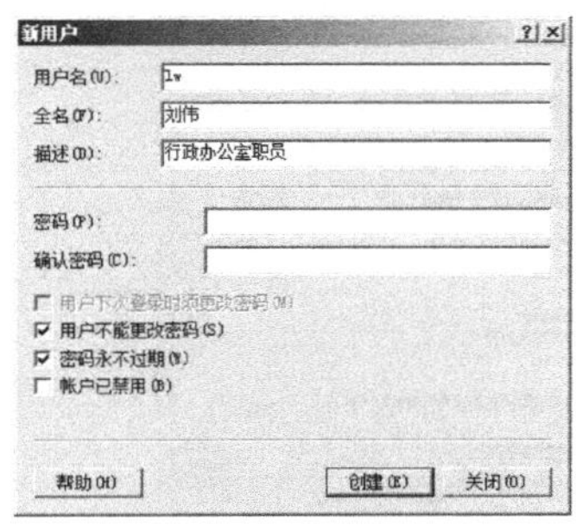

图 5-13　创建“lw”用户

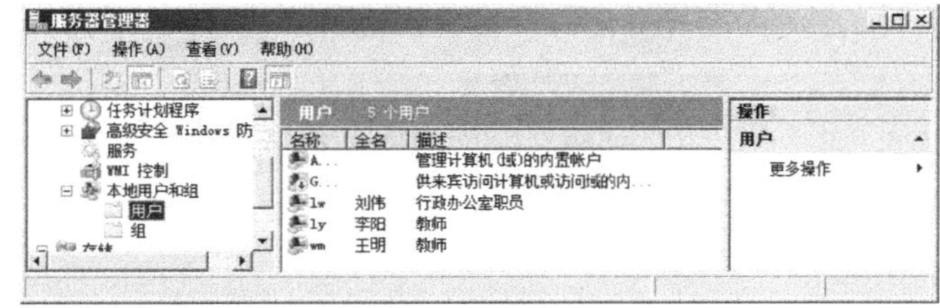

图 5-14　创建后的用户

④ 在“组”上右击，选择“新建组”命令，打开“新建组”对话框，“组名”中输入“teachers”，“描述”中输入“教师组”，单击“添加”按钮，打开“选择用户”对话框。

⑤ 单击“高级”按钮，展开“选择用户”对话框，单击“立即查找”按钮，列出所有用户和组，按 Ctrl 键不放，选择“ly”用户和“wm”用户，两次单击“确定”按钮，如图 5-15 所示，单击“创建”按钮，完成“teachers”组的创建。

小经验

查找到用户后，按 Ctrl 键不放，可以选择多个位置不相邻的用户，按 Shift 键不放，可以选择多个位置相邻的用户。

⑥ 同样的方法，创建“staff”组，并为其添加“lw”、“ly”和“wm”用户，如图 5-16 所示。

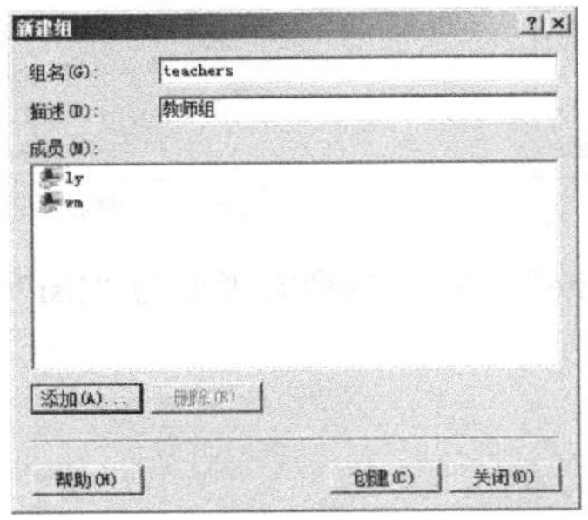

图 5-15　新建“teachers”组

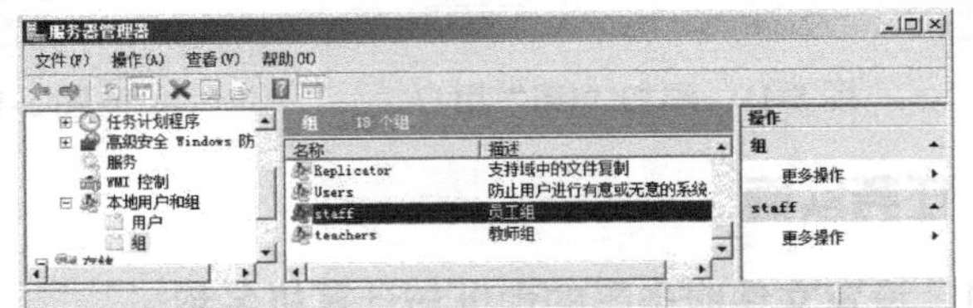

图 5-16　创建的“staff”组

3. 在服务器上创建文件夹

① 在 E 盘创建“学校文件”和“教学资源”文件夹，在 D 盘创建“员工文件”文件夹。

② 在“员工文件”文件夹中创建子文件夹“刘伟”、“王明”和“李阳”，如图 5-17 所示。

4. 设置 NTFS 权限

（1）设置文件夹禁止权限继承

① 在 E 盘“学校文件”文件夹上右击，选择“属性”命令，打开“学校文件 属性”对话框，切换到“安全”选项卡，如图 5-18 所示。

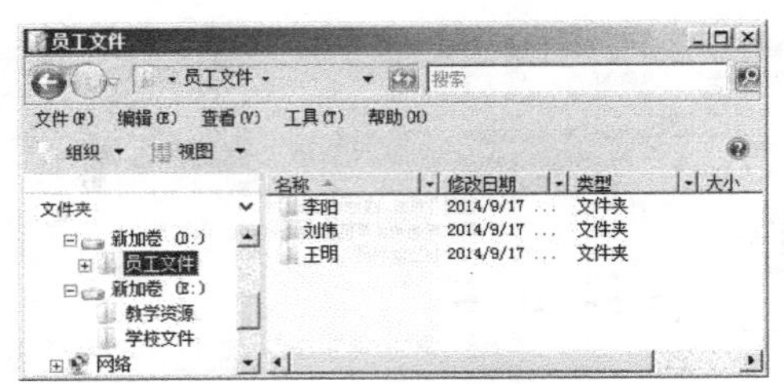

图 5-17　创建后的文件夹

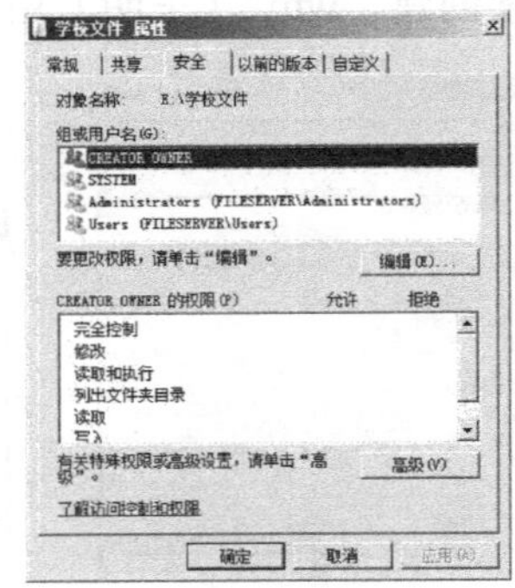

图 5-18　“学校文件 属性”对话框

② 单击“高级”按钮，打开“学校文件的高级安全设置”对话框，单击“编辑”按钮，打开“学校文件的高级安全设置”对话框的“权限”选项卡。

③ 取消选中“包括可从该对象的父项继承的权限”的复选框，如图 5-19 所示，系统会打开“Windows 安全”对话框，单击“删除”按钮，删除所有继承权限，三次单击“确定”按钮，

完成“学校文件”文件夹禁止权限继承的设置。

④ 同样的方法，设置“教学资源”文件夹和“员工文件”文件夹禁止权限继承。

⑤ 设置“刘伟”文件夹、“王明”文件夹和“李阳”文件夹禁止权限继承。

（2）设置“staff”组对“学校文件”文件夹的访问权限

① 在 E 盘“学校文件”文件夹上右击，选择“属性”命令，打开“学校文件 属性”对话框，切换到“安全”选项卡。

② 单击“编辑”按钮，打开“学校文件的权限”对话框，如图 5-20 所示，单击“添加”按钮，打开“选择用户或组”对话框，如图 5-21 所示。

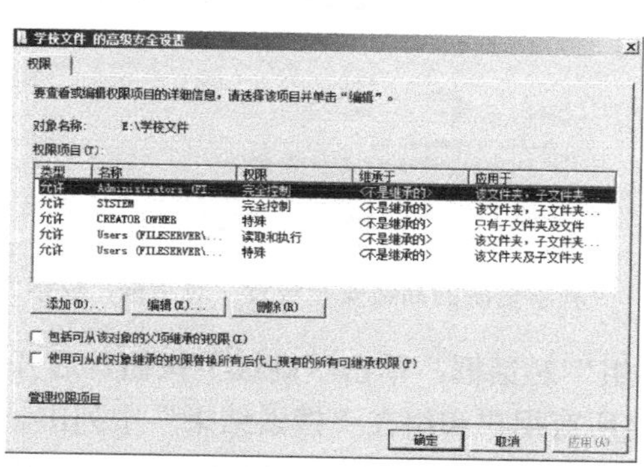

图 5-19　“学校文件的高级安全设置”对话框

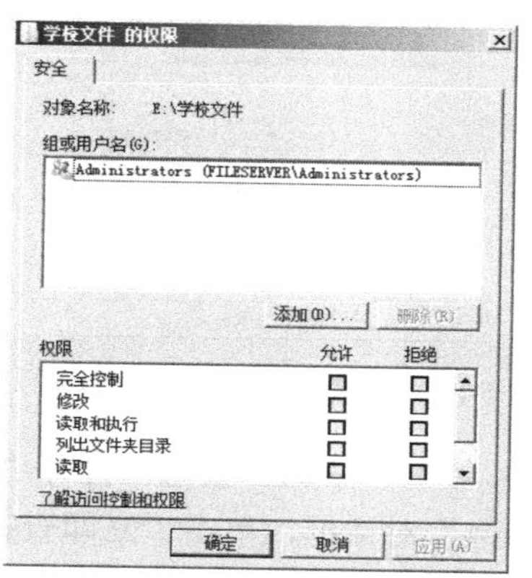

图 5-20　“学校文件的权限”对话框

③ 单击“高级”按钮，展开“选择用户或组”对话框，单击“立即查找”按钮，将所有用户和组在“搜索结果”中列出，选择“staff”组，两次单击“确定”按钮，切换到“学校文件的权限”对话框，完成组的添加。

④ 选择“staff”组，将“staff 的权限”中“读取”权限的“允许”列勾选，如图 5-22 所示，单击“确定”按钮，完成“staff”组权限的设置。

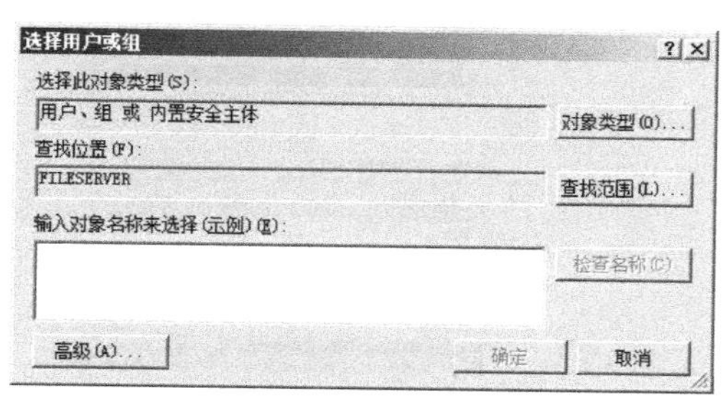

图 5-21　“选择用户或组”对话框

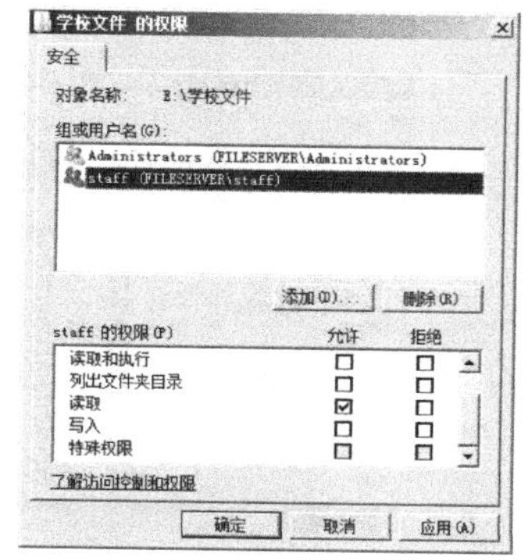

图 5-22　设置“staff”组的权限

（3）设置“lw”用户对“学校文件”文件夹的访问权限

以同样的方法，添加“lw”用户，设置其权限为“完全控制”，如图 5-23 所示，证明，其他一些权限会自动选择。单击“确定”按钮，完成“lw”用户权限的设置，最后，再次单击“确定”按钮。

（4）设置“teachers”组对“教学资源”文件夹的特殊访问权限

① 在E盘“教学资源”文件夹上右击，选择“属性”命令，打开“教学资源 属性”对话框，切换到“安全”选项卡。

② 单击“高级”按钮，打开“教学资源 的高级安全设置”对话框，单击“编辑”按钮，打开“教学资源 的高级安全设置”对话框的“权限”选项卡，如图5-24所示。

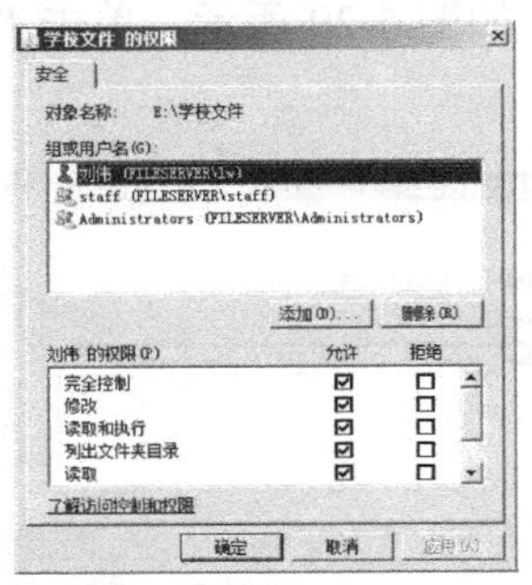

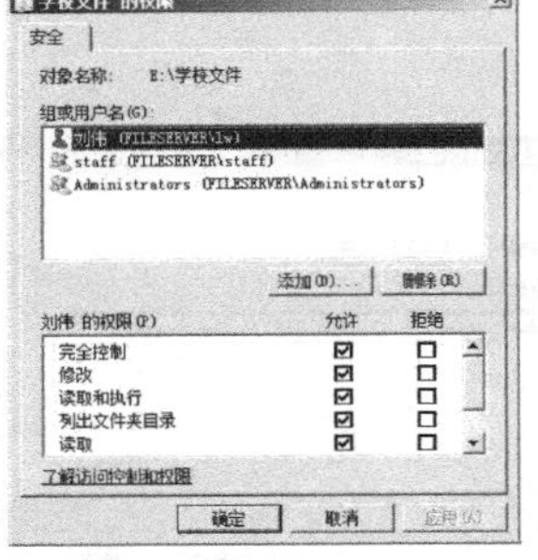

图5-23 设置“lw”用户的权限

图5-24 “教学资源的高级安全设置”对话框“权限”选项卡

③ 单击“添加”按钮，打开“选择用户和组”对话框，单击“高级”按钮，展开“选择用户或组”对话框，单击“立即查找”按钮，将所有用户和组在“搜索结果”中列出。

④ 选择“teachers”组，两次单击“确定”按钮，打开“教学资源的权限项目”对话框，完成“teachers”组的添加。

⑤ 在“权限”中的选择如图5-25所示的特殊权限。四次单击“确定”按钮，完成“teachers”组特殊权限的设置。

（5）设置“staff”组对“员工文件”读取的权限，设置每一位员工对其个人文件夹完全控制的权限

① 为D盘“员工文件”文件夹添加“staff”组，利用标准权限设置赋予其“读取”的权限。如图5-26所示。

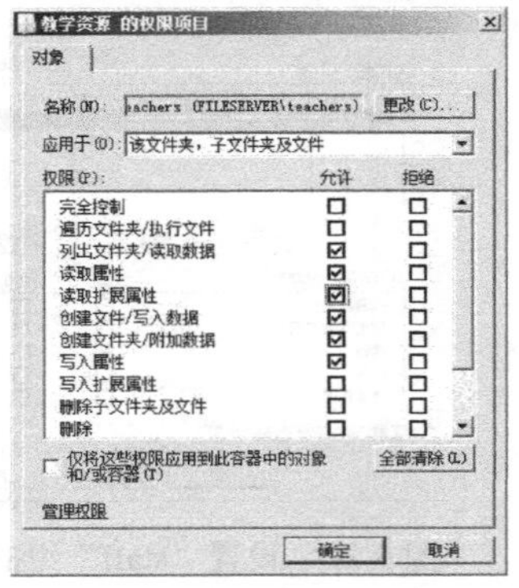

图5-25 设置特殊权限

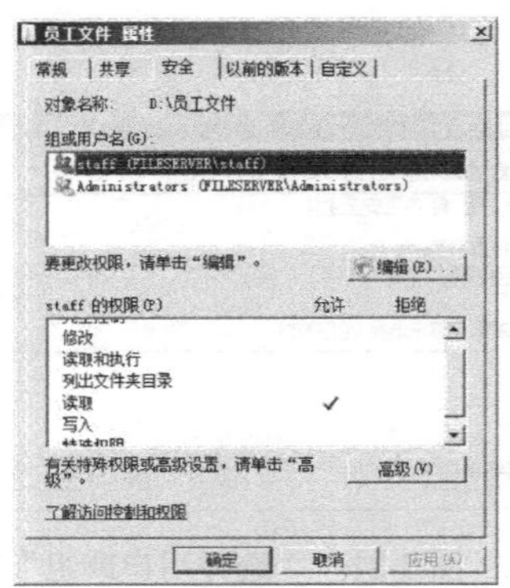

图5-26 设置“staff”组的读取权限

② 为“刘伟”文件夹添加“lw”用户，利用标准权限设置赋予其“完全控制”的权限，如图 5-27 所示。

③ 同样，为“王明”文件夹添加“wm”用户，利用标准权限设置赋予其“完全控制”的权限。

④ 为“李阳”文件夹添加“ly”用户，利用标准权限设置赋予其“完全控制”的权限。

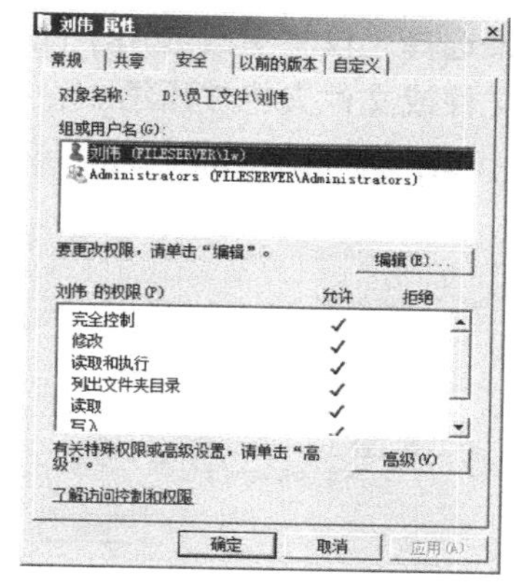

图 5-27　设置“lw”用户完全控制权限

5. 测试

① 注销计算机，以“lw”用户登录，能够在“学校文件”文件夹和“刘伟”文件夹中进行写入、删除、修改文件和文件夹等操作。访问“教学资源”文件夹，提示无权访问。

② 注销计算机，以“wm”用户登录，在“学校文件”文件夹中只能查看文件，不能进行修改、删除文件和文件夹等操作，在“教学资源”文件夹中，可以查看、写入文件或文件夹，不能修改、删除文件或文件夹。

任务 2　压缩与加密

任务描述

对“学校文件”文件夹设置“加密”属性，以保证文件的安全性；对“教学资源”文件夹设置“压缩”属性，节省磁盘空间。

一、NTFS 压缩

1. 什么是 NTFS 压缩

NTFS 压缩是 Windows Server 2008 操作系统 NTFS 文件系统内置的一种功能，可以压缩文件、文件夹和整个目录等，以减小文件大小，节省磁盘空间。整个压缩过程对用户是完全透明的，由系统自动在后台完成，不需要用户和第三方软件干预，同时，压缩常用于用户数据文件，不常用的文件，因为解压时会加重系统负担，同时，不宜用于系统文件。

2. 压缩文件和文件夹的方法

在此以压缩 E 盘的“资源”文件夹为例进行讲解，文件的压缩与此类似。

① 在 E 盘的“资源”文件夹上右击，选择“属性”命令，打开“资源属性”对话框，在“常规”选项卡上单击“高级”按钮，打开“高级属性”对话框。

② 在“压缩或加密属性”中勾选“压缩内容以便节省磁盘空间”复选框，如图 5-28 所示，单击“确定”按钮。

③ 在“资源属性”对话框中单击“确定”按钮，打开“确认属性更改”对话框，如图 5-29

所示，选择“将更改应用于此文件夹、子文件夹和文件”项，文件夹内的所有内容都将被压缩；如果选择“仅将更改应用于此文件夹”，则文件夹里面的内容将不会压缩，但以后在其中创建的文件或文件夹将被压缩。

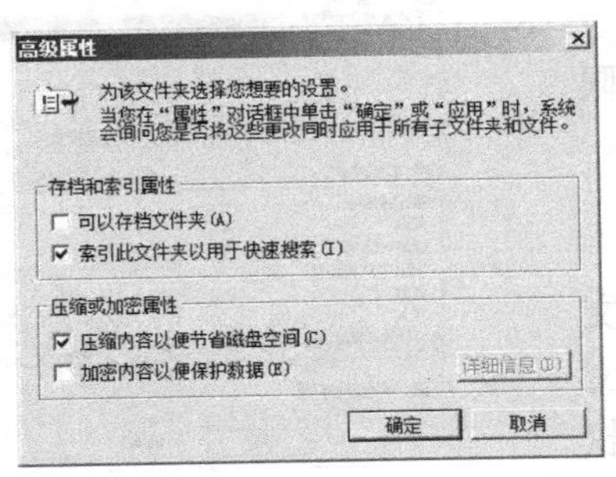

图 5-28　“高级属性”对话框

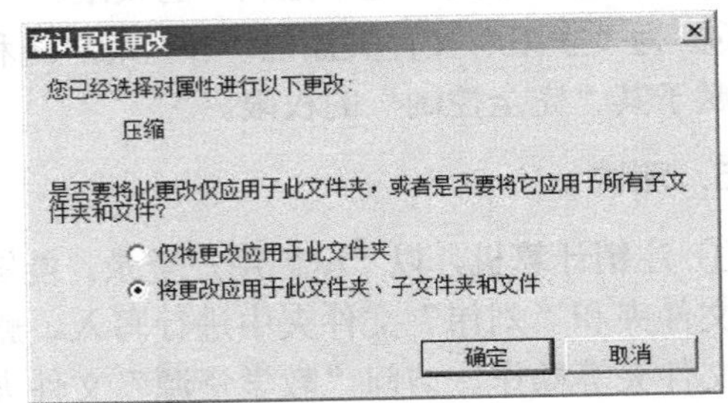

图 5-29　“确认属性更改”对话框

④ 单击“确定”按钮，完成文件夹的压缩，文件或文件夹被压缩后，名称、修改日期、类型等信息将默认以蓝色字体显示。

证明

文件或文件夹在压缩前首先要保证文件或文件夹在 NTFS 卷上，否则无法压缩。

3．复制或移动文件或文件夹，压缩属性的变化

① 在卷间或卷内复制文件或文件夹时，文件或文件夹将继承目的地文件夹的压缩属性。

② 同一磁盘分区内移动文件或文件夹，文件或文件夹将保留压缩属性。

③ 在 NTFS 卷间移动文件或文件夹时，系统将目标文件作为新文件对待，将继承目标文件夹的压缩属性。

④ 压缩文件移动或复制到 FTA/FTA32 分区时，将自动解压，不再保留压缩属性。

2．加密

（1）加密文件系统

加密文件系统（EFS）是 Windows Server 2008 系统的一个内置组件，是一种核心文件加密技术，只对 NTFS 文件系统有效。加密文件系统对用户是完全透明的，用户加密或解密文件时，系统都会自动完成，对用户来说，好像什么也没有发生一样。它采用标准加密算法实现文件的加密与解密，任何不拥有合适密钥的个人或者程序都不能读取加密数据。

（2）文件或文件夹的加密与解密

文件或文件夹的加密与解密比较简单，在此以 E 盘的“图片”文件夹为例进行说明，文件的加密与解密如此类似。

① 在 E 盘“图片”文件夹上右击，选择“属性”命令，打开“图片属性”对话框，在“常规”选项卡上单击“高级”按钮，打开“高级属性”对话框。

② 在“压缩或加密属性”中勾选“加密内容以便保护数据”复选框，如图 5-30 所示，单

击“确定”按钮。

③ 在“图片属性”对话框中单击“确定”按钮，打开“确认属性更改”对话框，如图 5-31 所示，选择“将更改应用于此文件夹、子文件夹和文件”，文件夹内的所有内容都将被加密；如果选择“仅将更改应用于此文件夹”，则将只对文件夹加密，里面的内容将不会加密。但以后在其中创建的文件或文件夹将加密。

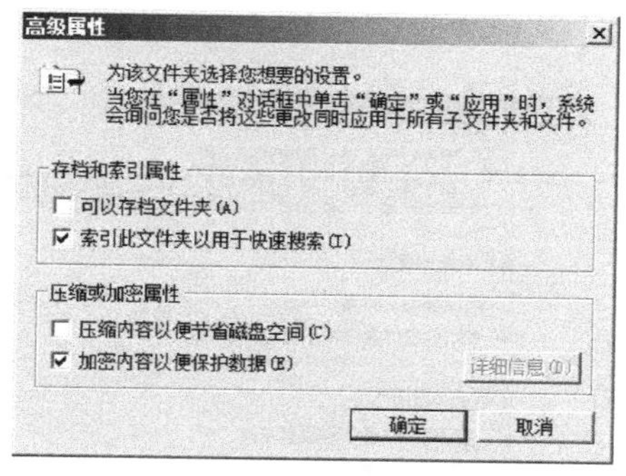

图 5-30 “高级属性”对话框

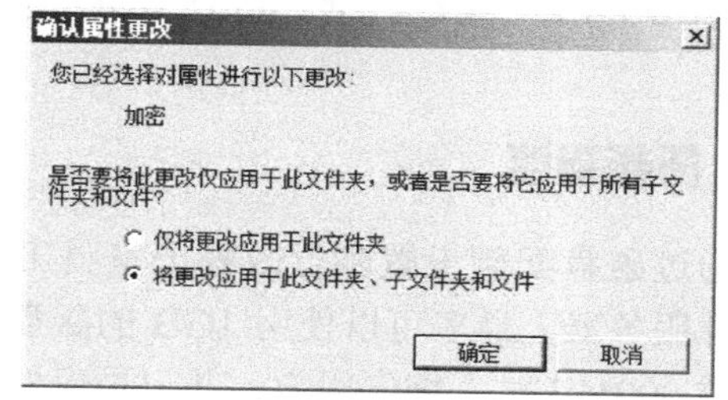

图 5-31 “确认属性更改”对话框

④如果要解密文件夹，只需要打开“高级属性”对话框，取消勾选“加密内容以便保护数据”复选框即可。由于加密对用户是透明的，无须解密即可查看文件夹内容。

⑤ 单击“确定”按钮，完成文件夹的加密，文件或文件夹被加密后，名称、修改日期、类型等信息将默认以绿色字体显示。

（3）加密文件或文件夹的操作

作为加密用户，无需解密可以直接对加密文件或文件夹执行打开、编辑和复制等操作，如果不是加密用户或非管理员组的成员，在访问时会被拒绝。

对于一个加密文件夹而言，如果在加密前访问过它，那么仍然可以访问它。如果一个文件夹的属性为加密，那么子文件夹创建时也会被标记为“加密”，文件创建时也会加密。

（4）应用加密应证明的问题

① 文件或文件夹加密后，如果要重装系统，应该先将加密文件或文件夹解密，否则重装后无法解密。

② 加密只是在文件系统中起使用，传输过程中是不加密的。

③ 加密多用于个人文件夹，不要加密系统文件和临时文件夹等，否则会影响系统的正常运行。

任务实施

1. 对“教学资源”文件夹设置“压缩”属性

① 在“教学资源”文件夹上右击，选择“属性”，打开“教学资源属性”对话框，切换到“常规”选项卡，单击“高级”按钮，打开“高级属性”对话框

② 选择“压缩内容以便节省磁盘空间”复选框，如图 5-30 所示，两次单击“确定”按钮，完成文件夹的压缩。

2．对“学校文件”文件夹，设置“加密”属性

① 在“学校文件”文件夹上右击，选择“属性”，打开“学校文件 属性”对话框，切换到“常规”选项卡，单击“高级”按钮，打开“高级属性”对话框。

② 选择“加密内容以便保护数据”复选框，如图 5-32 所示，两次单击“确定”按钮，完成文件夹的加密。

任务 3 设置磁盘配额

任务描述

通过磁盘配额设置除行政办公室员工外每位员工在文件服务器上最多可以使用 1GB 的磁盘空间，当用户超过 900MB 时，警告用户，并记录事件。行政办公室员工最多可以使用 2GB 的磁盘空间，当用户超过 1.8GB 时，警告用户。

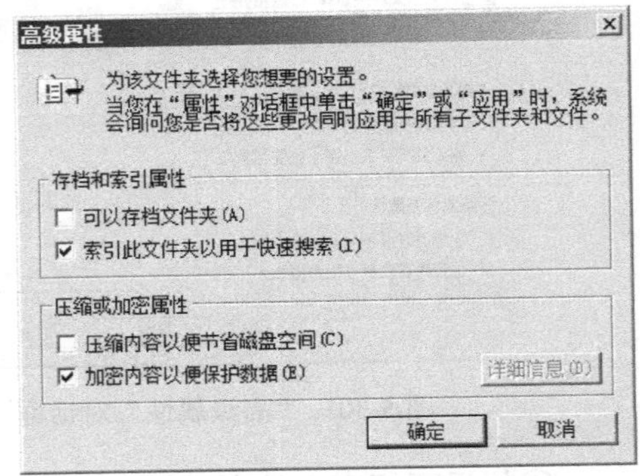

图 5-32 “高级属性”对话框

知识要点

1．磁盘配额简介

Windows Server 2008 提供了磁盘配额跟踪和控制用户对服务器磁盘的使用情况，它以文件所有权为基础，可以为用户分配服务器磁盘空间。通过设置磁盘配额限度、警告级别控制用户对磁盘的使用，以合理分配服务器磁盘空间。例如，Windows Server 2008 内置的 FTP 服务无法控制用户上传空间的大小，但通过磁盘配额，能够限制用户使用磁盘空间的大小。

2．磁盘配额的功能

磁盘配额主要有以下几个方面的功能：

① 管理员可以将 Windows Server 2008 服务器配置为当用户超过设定的磁盘空间限额时，阻止其进一步使用磁盘空间，并记录事件；也可以设置为超过设定的磁盘空间警告级别时记录事件。第一种设置，用户在使用磁盘时如果超过设定的磁盘空间，将无法再使用更多的磁盘空间，并将此情况记录在事件中；第二种设置，允许用户超额使用磁盘空间，但会将此情况记录在事件中。

② 在用户使用磁盘超过指定的磁盘空间时，可以设定用户能够超过其配额的限度。这样会拒绝用户使用磁盘空间，并且可以跟踪用户对磁盘的使用情况。

③ 由于磁盘配额能够监视单个用户的磁盘空间使用情况，因此每个用户对磁盘空间的使用都不会影响磁盘上其他用户的磁盘配额。

3．磁盘配额的设置

如果要在已经使用的磁盘中启用磁盘配额，Windows Server 2008 将计算到启动时间点为止在磁盘中复制、保存文件、或取得文件所有权的用户使用过的磁盘空间。然后根据计算结果自动为每个用户设置配额和警告级别。管理员可以为一个或多个用户设置不同的配额或禁用配额，也可以为还没有在卷上复制文件、保存文件和取得文件所有权的用户设置配额，或者在一个新创建的卷上启用磁盘配额。

（1）启用磁盘配额

设定磁盘配额后，除管理员组的成员外，所有用户都会受到该磁盘配额的限制。

① 右击要设置磁盘配额的盘，选择“属性”命令，打开“磁盘属性”对话框，切换到“配额”选项卡，打开“配额设置”对话框。

② 勾选“启用配额管理”复选框，启用磁盘配额管理，如图 5-33 所示。

（2）为新用户设置默认的配额限制

① 勾选“拒绝将磁盘空间给超过配额限制的用户”复选框。选择“将磁盘空间限制为”，并设置为 1GB，“将警告等级设为”800MB，勾选“用户超过警告等级时记录事件”复选框。如图 5-33 所示。

② 单击“确定”按钮，出现“磁盘配额”确认对话框，如图 5-34 所示，要求确认磁盘配额的操作，单击“确认”按钮，完成新用户磁盘配额的设置，以后新用户默认使用这一磁盘配额。

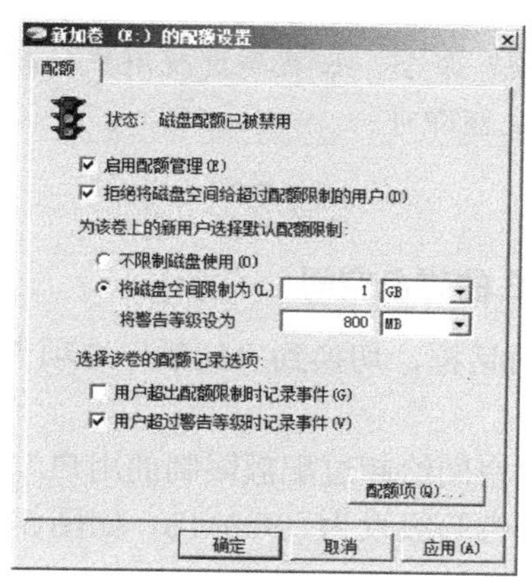

图 5-33 设置新用户的磁盘配额

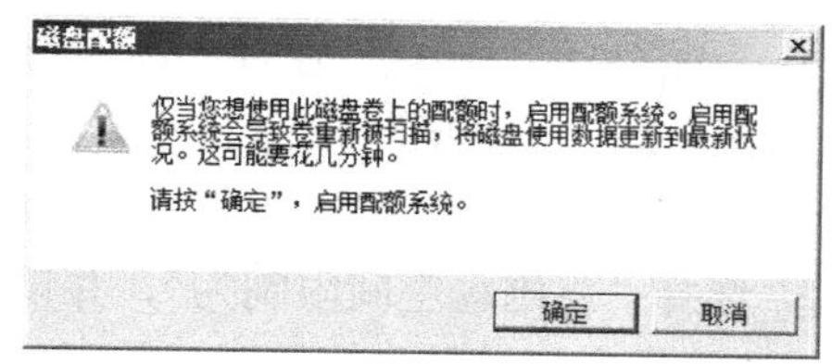

图 5-34 “磁盘配额”对话框

拒绝将磁盘空间给超过配额限制的用户：如果选中，超过其配额限制的用户将收到来自 Windows 的“磁盘空间不足”信息，并且无法将数据继续写入磁盘，对于程序，会显示磁盘已满。如果未选中，则对写入数据的大小没限制，但依然可以设定磁盘空间限制、警告级别以及如何记录事件。

不限制磁盘使用：不为用户设置磁盘空间限制。

将磁盘空间限制为：可以设置用户使用的磁盘空间量，以及用户使用多少磁盘空间时给予警告。

用户超出配额限制时记录事件：如果启用配额，则只要用户超过其配额限制，事件就会写入本地计算机的系统日志中。默认情况下，配额事件每小时都会写入。

用户超过警告等级时记录事件：如果启用配额，则只要用户超过警告等级，事件就会写入本地计算机的系统日志中。默认情况下，配额事件每小时都会写入。

（3）为现有用户设置磁盘配额

在此以“lisi”用户为例，为其分配 1GB 的磁盘空间，当使用的磁盘空间达到 1GB 时，拒绝将磁盘空间分配“lisi”用户，并将警告级别设为900MB。

① 打开“配额设置”对话框，如图5-33所示，单击“配额项”按钮，打开“配额项”对话框。如图5-35所示。

② 单击菜单“配额”中的“新建配额项”命令，打开“选择用户”对话框，选择“lisi”用户，打开“添加新配额项”对话框，选择“将磁盘空间限制为”，并设置为1GB，“将警告等级设为”900MB，如图5-36所示，单击“确定”按钮。

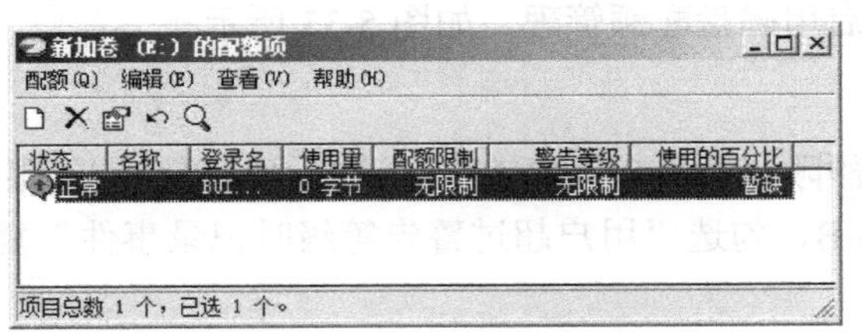

图5-35 “配额项”对话框

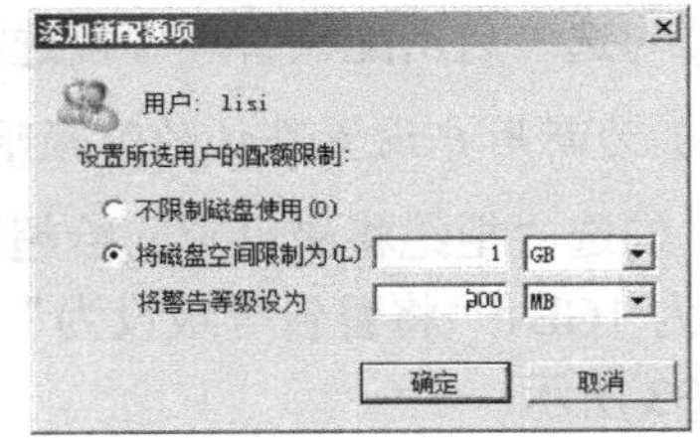

图5-36 为“lisi”用户设置磁盘配额

③ 在“配额项”对话框中，可以看到为“lisi”用户设置的磁盘配额，如图5-37所示。

说明:

如果要删除配额项，可以在配额项上右击，选择“删除”命令。如果要更改用户的磁盘配额，可以在配额项上右击，选择“属性”命令，重新设置配额即可。

 任务实施

1. 为新用户设置默认的磁盘配额，每人可以使用1GB的磁盘空间

① 右击D盘，选择“属性”命令，打开“D属性”对话框，切换到“配额”选项卡，打开“配额设置”对话框。

② 勾选“启用配额管理”复选框，勾选“拒绝将磁盘空间给超过配额限制的用户”。

③ 选择“将磁盘空间限制为”，并设置为1GB，“将警告等级设为”900MB，如图5-38所示，勾选“用户超过警告等级时记录事件”复选框。

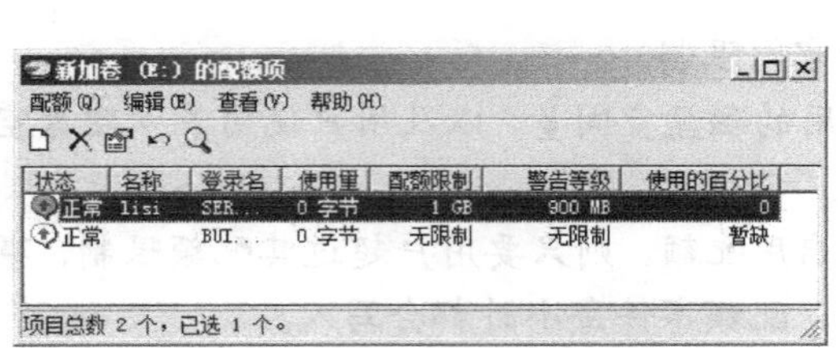

图5-37 “配额项”对话框

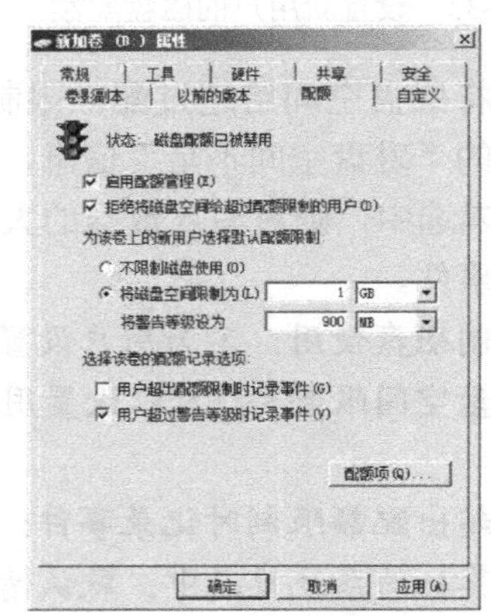

图5-38 设置磁盘配额

④ 单击“应用”按钮，出现的“磁盘配额”对话框，单击“确认”按钮。这样，以后的新用户都默认使用这一磁盘配额。

2. 为当前用户设置磁盘配额

（1）设置除行政办公室员工外，每位员工最多可以使用 1GB 的磁盘空间，当使用超过 900MB 时，警告用户

① 单击“配额项”，打开“D 的配额项”对话框。如图 5-39 所示。单击菜单“配额”中的“新建配额项”命令，打开“选择用户”对话框，添加“ly”用户和“wm”用户，单击“确定”按钮，打开“添加新配额项”对话框。

② 选择“将磁盘空间限制为”，并设置为 1GB，“将警告等级设为”900MB，如图 5-40 所示，单击“确定”按钮。

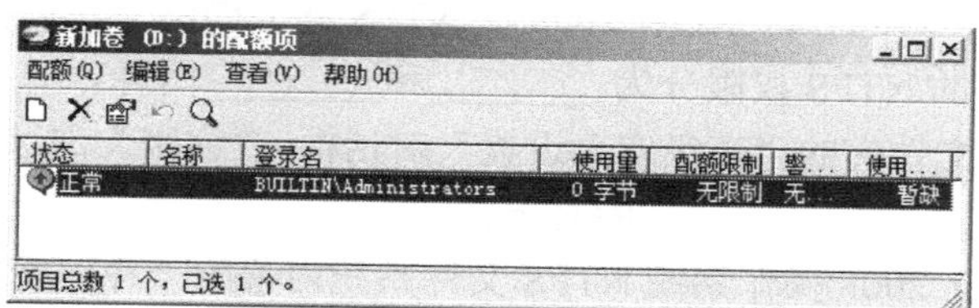

图 5-39 “D：配额项”对话框

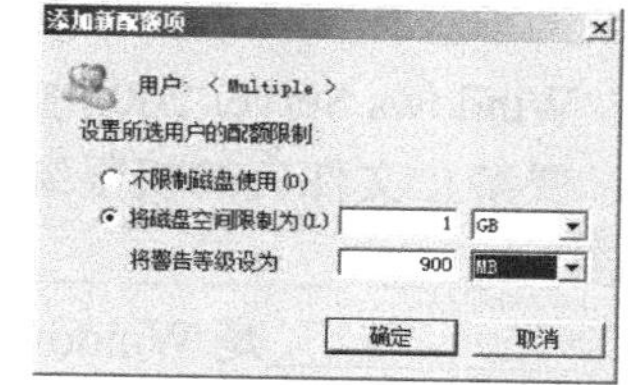

图 5-40 设置 lw 用户的磁盘配额

③ 在“配额项”对话框中，可以看到为“ly”用户和“wm”用户的磁盘配额，如图 5-41 所示。关闭“D 的配额项”对话框，在“D:属性”对话框中单击“确定”按钮。

（2）设置行政办公室员工最多可以使用 2GB 的磁盘空间，当用户超过 1.8GB 时，警告用户

设置方法类似，在此不再赘述，设置后各用户的磁盘配额如图 5-42 所示。

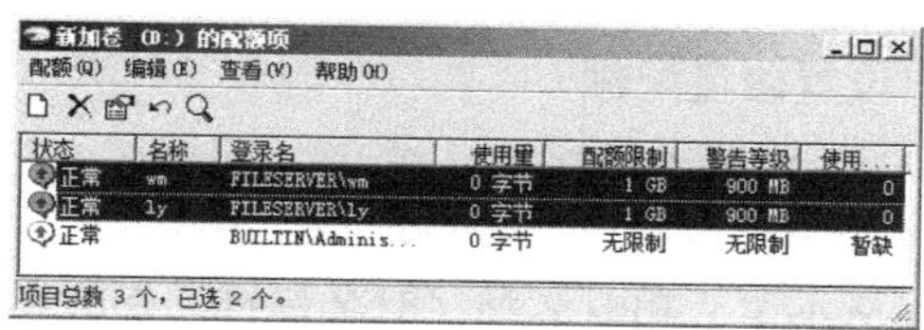

图 5-41 “ly”用户和“wm”用户的配额项

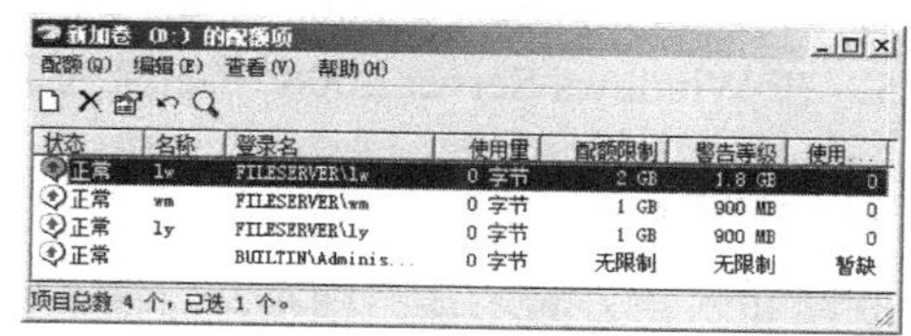

图 5-42 “行政办公室员工”配额项

3. 测试磁盘配额要测试磁盘配额

可以将磁盘空间限制和警告等级设置小一点，例如分别设置为 10MB 和 9MB，然后使用不同的用户登录，通过查看设置配额的磁盘分区大小，复制合适大小的文件测试。

项目评价

项目 5 分任务完成情况评价表

任务名称	配分	评分要点	自评	组长评价	教师评价
任务 1	60 分	能够正确设置配置用户和组的 NTFS 权限			
任务 2	10 分	压缩、加密相应文件夹			
任务 3	30 分	正确设置用户和组的磁盘配额			
项目总体评价（总分）					

习题 5

一、填空题

1．__________是操作系统用于明确存储设备或分区上文件的方法和数据结构，负责管理和存储文件信息的软件机构称为文件管理系统。

2．常见的文件系统主要有______、______、_______、EXT2、EXT3 等。

3．_______是 Windows Server 2008 推荐使用的高性能文件系统，它支持许多新的文件安全、存储和容错等功能。

4．为了保护文件或文件夹的安全，Windows Server 2008 在 NTFS 卷上提供了________。

5．Windows Server 2008 操作系统的 NTFS 权限分为________和________两种。

6．要禁止文件夹的权限继承，在文件夹的“高级安全设置”对话框 “权限”选项卡中，取消选中“________________________________”的复选框。

7．___________是 Windows Server 2008 操作系统 NTFS 文件系统内置的一种功能，可以压缩文件、文件夹和整个目录等，以减小文件大小，节省磁盘空间。

8．Windows Server 2008 提供了_________跟踪和控制用户对服务器磁盘的使用情况。

二、简答题

1．NTFS 的标准权限有哪些？

2．NTFS 的特殊权限有哪些？

3．如何设置禁止文件夹权限继承？

4．在 Windows Server 2008 中如何压缩文件夹？

5．在 Windows Server 2008 中如何为现有用户设置磁盘配额？

项目实践 5

某销售公司有两个部门销售部（销售经理、职员小王）和财务部（财务经理、会计小李），有一台文件服务器，已安装 Windows Server 2008 操作系统，用于保存公司资料和个人资料，文件服务器上有“公共资料”文件夹、“销售部”文件夹和“财务部”文件夹，“销售部”文件夹下有“销售经理”文件夹和“小王”文件夹；“财务部”文件夹下有“财务经理”文件夹和“小王”文件夹。请合理配置文件服务器，满足员工对网络的需求。具体需要如下：

1．销售部和财务部之间的不能相互访问。

2．销售部内部相互读取，但不能添加、修改、删除。

3．财务经理可以读取会计小的文件夹，但不能修改、删除、修改；会计小王不能访问经理的文件夹。

4．每位员工对自己的文件夹能够完全控制。

5．所有员工都可以读取公共资料，但不能添加、修改、删除。

文件服务器的配置

教学目标

知识目标

- 掌握两种设置共享文件夹的方式;
- 掌握通过公用共享文件夹和任意共享文件夹的方法;
- 掌握共享权限与组合权限;
- 掌握客户端访问共享文件夹的方法;
- 掌握管理与监视共享文件夹的方法;
- 掌握文件服务的概念。

技能目标

- 能够设置共享文件夹;
- 能够通过网络访问共享文件夹;
- 能够安装文件服务;
- 能够创建和管理共享文件夹;
- 能够管理和监视共享文件夹。

项目描述

上一项目中，在海滨高职校文件服务器上规划了数据存放的文件夹，创建了用户和组，并赋予了用户和组 NTFS 权限。本项目要求管理员在文件服务器上创建共享文件夹，并为用户设置不同的共享访问权限。具体要求如下:

① 学校员工通过网络访问文件服务器时，对“学校文件”文件夹中的内容只能查看，不能修改，不能删除，也不能创建文件或文件夹，行政办公室可以通过网络访问管理“学校文件”文件夹。

② 教师可以查看、增加“教学资源”文件夹中的内容，但不能修改、删除其中的内容。

③ 每位员工可以管理自己的文件夹，例如，王明可以管理“王明”文件夹。

项目分析

实现共享文件夹有两种方案，一是在文件服务器上直接创建共享文件夹，二是在文件服务器上安装文件服务角色，通过“共享和存储管理”窗口创建和管理共享文件夹。

第一种方案：直接创建文件夹共享，然后根据用户网络访问需求，为不同的用户和组设置访问权限。

第二种方案：文件服务器专门用于文件共享，在文件服务器上安装文件服务组件，通过“共享和存储管理”窗口创建和管理共享文件夹，这种方案便于集中管理和控制，安全性更高，还可以将共享文件夹发布到基于域的分布文件系统中。

项目分任务

任务 1：直接创建共享文件夹

任务 2：通过文件服务创建和管理共享文件夹

项目准备

为保证本项目顺利完成，需要准备如下设备：

① 一台文件服务器，安装 Windows Server 2008 操作系统，并已完成上一项目的任务。

② 一台客户端，安装 Windows 7 操作系统。

项目分任务实施

任务 1　直接创建共享文件夹

任务描述

在学校文件服务器上创建“学校文件”、“教学资源”和“员工文件”共享文件夹，并设置共享权限，具体要求如下：

① 学校员工通过网络访问只能查看“学校文件”文件夹中的内容，不能修改，不能删除，行政办公室可以通过网络管理“学校文件”文件夹。

② 教师可以查看“教学资源”文件夹中的内容，可以增加新教学资源，但不能修改、删除。

③ 每位员工可以管理自己的文件夹。

任务分析

根据用户需求，在文件服务器上需要进行如下操作：

① 创建“学校文件”共享文件夹，为员工 staff 组设置读取访问权限，为行政办公室的“lw”用户设置完全控制访问权限。

② 创建“教学资源”共享文件夹，为教师 teachers 组设置读取和更改访问权限。

③ 创建“员工文件”共享文件夹，为员工 staff 组（或每个员工）设置完全控制访问权限。

知识要点

一、创建共享文件夹的方式

资源共享是计算机网络的核心功能，通过共享可以将计算机的硬件与软件资源同网络中的其他用户分享。Windows Server 2008 为局域网用户提供了两种创建共享文件夹的方式：一是通过计算机上任意文件夹实现共享，二是通过计算机公用文件夹实现共享。

1．通过计算机上任意文件夹实现共享

这种共享方式可以设置哪些用户可以访问共享文件夹，以及能够进行什么操作，并且既可以将共享权限赋予单个用户，也可以赋予一组用户。通过任意文件夹实现共享主要有两种方法：一是通过资源管理器创建共享文件夹，二是通过计算机管理控制台创建共享文件夹。

（1）通过资源管理器创建共享文件夹

通过资源管理器创建共享文件夹有两种方式：简单共享和高级共享。

简单共享

以 E 盘的“图像文件”文件夹为例，进行讲解。

① 在“图像文件”文件夹上右击，选择“属性”命令，打开“图像文件属性”对话框，切换到“共享”选项卡，如图 6-1 所示。

② 单击“共享”按钮，打开“文件共享”对话框，在“选择要与其共享的用户”中输入“gongyong”用户，单击“添加”按钮，将“gongyong”用户添加到共享用户列表中，单击“gongyong”用户权限级别的下拉三角按钮，将权限级别设为“读者”，如图 6-2 所示。

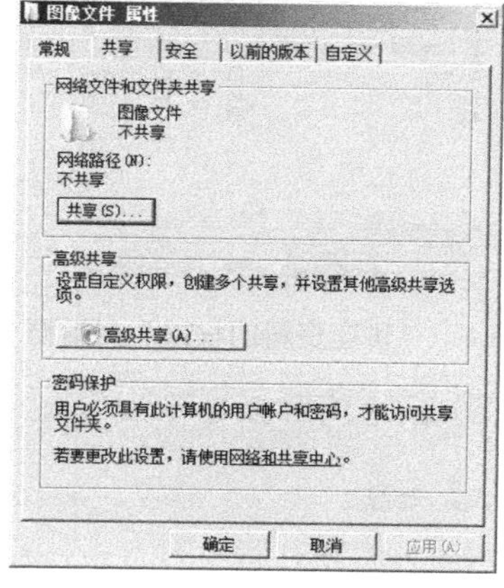

图 6-1　“图像文件属性”对话框

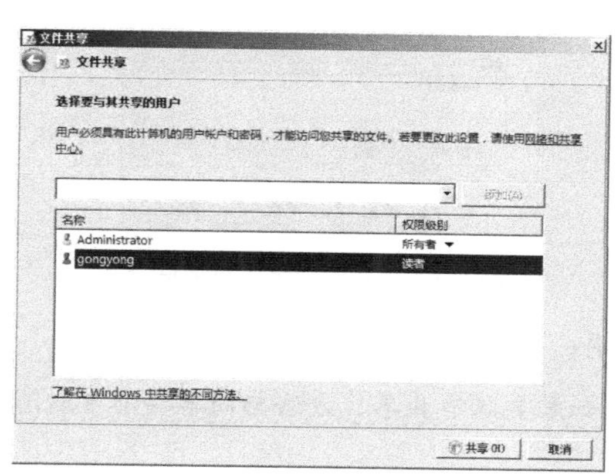

图 6-2　添加“gongyong”用户，并设权限

简单共享中用户有如下权限：

读者：拥有读取权限，只能查看共享文件夹中的内容，运行其中的程序。

参与者：拥有更改权限，可以查看、创建文件或文件夹，也可以删除自己创建的文件或文件夹，但不能删除其他用户创建的文件或文件夹。

所有者：拥有完全控制权限，通常指派给本机上的 Administrator 组。

共有者：拥有完全控制权限，可以查看、创建、更改和删除文件或文件夹，具有对文件资源的最高访问权限。默认指派给具有文件夹所有权的用户或组。

③ 单击“共享”按钮，显示文件夹的共享名和访问方法，单击“完成”按钮，最后，单击“关闭”按钮，完成文件夹共享的设置。

> **说明：**
>
> 如果要取消共享，则需要打开“图像文件属性”对话框，切换到“共享”选项卡，如图 6-1 所示，单击“共享”按钮，打开“文件共享”对话框，在其中单击“停止共享”即可。

高级共享

以 E 盘的“讲座资料”文件夹为例，进行讲解。

① 在“讲座资料”文件夹上右击，选择“属性”命令，切换到“共享”选项。

② 单击“高级共享”按钮，打开“高级共享”对话框，选择“共享此文件夹”复选框，文件夹名作为默认的共享名自动填写到“共享名”中，当然，也可以改为自己想用的共享名，如图 6-3 所示。

③ 设置“将同时共享的用户数量限制为”为 1，只允许 1 个用户同时共享，在“注释”中添加相应的注释。

④ 单击“权限”按钮，打开“讲座资料的权限”对话框，选择“Everyone”组，单击“删除”按钮，将“Everyone”组删除。

⑤ 单击“添加”按钮，添加“zhangsan”用户，设置权限为“完全控制”。如图 6-4 所示。两次单击“确定”按钮，最后，单击“关闭”按钮，完成共享设置。

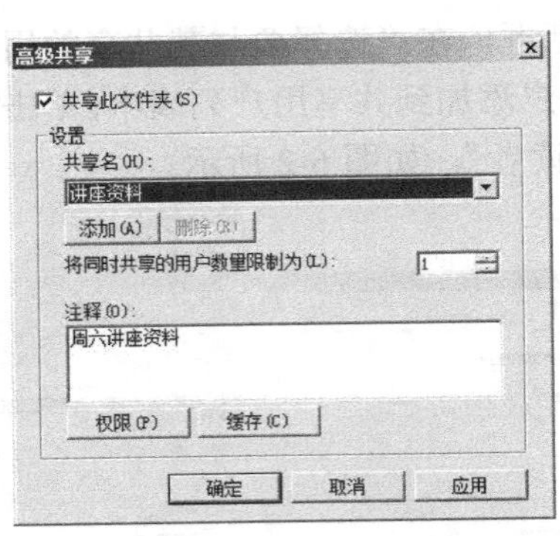

图 6-3 “高级共享”对话框

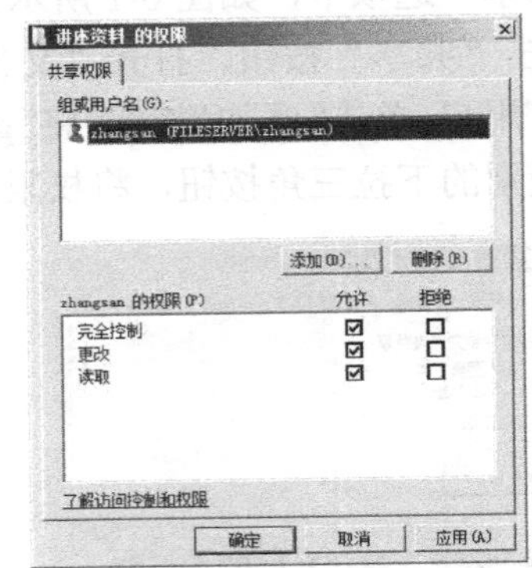

图 6-4 “讲座资料的权限”对话框

> **说明：**
>
> ① 如果要取消共享，方法与简单共享中取消共享的方法一致。

② 如果要为一个共享文件夹创建多个共享，可以在“高级共享”对话框中单击“添加”按钮，如图 6-3 所示，打开“新建共享”对话框，如图 6-5 所示。在其中设置共享名、描述和用户数限制，还可以单击“权限”按钮，设置共享用户的访问权限。

（2）通过计算机管理控制台创建共享文件夹

以 E 盘的“教学计划”文件夹为例，进行讲解。

① 单击“开始”→“管理工具”→“计算机管理”命令，打开“计算机管理”窗口，如图 6-6 所示，在左窗格中单击“共享文件夹”前的加号，展开“共享文件夹”，选择“共享”，在右侧显示了所有共享文件夹信息。

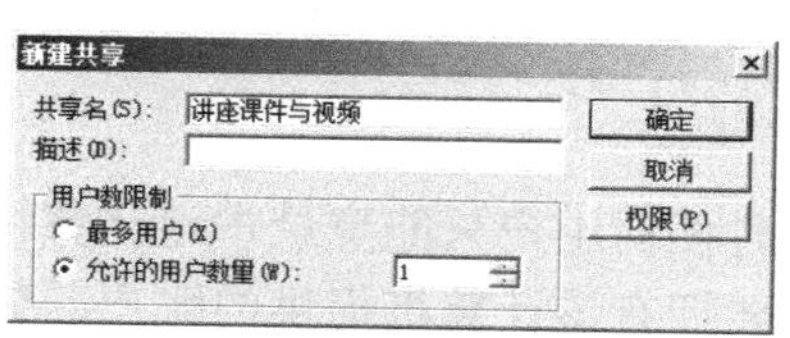

图 6-5　“新建共享”对话框

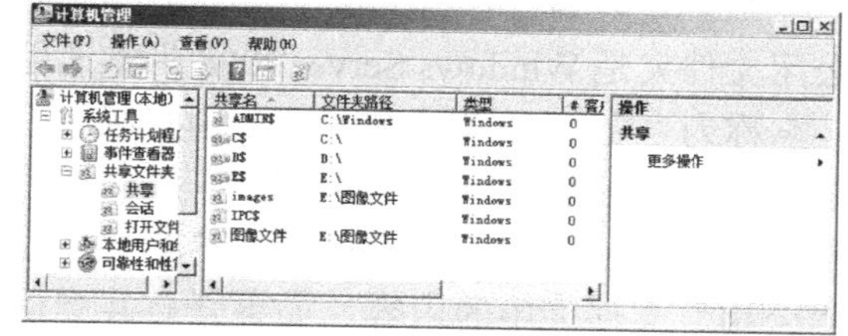

图 6-6　“计算机管理”窗口

② 在左窗格的“共享”上右击，选择“新建共享”命令，打开“创建共享文件夹向导”对话框，单击“下一步”按钮。

③ 在“文件夹路径”中的“文件夹路径”输入要设置共享的文件夹路径“E:\教学计划”或单击“浏览”按钮，选择要设置共享的文件夹“教学计划”，如图 6-7 所示，单击“下一步”按钮。

④ 在“名称、描述和设置”中的“共享名”中输入“教学计划”，在“描述”中输入“本学期教学计划”，如图 6-8 所示，单击“下一步”按钮。

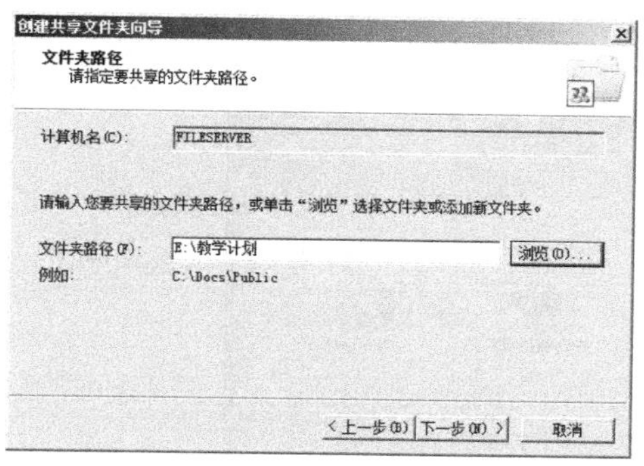

图 6-7　选择共享文件夹路径

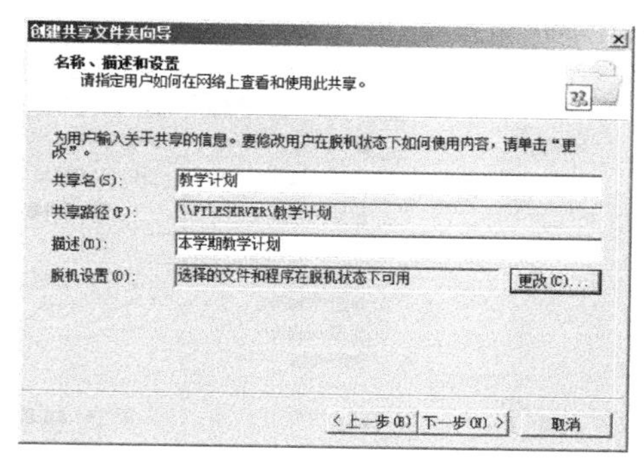

图 6-8　输入共享名、描述

⑤ 在“共享文件夹的权限”中选择“自定义权限”选项，单击“自定义”按钮，打开“自定义权限”对话框，选择“Everyone”组，单击“删除”按钮，将“Everyone”组删除。

⑥ 添加“school_user”用户，并设置权限为“读取”，如图 6-9 所示，单击“确定”按钮，单击“完成”按钮，完成权限设置，在向导中单击“完成”按钮。

⑦ 完成共享设置后，在“计算机管理”窗口中可以看到创建的共享文件夹。

说明：

如果要停止共享，可以在“计算机管理”窗口中的“教学计划”共享文件夹上右击，选择“停止共享”命令，弹出“共享文件夹”提示框，询问要停止共享吗？单击“确定”按钮，原来共享的文件夹从“计算机管理”窗口中消失。

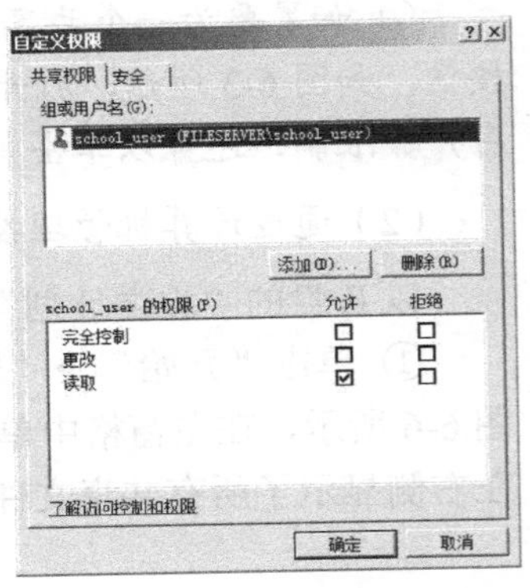

图 6-9　添加用户、设置权限

2．通过计算机公用文件夹实现共享

公用文件夹是 Windows Server 2008 为本地用户提供的一个文件夹，名称为“公用”，其中包括“公用视频”、“公用图片”、“公用文档”、“公用下载”和“公用音乐”子文件夹。

默认情况下，“公用”文件夹没有开启共享功能，此时任何用户只能登录本地计算机才能访问“公用”文件夹中的内容。如果开启共享功能，只要拥有该计算机提供的账户，任何用户都可以通过网络访问“公用”文件夹中的内容，“公用”文件夹对所有用户生效。开启“公用”文件夹的共享功能后，不能限制用户只查看“公用”文件夹下的部分内容，但可以通过设置权限，限制用户对“公用”文件夹访问的权限级别。通过“公用”文件夹实现共享的操作方法如下：

① 以管理员身份登录文件服务器，打开“控制面板”，双击“网络和共享中心”，可以看到默认情况下“公用”文件夹的共享状态为“关闭”。

② 单击“公用文件夹共享”右侧的箭头按钮，展开“公用文件夹共享”的共享设置，如图 6-10 所示，选择“启用共享，以便能够访问网络的任何人都可以打开、更改和创建文件”选项，单击“应用”按钮，启用共享，此时，“公用”文件夹的共享状态变为“启用（需要密码）”。

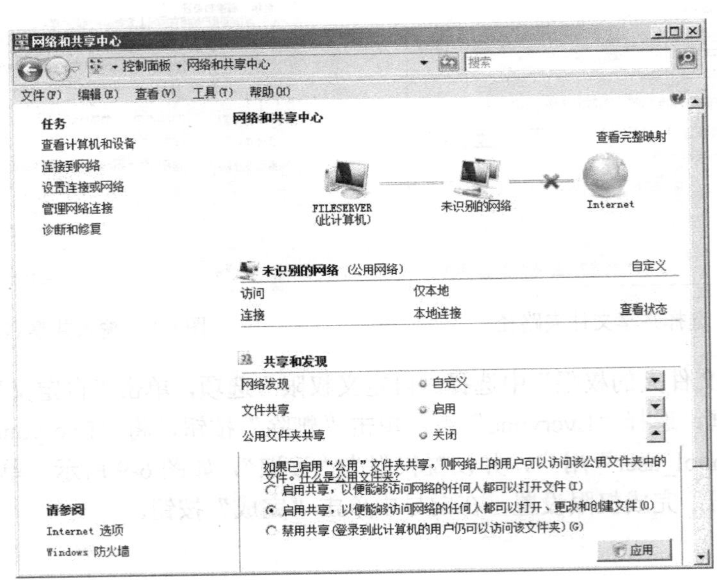

图 6-10　创建“公用”共享文件夹

“公用文件夹共享”有以下选项：

启用共享，以便能够访问网络的任何人都可以打开文件：此选项的权限级别使用户只能查看“公用”文件夹中的文件。

启用共享，以便能够访问网络的任何人都可以打开、更改和创建文件：此选项的权限级别使用户可以在“公用”文件夹中查看、更改、创建文件。

禁用共享：此选项禁用“公用”文件夹的共享，用户只能登录到本地计算机才能访问文件夹中的内容。

③ 启用“公用文件夹共享”后，服务器上将会产生一个共享名为“public”的共享，用户通过访问这个共享名，可以访问“公用”文件夹中的内容。

二、共享权限与组合权限

1. 共享权限

通过共享权限设置可以控制用户通过网络访问共享文件夹的能力，共享权限共有三类型：读取、更改和完全控制，如图 6-11 所示。

① 读取：可以查看并复制文件夹下的文件和文件夹，并可以运行其中的应用程序，读取是 Everyone 组的默认权限。

② 更改：包含“读取”权限，可以进行添加、删除和修改操作，但不能删除其他用户添加的文件和文件夹。

③ 完全控制：能够对其中的文件和文件夹完全控制。

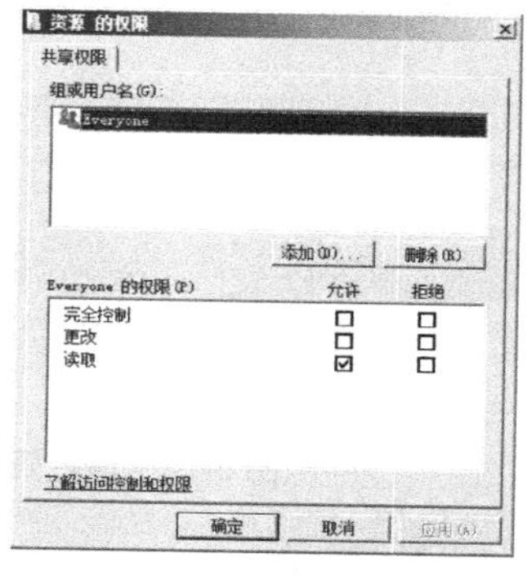

图 6-11　三种共享权限

2. 组合权限

共享权限只对共享文件夹的安全性进行控制，既可用于 NTFS 文件系统，也可用于 FAT32 文件系统。同时，共享权限只对通过网络访问的用户起作用，而 NTFS 权限则无论是对网络用户还是本地用户都起作用。因此，在共享设置中常常将 NTFS 权限和共享权限结合起来使用，形成组合权限。

当用户通过网络访问共享文件夹时，不仅受共享权限的限制，而且也受 NTFS 权限的限制，有效权限就是两种权限的交集。例如，某共享文件夹用户的权限为完全控制，NTFS 权限为读取，那么，最终用户的组合权限是读取。再如，如果希望某用户能够完全控制某共享文件夹，首先需要在 NTFS 中添加该用户，并设置完全控制的权限，然后，再在共享时添加该用户，并设置完全控制的权限，只有这样，用户最终才拥有完全控制的权限。

设置权限时，要考虑两种权限的冲突问题，否则，可能出现用户不具有任何权限的情况，例如，某共享文件夹用户的共享权限为只读，NTFS 权限为写入，那么，最终用户的组合权限是没有任何权限的。

证明

共享文件夹时，如果是 FAT32 文件系统，那么无需考虑 NTFS 权限，只需要考虑共享权限就可以了，如果是 NTFS 文件系统，既要考虑 NTFS 权限，又要考虑共享权限。

三、共享文件夹的访问

局域网中的用户访问共享文件夹可以有多种方法，在此介绍三种常用的访问方法。

1. 通过资源管理器访问共享文件夹

使用资源管理器可以快速地访问共享文件夹，以访问“教学计划”共享文件夹为例，具体操作如下：

① 以 Windows 7 为例，启动客户端，以管理员身份登录，双击“计算机”图标，打开资源管理器，在地址栏输入“\\Fileserver\教学计划”，证明格式为“\\<计算机名或 IP 地址>\共享名”，当不知道共享名时，也可以省略，如图 6-12 所示。

② 按回车键，打开“Windows 安全”对话框，输入用户名“school_user”和密码，如图 6-13 所示，单击“确定”按钮，打开“Fileserver”计算机共享的“教学计划”文件夹，如果选择“记住我的凭据”，则以后再次共享文件夹时，不需要输入用户名和密码。

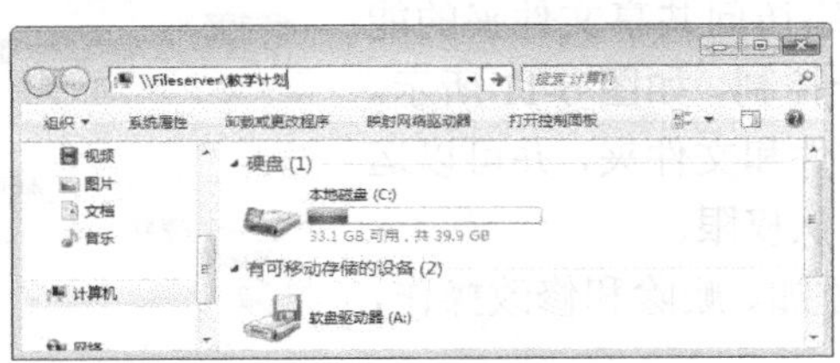

图 6-12 通过资源管理器访问共享文件夹

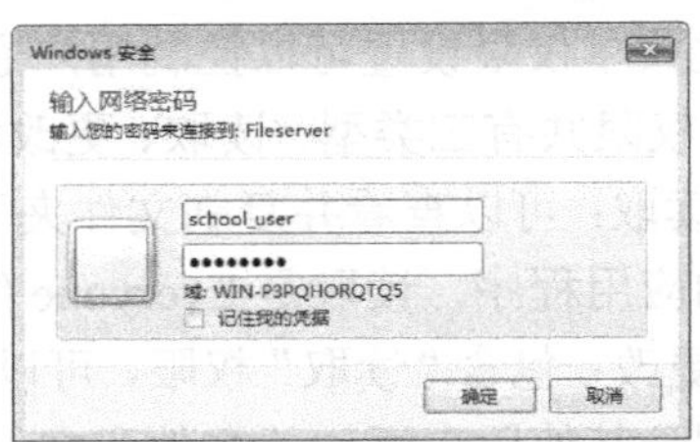

图 6-13 输入用户名和密码

小经验

如果下一次访问共享文件夹时使用不同的账户，则可以在命令提示符中运行 net use * /del /y 命令，意为把所有的共享连接删除掉，否则默认使用以前的用户和密码。当然，直接将计算机注销也可以。

2. 通过“映射网络驱动器”的方式访问共享文件夹

如果要经常访问某一共享文件夹，可以将其映射为网络驱动器，映射后的网络驱动器放在“计算机”窗口，这种方式访问共享文件夹时会自动连接，速度比较快，以打开“图像文件”共享文件夹为例，具体操作如下：

① 以管理员身份登录，在“计算机”图标上右击，选择“映射网络驱动器”命令，打开“映射网络驱动器”对话框。

② 在“驱动器”下拉框中选择映射到的驱动器“Z”，在“文件夹”下拉框中输入共享文件夹的路径，其格式为“\\fileserver\图像文件”，如图 6-14 所示。

也可以单击“浏览”按钮，打开“浏览文件夹”对话框，单击共享文件夹的计算机，然后单击要访问的共享文件夹“图像文件”，根据提示输入用户名和密码。

③ 如果选择“登录时重新连接”复选框，每次登录时都重新映射一次网络驱动器，如果不选择，则不会重新映射。单击“完成”按钮，打开“Windows 安全”对话框，输入用户名“gongyong”和密码，单击“确定”按钮，打开共享的“图像文件”。

④ 此时，双击“计算机”图标，打开“计算机”窗口，可以看到映射的驱动器“Z:”，如

图 6-15 所示。

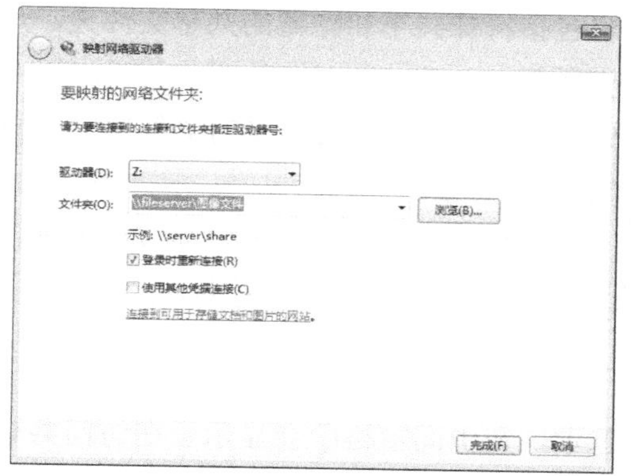

图 6-14 设置网络驱动器与共享文件夹

图 6-15 映射的驱动器“Z:”

⑤ 如果要断开映射的网络驱动器，可以在“计算机”图标上右击，选择“断开网络驱动器”命令，打开“断开网络驱动器”对话框，选择要断开连接的网络驱动器，单击“确定”按钮即可。

3. 通过搜索访问共享文件夹

如果用户知道计算机的名称，可以直接利用搜索功能在网络中搜索该计算机，以打开“讲座资料”共享文件夹为例，具体操作如下：

① 以管理员身份登录，单击“开始”→“计算机”命令，打开“计算机”窗口，单击左下角“网络”，切换到“网络”窗口，在“搜索”中输入“FILESERVER”，搜索到“FILESERVER”计算机，如图 6-16 所示。

② 双击“FILESERVER”计算机图标，打开“Windows 安全”对话框，输入用户名“zhangsan”和密码，单击“确定”按钮，列出所有共享文件夹，如图 6-17 所示，能够打开“讲座资料”和“讲座课件与视频”共享文件夹（实际同一个文件夹，不同的共享名），其他两个共享文件夹不能打开。

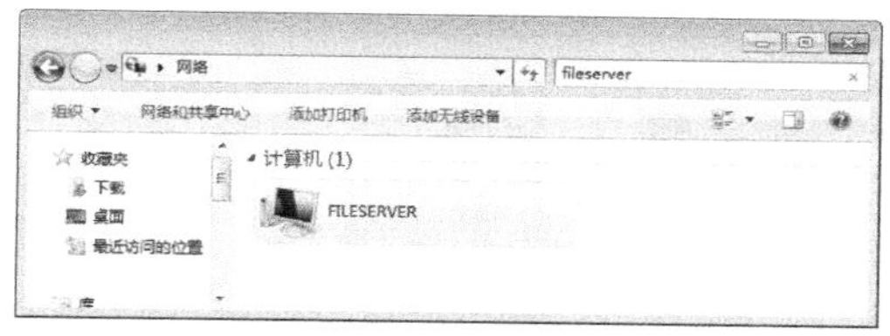

图 6-16 搜索“FILESERVER”计算机

图 6-17 列出“FILESERVER”计算机共享的文件夹

四、管理与监视共享文件夹

在“计算机管理”窗口中不但可以创建共享文件夹，而且还能够查看和管理共享资源，了解共享的使用情况。

1. 管理共享文件夹

① 单击“开始”→“管理工具”→“计算机管理”命令，打开“计算机管理”窗口，在

左窗格单击“共享文件夹”前的加号，展开“共享文件夹”，选择“共享”，在中间窗格显示所有共享文件夹的信息，不但包括共享的普通文件夹，也包括特殊共享和隐藏的共享文件夹，其中，共享名后带“$”的为隐藏共享文件夹，如图 6-18 所示。

② 如果要修改共享文件夹的共享权限、人数限制等信息，可以右击共享的文件夹，选择“属性”命令，在“常规”和“共享权限”选项卡中修改。

③ 如果要停止共享，可以在共享文件夹上右击，选择“停止共享”，弹出“共享文件夹”提示框，单击“确定”按钮，原来共享的文件夹，从“计算机管理”窗口中消失。

2．管理连接会话

① 在左窗格选择“共享文件夹”中的“会话”选项，在中间窗格中会显示正在访问共享文件夹的用户以及打开文件的数量、连接时间等信息。如图 6-18 所示。

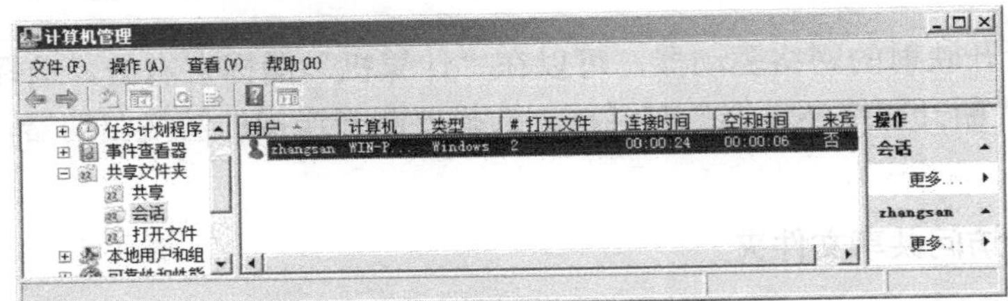

图 6-18　管理会话

② 如果要关闭用户的访问，可以在用户上右击，选择“关闭”命令，弹出“共享文件夹”对话框，单击“确定”按钮。

3．管理打开的共享文件夹

在左窗格选择“共享文件夹”中的“打开文件”，在中间窗格显示哪些共享文件夹被打开，以及访问者、打开模式等信息。如图 6-19 所示。

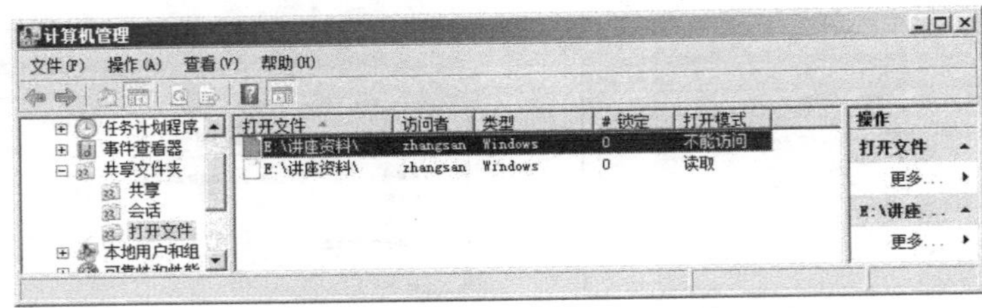

图 6-19　管理打开的共享文件夹

任务实施

1．创建“学校文件”共享文件夹，并为用户和组设置共享权限

① 启动文件服务器，以管理员身份登录，在“学校文件”文件夹上右击，选择“属性”命令，打开“学校文件属性”对话框，切换到“共享”选项卡。

② 单击“高级共享”按钮，打开“高级共享”对话框，选择“共享此文件夹”复选框，

“共享名”默认为“学校文件”，设置“将同时共享的用户数量限制为”为“500”，“注释”中输入“在这里发布学校的通知公告、相关政策等文件！”，如图 6-20 所示。

③ 单击“权限”按钮，打开“学校文件的权限”对话框，选择“Everyone”组，单击“删除”按钮，将“Everyone”组删除。

④ 单击“添加”按钮，添加“staff”组，并设置共享权限为“读取”；添加“lw”用户并设置共享权限为“完全控制”，如图 6-21 所示。两次单击“确定”按钮，最后，单击“关闭”按钮，完成共享设置。

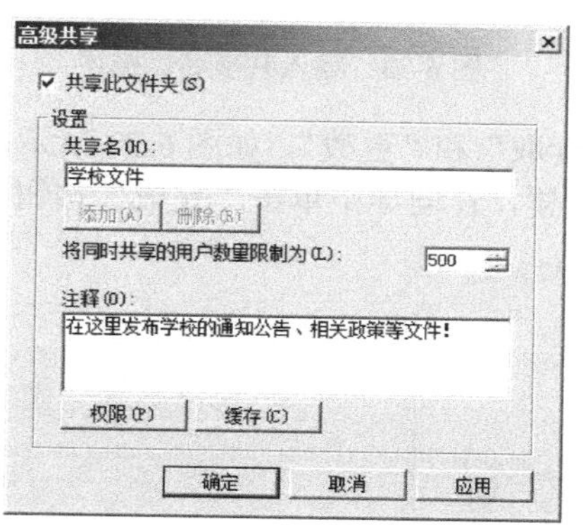

图 6-20　“高级共享”对话框

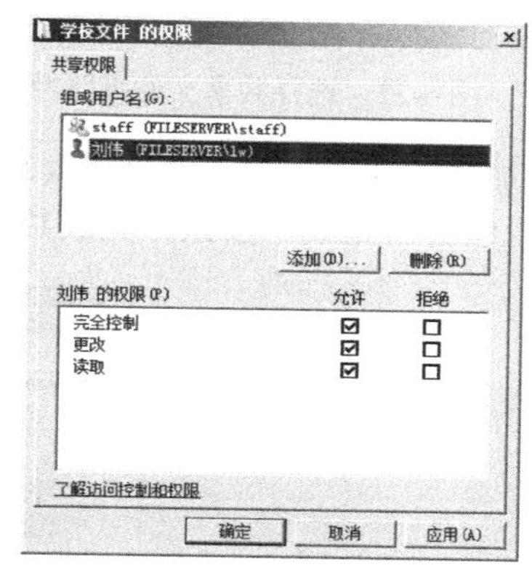

图 6-21　“学校文件的权限”对话框

2. 创建“员工文件”共享文件夹，并为组设置共享权限

同样的方法创建共享文件夹“员工文件”，注释为“该文件夹保存员工个人文件！”，同时共享的用户数量为 500，删除默认的“Everyone”组，添加“staff”组，设置共享权限为完全控制。

3. 创建“教学资源”共享文件夹，并为用户和组设置共享权限

① 单击“开始”→“管理工具”→“计算机管理”命令，打开“计算机管理”窗口，在左窗格中展开“共享文件夹”。

② 在“共享”文件夹上右击，选择“新建共享”命令，打开“创建共享文件夹向导”对话框，单击“下一步”按钮。

③ 在“文件夹路径”中输入要设置共享的文件夹路径“E:\教学资源”，或者单击“浏览”按钮，选择要设置共享的文件夹“教学资源”，如图 6-22 所示，单击“下一步”按钮。

④ 在“名称、描述和设置”中输入“共享名”为“教学资源”，在“描述”中输入“学校共享的教学资源”，如图 6-23 所示，单击“下一步”按钮。

⑤ 在“共享文件夹权限”中选择“自定义权限”选项，单击“自定义”按钮，打开“自定义权限”对话框，选择“Everyone”组，单击“删除”按钮，将“Everyone”组删除。

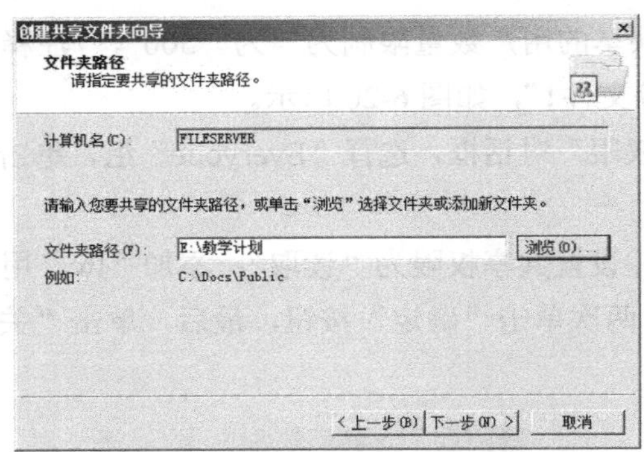

图 6-22 选择共享文件夹路径

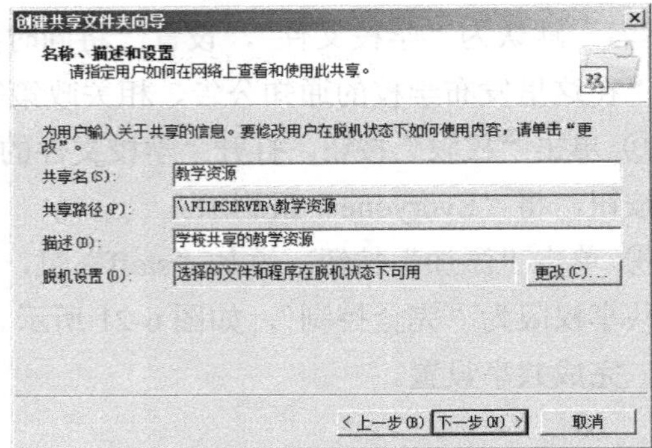

图 6-23 输入共享名、描述

⑥ 添加“teachers”组，并设置共享权限为“读取”和“更改”，如图 6-24 所示，单击“确定”按钮，单击“完成”按钮，完成共享权限的设置，在向导中单击“完成”按钮。

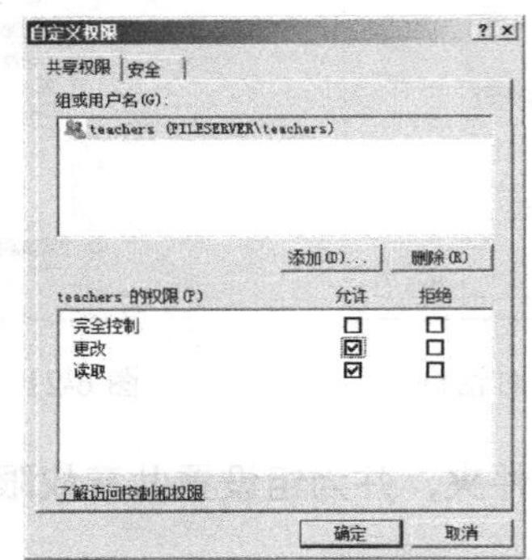

图 6-24 添加用户、设置权限

⑦ 完成共享设置后，在“计算机管理”窗口中可看到创建的共享文件夹。

证明

用户通过网络访问的最终权限为 NTFS 权限和共享权限的组合权限，在此虽然为“教学资源”设置了修改权限，但由于 NTFS 权限的限制，“teachers”组最终的权限为列出文件夹/读取数据、读取属性、读取扩展属性、创建文件/写入数据、创建文件夹/附加数据和写入属性。如果不将共享权限设置为修改，那么“teachers”组最终只有列出文件夹/读取数据、读取属性、读取扩展属性的权限。

4．设置客户端的 IP 地址

启动 Windows 7 客户端，设置 IP 地址为 202.101.101.21，子网掩码设为 255.255.255.0，网关设为 202.101.101.254，首选的 DNS 服务器设为 202.101.101.11。

5．客户端测试

以 Windows 7 客户端为例，分别使“wm”用户和“lw”用户对共享的文件夹进行测试。

① 双击“计算机”图标，打开“计算机”窗口，在地址栏输入“\\Fileserver”，按回车键，打开“Windows 安全”对话框，输入用户名“wm”和密码，单击“确定”按钮，列出共享的

文件夹，如图 6-25 所示。

② 打开“教学资源”文件夹，测试，可以查看其中的内容，可以创建文件或文件夹，但不能修改、删除文件或文件夹。

③ 打开“学校文件”文件夹，测试，只能读取，不能进行其他操作。

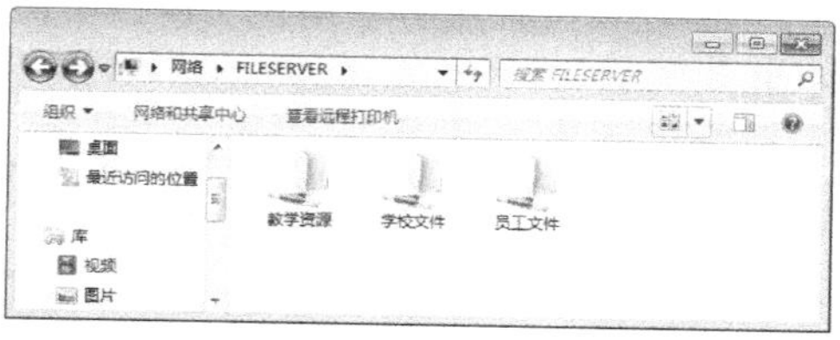

图 6-25 “FILESERVER”计算机共享的文件夹

④ 打开“员工文件”文件夹中的“王明”文件夹，测试，可读取、创建文件或文件夹，也可修改、删除文件或文件夹，可以完全控制。

⑤ 注销计算机，使用用户名“lw”，同样的方法列出“FILESERVER”计算机的共享文件夹，打开“学校文件”文件夹，测试，可以读取、创建文件或文件夹，也可修改、删除文件或文件夹，可以完全控制。

⑥ 测试“教学资源”文件夹，不能打开。

任务 2 通过文件服务创建和管理共享文件夹

任务描述

在学校的文件服务器上安装文件服务角色，利用“共享和存储管理”窗口创建“学校文件”、“教学资源”和“员工文件”共享文件夹，并设置用户和组的共享权限，具体要求如下：

① 学校员工通过网络访问只能查看“学校文件”文件夹中的内容，不能修改，不能删除，行政办公室可以通过网络管理“学校文件”文件夹。

② 教师可以查看“教学资源”文件夹中的内容，可以增加新教学资源，但不能修改、删除。

③ 每位员工可以管理自己的文件夹。

任务分析

分析同任务一的分析。

知识要点

文件服务

文件服务是 Windows Server 2008 操作系统的一个组件，可以为网络用户提供共享文件夹和数据存储，使用户能够通过网络访问共享资源，通过“共享和存储管理”窗口，管理员能够对共享文件夹进行集中管理。

任务实施

1. 安装文件服务角色

① 以管理员身份登录，单击“开始”→“管理工具”→“服务器管理”命令，打开“服务器管理”窗口，在左侧导航树中单击“角色”，单击“添加角色”项，打开“添加角色向导”窗口，显示向导使用说明，单击“下一步”按钮。

② 在“选择服务器角色”窗口中，选择“文件服务”项，如图 6-26 所示，单击“下一步”按钮。

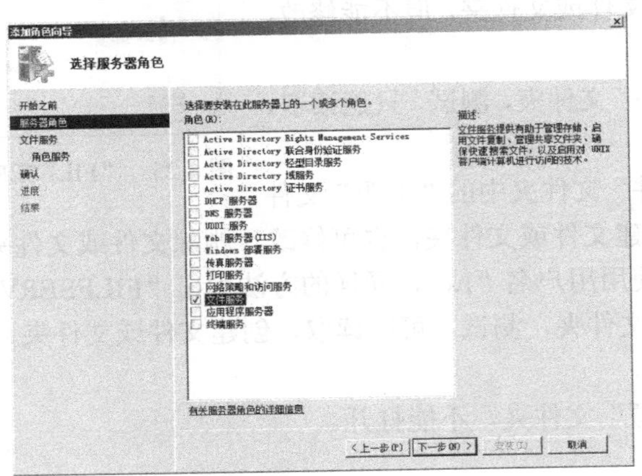

图 6-26　选择服务器角色

③ 在“文件服务”中显示文件服务简介、证明事项等信息，单击“下一步”按钮。

④ 在“选择角色服务”中只选择“文件服务器”角色服务，不选择其他服务，如图 6-27 所示，单击“下一步”按钮。

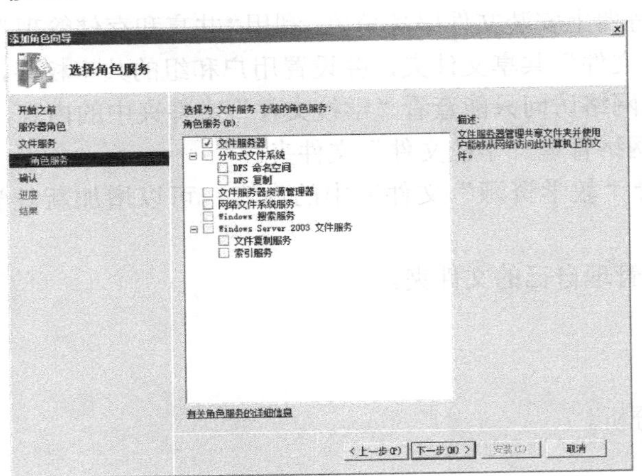

图 6-27　选择角色服务

⑤ 在“确认安装选择”中显示安装的服务，如果选择错误，可以单击“上一步”按钮，返回重新选择，如果正确，单击“安装”按钮，开始安装文件服务。

⑥ 在“安装进度”中显示安装进度，最后，在“安装结果”中显示文件服务已经安装成功，并列出安装的服务，单击“关闭”按钮，关闭“添加角色向导”对话框。

2．创建与管理共享文件夹

(1) 创建“学校文件”共享文件夹，设置“staff”组和“lw”用户的共享权限

① 选择“开始”→“管理工具”→“共享和存储管理”命令，打开“共享和存储管理”窗口，该窗口由三个窗格组成，左窗格显示共享和存储，中间窗格显示共享文件夹的列表，右窗格列出了共享和存储常用的操作命令，如图 6-28 所示。

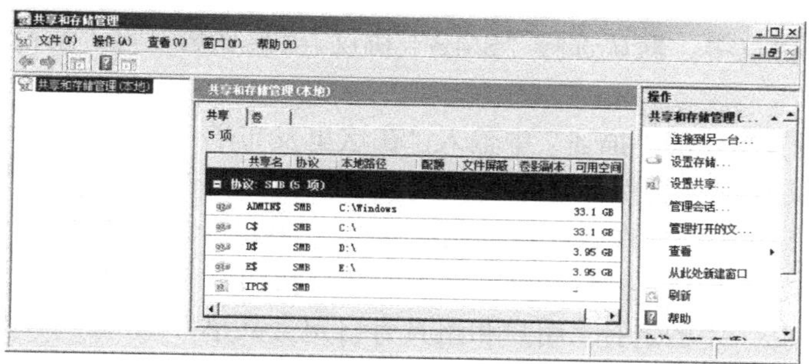

图 6-28　“共享和存储管理”窗口

② 单击右空格中的“设置共享”，打开“设置共享文件夹向导”窗口，在“共享文件夹位置”中的“位置”输入要设置共享文件夹的路径“E:\学校文件”，或者单击“浏览”按钮，选择要设置共享的文件夹，如图 6-29 所示，单击“下一步”按钮。

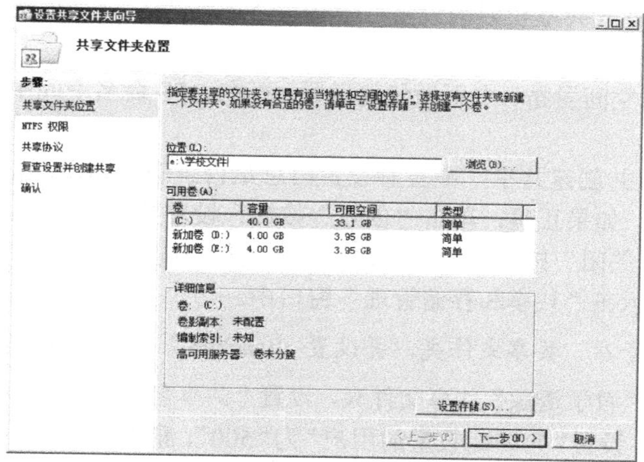

图 6-29　设置为共享文件夹的路径

③ 在“NTFS”权限中选择“否，不更改 NTFS 权限”选项，如图 6-30 所示，单击“下一步”按钮。

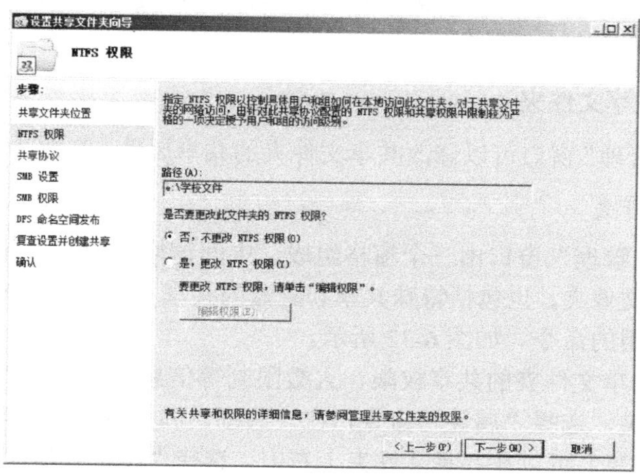

图 6-30　不更改 NTFS 权限

④ 在“共享”协议中，默认选择“SMB”协议，“共享名”为“学校文件”，单击“下一步”按钮。

⑤ 在“SMB 设置”中的“描述”中输入“在这里发布学校的通知公告、相关政策等文件！”，单击“高级”按钮，打开“高级”对话框，设置“允许此数量的用户”为“500”，如图 6-31 所示，单击“确定”按钮，单击“下一步”按钮。

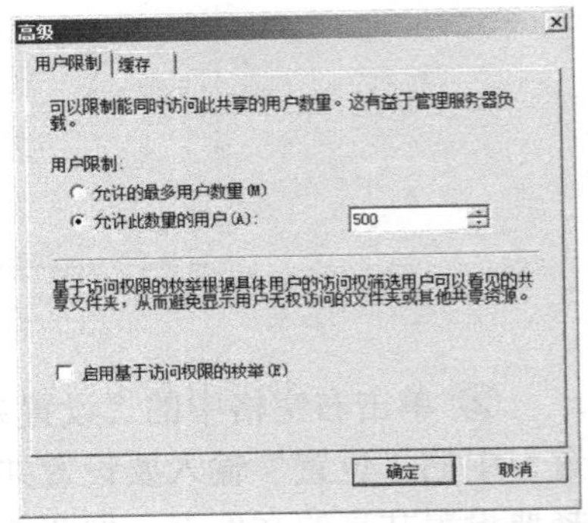

图 6-31　设置共享用户的数量

⑥ 在“SMB 权限”中的选择“用户和组具有自定义共享权限”，单击“权限”按钮，打开“学校文件的权限”对话框，选择“Everyone”组，单击“删除”按钮，将“Everyone”组删除。

⑦ 单击“添加”按钮，添加“staff”组，设置共享权限为“读取”；添加“lw”用户，设置共享权限为“完全控制”，单击“确定”按钮，完成共享权限的设置，单击“下一步”按钮。

⑧ 在“DFS 命名空间发布”中不做任何设置，不在 DFS 命名空间中发布，单击“下一步”按钮。

⑨ 在“复查设置并创建共享”中查看设置信息是否正确，如果不正确，单击“上一步”按钮，返回重新设置，如果正确，单击“创建”按钮，设置共享文件夹。

⑩ 最后，单击“关闭”按钮，关闭“设置共享文件夹向导”窗口，完成共享文件夹设置。创建的共享文件夹显示在“共享和存储管理”窗口中。

（2）创建“教学资源”共享文件夹，并设置“teachers”组的共享权限

同样的方法创建“教学资源”共享文件夹，设置“共享名”为“教学资源”，“描述”为“学校共享的教学资源！”，设置“允许此数量的用户”为“500”，删除“Everyone”组，添加“teachers”组，设置共享权限为“读取”和“更改”。

（3）创建“员工文件”共享文件夹，并设置“staff”组的共享权限

同样的方法创建“员工文件”共享文件夹，设置“共享名”为“员工文件”，“描述”为“该文件夹保存员工个人文件！”，“允许此数量的用户”为“500”，删除“Everyone”组，添加“staff”组，并设置共享权限为“完全控制”。

3．管理与监视共享文件夹

在“共享和存储管理”窗口可以修改共享文件夹的共享属性，监视共享文件夹的使用情况。

（1）管理共享文件夹

① “共享和存储管理”窗口由三个窗格组成，中间窗格显示了当前共享的文件夹列表，不但包括共享的普通文件夹，也包括特殊共享和隐藏的共享文件夹，右窗格为操作窗格，包含了共享和存储管理常用的命令。如图 6-32 所示。

② 如果要修改共享文件夹的共享权限、人数限制等信息，可以在“共享和存储管理”窗口中右击共享的文件夹，选择“属性”命令，在“共享”和“权限”选项卡中修改。

③ 如果要停止共享，可以在共享文件夹上右击，选择“停止共享”，弹出“共享和存储管理”提示框，单击“确定”按钮，原来共享的文件夹，从“共享和存储管理”窗口中消失。

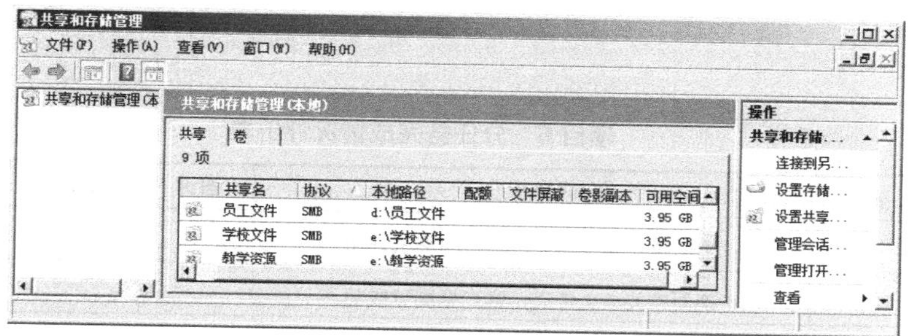

图 6-32　“共享和存储管理”窗口

（2）管理连接会话

① 单击“操作”窗格中的“管理会话”，打开“管理会话”对话框，在“管理会话”对话框中显示正在访问共享文件夹的用户以及打开文件的数量、连接时间等信息。如图 6-33 所示。

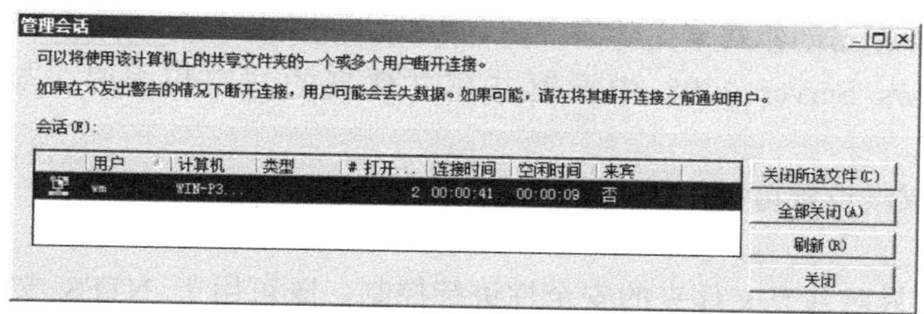

图 6-33　管理会话

② 如果要断开某个会话连接，可以选择会话，单击“关闭所选文件”按钮，弹出“共享和存储管理”对话框，单击“确定”按钮，也可以单击“全部关闭”按钮，关闭所有的会话。

（3）管理打开的共享文件夹

① 单击“操作”窗格中的“管理打开的文件”，打开“管理打开的文件”对话框，对话框中显示哪些共享文件夹被打开，以及访问者、打开模式等信息。如图 6-34 所示。

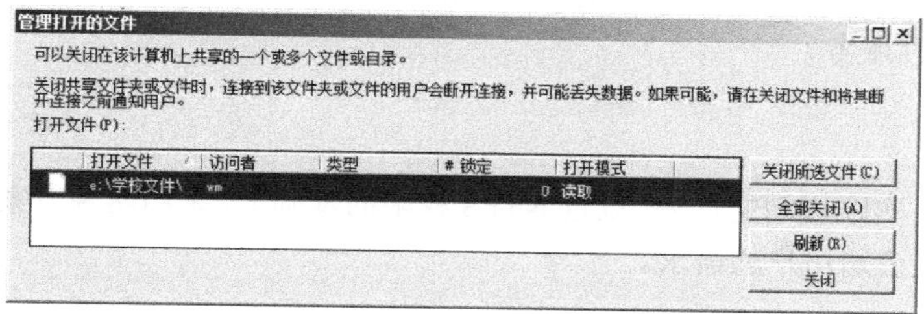

图 6-34　管理打开的共享文件夹

② 如果要强制关闭其他用户对文件的访问，则在“管理打开的文件”对话框选中打开文件，单击“关闭所选文件”按钮即可，也可以单击“全部关闭”按钮，关闭所有被打开的文件。

4．测试

测试的方法同任务一样，在此不再赘述。

项目评价

项目 6　分任务完成情况评价表

任务名称	配分	评分要点	自评	组长评价	教师评价
任务 1	50	正确创建共享文件夹，客户端测试成功。			
任务 2	50	正确创建共享文件夹，客户端测试成功。			
项目总体评价（总分）					

习题 6

一、填空题

1．通过资源管理器创建共享文件夹有两种方式：简单共享和__________。

2．在 Windows Server 2008 中设置共享文件夹的共享权限时，默认已经添加的组是_________。

3．通过共享权限设置可以控制用户通过网络访问共享文件夹的能力，共享权限共有三类型：读取、更改和__________。

4．__________只对共享文件夹的安全性进行控制，既可用于 NTFS 文件系统，也可用于 FAT32 文件系统。

5．在共享设置中常常将 NTFS 权限和__________结合起来使用，形成组合权限。

6．通过__________________的方式访问共享文件夹，速度比较快，在“计算机”窗口，可以看到映射的驱动器。

二、简答题

1．文件夹的共享权限有哪些类型？具体权限是什么？

2．用户通过网络访问共享文件夹有哪些方法？

3．什么是文件服务？

项目实践 6

请在上一项目实践规划文件夹、设置 NTFS 权限的基础上，采用两种方案创建共享文件夹，设置共享权限满足公司用户的需求。

配置 DHCP 服务

知识目标

- 了解 DHCP 的概念、优点及运作方式；
- 掌握作用域、排除地址、保留地址的概念；
- 理解排除地址与保留地址的区别。

技能目标

- 能够安装、授权 DHCP 服务；
- 能够在 DHCP 服务器上创建作用域、配置 DHCP 选项和设置保留地址；
- 能够配置 DHCP 客户端自动获取 IP 地址；
- 能够备份、还原和压缩 DHCP 数据库。

项目描述

海滨高职校网络的网络地址为 202.101.101.0/24，网关为 202.101.101.254，共有办公和教学计算机 170 台，其中打印室计算机使用专用的 IP 地址，学校有 6 台服务器，分别为 DNS 服务器、Web 服务器、FTP 服务器、电子邮件服务器、DHCP 服务器和域控制器。

要求为该学校的网络合理规划 IP 地址，搭建 DHCP 服务器为办公和教学计算机自动分配 IP 地址，并备份 DHCP 服务器的数据库，模拟在数据库受到破坏时进行恢复。

项目分析

1. IP 地址规划

学校局域网可以分配的 IP 地址范围是 202.101.101.1～202.101.101.254。IP 地址分配如下：

① 服务器需要配置静态的 IP 地址，所以将 IP 地址 202.101.101.11～202.101.101.20 分配服务器使用，其中 DHCP 服务器的 IP 地址为 202.101.101.15，IP 地址 202.101.101.1～202.101.101.10 留给网络设备使用。

② 办公和教学计算机分配的 IP 地址的范围为 202.101.101.21～202.101.101.190。

③ 打印室计算机指定保留 IP 地址 202.101.101.100。

小经验

在一个网络段中，如果 IP 地址最后一个数为 0 表示网络地址，为 255 表示广播地址，所以 IP 地址 202.101.101.0 和 202.101.101.255 在此不使用。

2. 搭建 DHCP 服务器

搭建 DHCP 服务器实现客户端 IP 地址的自动分配与管理，需要完成以下工作：

① 安装、授权和配置 DHCP 服务。

② 配置客户端自动获取 IP 地址。

③ 备份、恢复 DHCP 数据库。

项目分任务

任务 1：安装与授权 DHCP 服务器

任务 2：新建与配置作用域

任务 3：设置客户端自动获取 IP 地址

任务 4：设置保留地址

任务 5：DHCP 数据库的管理

项目准备

为保证本项目顺利完成，需要准备如下设备：

① 一台域控制器，安装 Windows Server 2008 操作系统，IP 地址为 202.101.101.16，计算机名为 Server，已安装活动目录，域名为 school.com。

② 一台 DHCP 服务器，安装 Windows Server 2008 操作系统，计算机名为 DHCPserver，IP 地址为 202.101.101.15。

③ 一台客户端，安装 Windows 7 或 Windows XP 操作系统。

项目分任务实施

任务 1　安装与授权 DHCP 服务器

任务描述

本任务主要是在 DHCP 服务器上安装 DHCP 服务，然后给 DHCP 服务器授权。

知识要点

1．什么是 DHCP

DHCP 是动态主机配置协议的简称，服务器通过该协议可以动态分配 IP 地址给客户端。使用 DHCP 动态分配和管理 IP 地址具有以下优点：

① 节约管理成本，提高工作效率。使用 DHCP 动态分配和管理 IP 地址，实现了 IP 地址的统一分配，避免了手动分配可能出现的错误操作，避免了网络上 IP 地址的重复，简化了管理员的工作，提高了工作效率。例如，当网络中的 IP 地址段发生变化时，不需要逐台更改客户端的 IP 地址，只需要修改 DHCP 服务器的地址池即可。

② 节约 IP 地址资源。在 DHCP 系统中，只有当客户端请求时才提供 IP 地址，而计算机关机后，又会自动释放 IP 地址。在不是全部开机的情况下，即使 IP 地址数量少于客户端的数量，也能满足计算机联网的要求。

2．DHCP 服务的运作方式

当在一台服务器上安装 DHCP 服务后，该服务器就成为了 DHCP 服务器，具有向客户端动态分配 IP 地址的功能。当客户端向服务器请求 IP 地址时，如果 DHCP 服务器的地址池中还有 IP 地址没有使用，则取出一个 IP 地址给客户端，并在数据库登记该 IP 地址已被客户端使用，然后将与 IP 地址相关的选项提供给客户端，客户端获取 IP 地址后，就可以联网了。

3．DHCP 服务器授权

为了保证客户端能够获得正确的 IP 地址，在 Windows Server 2008 域环境的网络中，DHCP 服务器需要经过授权后才能向客户端分配 IP 地址，如果一台 DHCP 服务器未经授权，是无法分配 IP 地址的，同时，只有域成员 DHCP 服务器或域控制器 DHCP 服务器才可以被授权，独立的 DHCP 服务器不能被授权。

域成员服务器在授权时，需要打开域控制器的 DHCP 窗口，在“DHCP”上右击，选择“管理授权的服务器”来授权。本身是域控制器的 DHCP 服务器，则只需要在 DHCP 中窗口服务器上右击，选择“授权”即可。

DHCP 服务器被授权后，服务器的 IP 地址被记录在域控制器的 Active Directory 数据库中，每次 DHCP 服务器启动时，都会核对 Active Directory 中已经授权的 DHCP 服务器的 IP 地址。

证明

如果网络中没有授权的 DHCP 服务器，只有一台独立的服务器，那么这台服务器可以启动，并可以分配 IP 地址，否则无法启动 DHCP 服务。

任务分析

局域网中目前有一台独立的服务器，由于只有域成员 DHCP 服务器和域控制器 DHCP 服务器才可以被授权，所以需要在安装 DHCP 服务后，将独立服务器加入域，变成域成员服务器，才能被授权并分配 IP 地址。

任务实施

1．开启域控制器和 DHCP 服务器

分别以管理员身份登录，在域控制器上创建用户账号，将 DHCP 服务器加到域 school.com 中，创建用户账号和加入域的方法在前面的章节中已经讲过，在此不再赘述。

2．安装 DHCP 服务

① 进入 DHCP 服务器，单击“开始”→“管理工具”→“服务器管理”，打开“服务器管理”窗口，在左侧导航树中单击“角色”，在“角色摘要”中单击“添加角色”项，打开“添加角色向导”对话框，显示向导使用说明，单击“下一步”按钮。

② 在“选择服务器角色”中，选择“DHCP 服务器”项，如图 7-1 所示，单击“下一步”按钮。

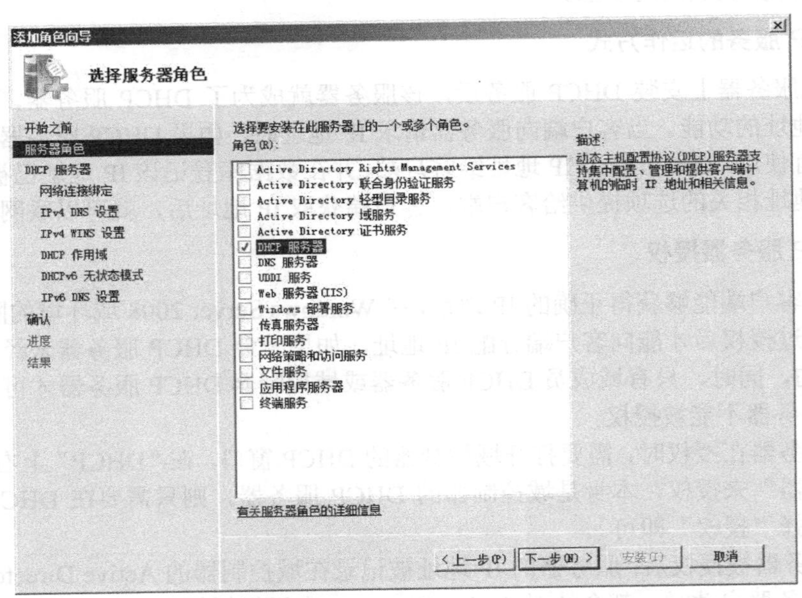

图 7-1　选择服务器角色

③ 阅读 DHCP 服务器简介，然后再单击“下一步”按钮，显示“选择网络连接绑定”，系统将检查 DHCP 是否有一个静态的 IP 地址，并显示设置的 IP 地址，如图 7-2 所示，单击“下一步”按钮。

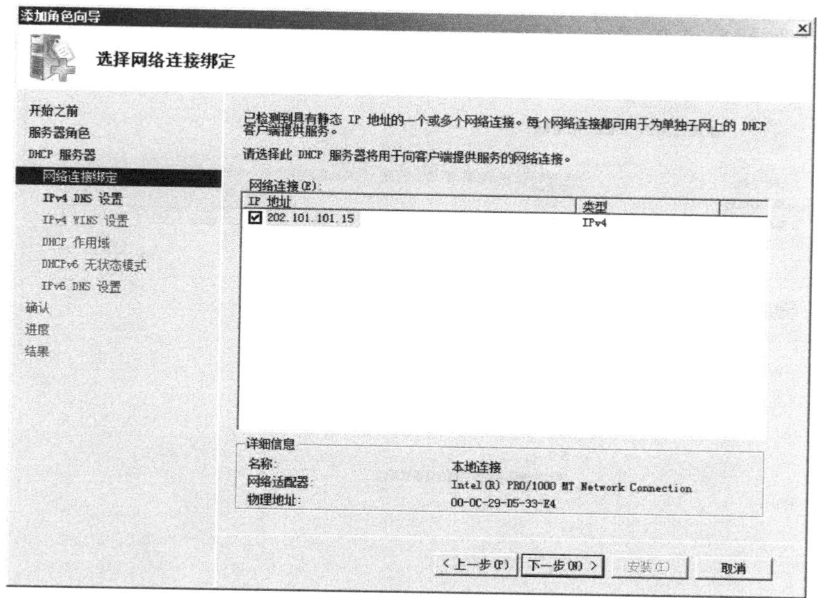

图 7-2　选择网络连接绑定

④ 在“指定 IPv4 DNS 服务器设置”对话框中，设置“父域”为 school.com，设置“首选 DNS 服务器 IPv4 地址”为 202.101.101.11，如图 7-3 所示，单击“下一步”按钮。

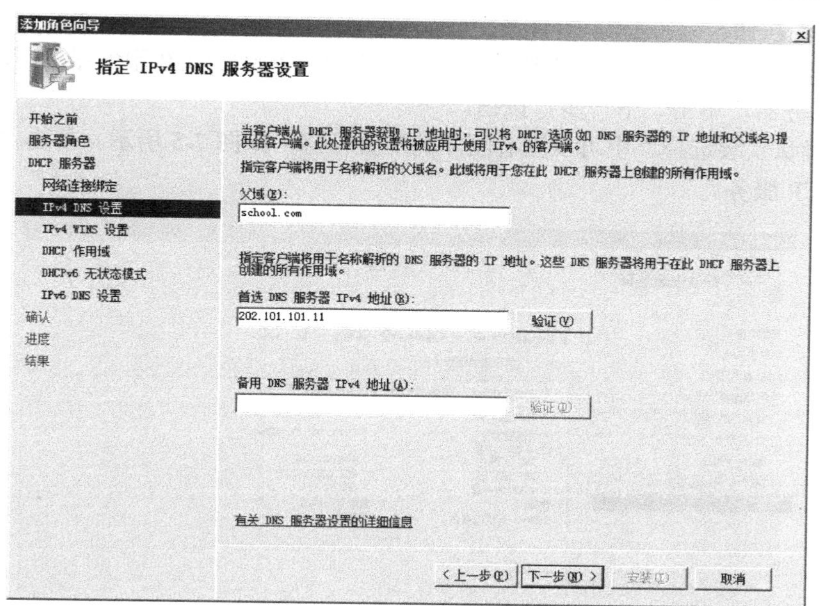

图 7-3　指定 IPv4 DNS 服务器设置

⑤ 在“指定 IPv4 WINS 服务器设置”对话框中，选择“此网络上的应用程序不需要 WINS”，单击“下一步”按钮。

⑥ 在“添加或编辑 DHCP 作用域”中，可以单击“添加”按钮，在打开“添加作用域”对话框中添加作用域，也可以以后添加作用域，如图 7-4 所示，在此暂时不添加作用域，直接

单击“下一步”按钮。

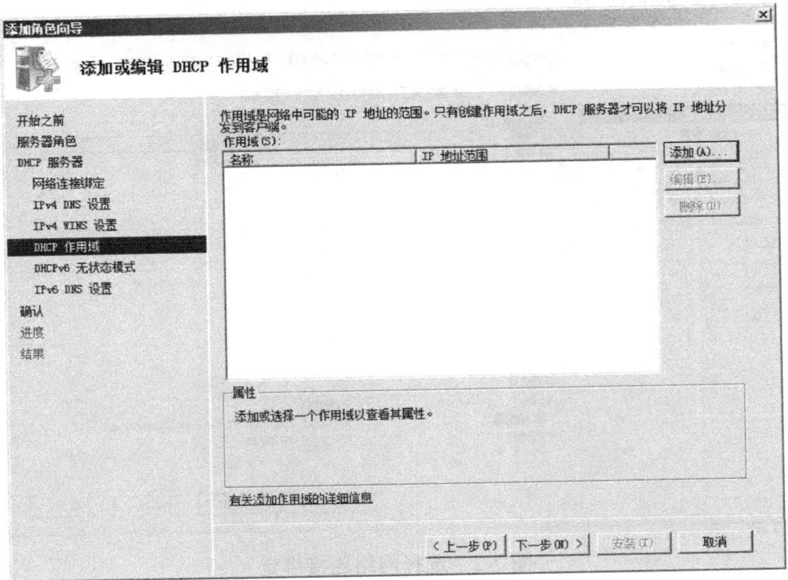

图 7-4 添加或编辑 DHCP 作用域

⑦ 在“配置 DHCPv6 无状态模式”中，选择“对此服务器禁用 DHCPv6 无状态模式”项，单击“下一步”按钮。

⑧ 在“授权 DHCP 服务器”中选择“跳过 AD DS 中此 DHCP 服务器的”项，将在以后授权 DHCP 服务器，单击“下一步”按钮。

⑨ 在“确认安装选择”中可以查看刚才的配置信息，如图 7-5 所示。单击“安装”按钮，开始安装 DHCP 服务。

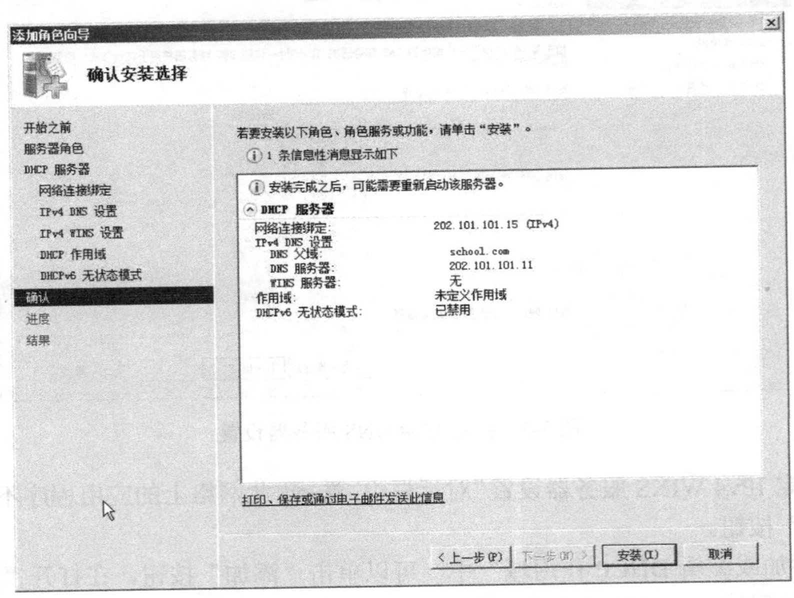

图 7-5 确认安装选择

⑩ 在“安装结果”中显示 DHCP 服务器角色已经安装完成，单击“完成”按钮，完成 DHCP 服务的安装。

⑪ 单击“开始”→“管理工具”→“DHCP”，打开“DHCP”窗口，如图 7-6 所示，此时 DHCP 服务器未授权，IPv4 图标上带有红色箭头。

3．DHCP 服务器的授权

① 打开域控制器，安装 DHCP 服务，方法同上，安装完成后，打开域控制器的“DHCP”窗口。

② 在“DHCP”窗口导航树中右击“DHCP”，选择“管理授权的服务器”命令，打开“管理授权的服务器”对话框，如图 7-7 所示。

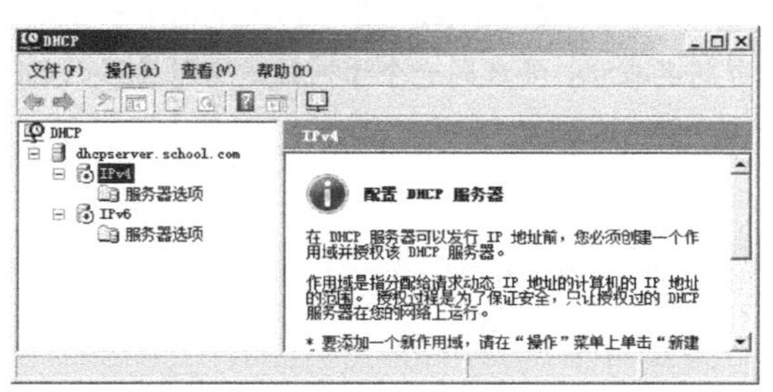

图 7-6　未授权的 DHCP 服务器管理窗口

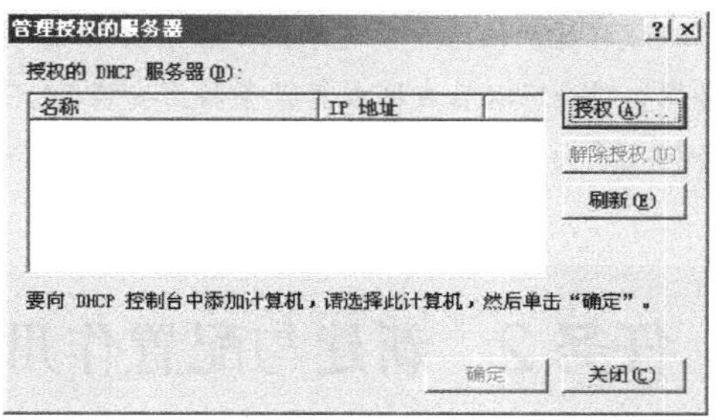

图 7-7　“管理授权的服务器”对话框

③ 单击“授权”按钮，出现“授权 DHCP 服务器”对话框，在“名称或 IP 地址”文本框中输入 DHCP 服务器的名称或 IP 地址，如图 7-8 所示。

④ 单击“确定”按钮，弹出“确认授权”对话框，如图 7-9 所示。如果填写的信息正确，单击“确定”按钮，DHCP 服务器被成功授权，返回“管理授权的服务器”对话框。单击“关闭”按钮结束授权过程。

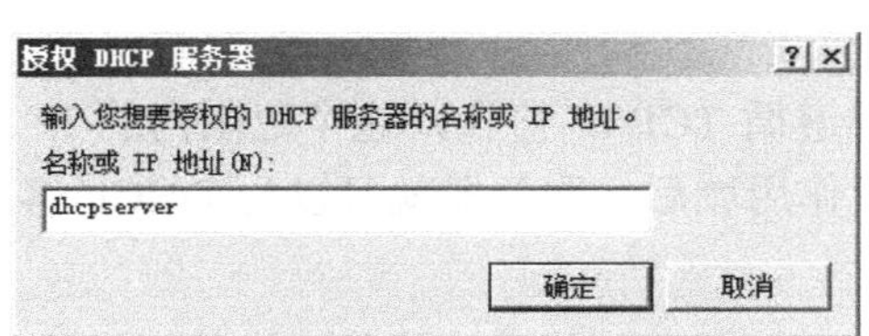

图 7-8　“授权 DHCP 服务器”对话框

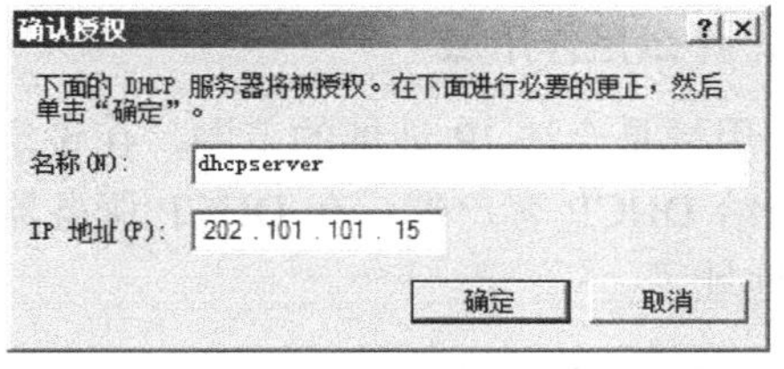

图 7-9　“确认授权”对话框

⑤ 进入 DHCP 服务器，在“DHCP”窗口的导航树中分别选择“IPv4”和“IPv6”，单击工具栏的刷新按钮，原来的红色箭头变绿。如图 7-10 所示。

说明： ① 如果要对 DHCP 服务器解除授权，可以在图 7-7 所示的“管理授权的服务器”对话框中，选择要解除授权的服务器，单击“解除授权”按钮即可。

② 如果是给本身是域控制器的 DHCP 服务器授权，则直接在导航树中的服务器上右击，选择“授权”命令即可。如图 7-11 所示。

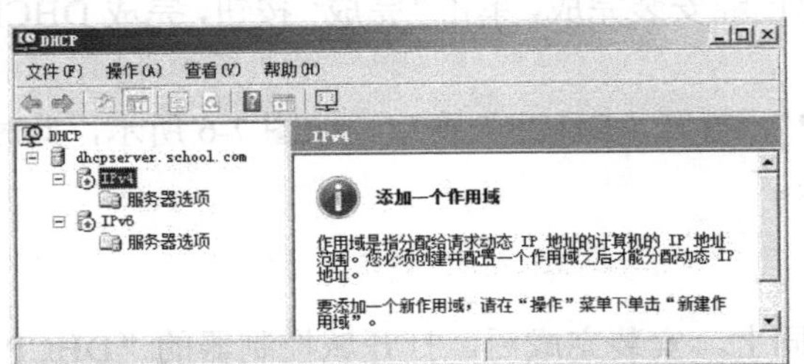

图 7-10　已经授权的 DHCP 服务管理窗口

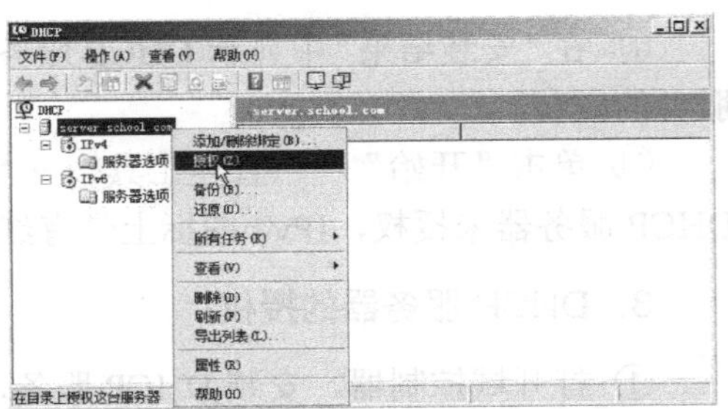

图 7-11　域控制器 DHCP 服务器的授权方法

小经验

在域环境的网络中，建议第一台 DHCP 服务器最好是域成员服务器或域控制器，因为如果第一台是独立服务器，则一旦以后在域成员服务器上安装 DHCP 服务，并将其授权，那么同一个子网的独立服务器的 DHCP 服务将无法再启动。

任务 2　新建与配置作用域

任务描述

本任务主要是创建名称为“school-DHCP”的作用域，设置 IP 地址范围为 202.101.101.1～202.101.101.190，并设置排除地址为 202.101.101.1～202.101.101.20 及 202.101.101.100，然后配置 DHCP 选项，最后将作用域激活。

知识要点

1．什么是作用域

作用域是合法 IP 地址的范围，在设定时必须遵循 TCP/IP 协议，这个范围内的 IP 地址可以租借给 DHCP 客户端，在 DHCP 服务器上创建作用域后，服务器就可以为 DHCP 客户端分配 IP 地址了。

2．什么是排出地址

在 DHCP 服务器分配的 IP 地址范围中，不允许分配给客户端使用的 IP 地址，称为排除地址。排除地址可以是单个地址，也可以是一个地址范围。例如，本任务中 IP 地址 202.101.101.1～202.101.101.20 就是排除地址，不分配给客户端使用，而是留给服务器和网络设备使用，因此，需要将他们从作用域中排除。

搭建 DHCP 服务器时，可以在服务安装过程中创建作用域，也可以在服务安装完成后再创建。

任务实施

1．新建作用域

① 在 DHCP 服务器中，打开“DHCP”管理窗口，在“DHCP”窗口导航树中的“IPv4”

上右击，选择“新建作用域”命令，如图 7-12 所示，打开“新建作用域向导”对话框，单击“下一步”按钮。

② 在“作用域名称”中输入名称为“school-DHCP”，描述中输入“IP 地址分配－202.101.101.0/24”，如图 7-13 所示，单击“下一步”按钮。

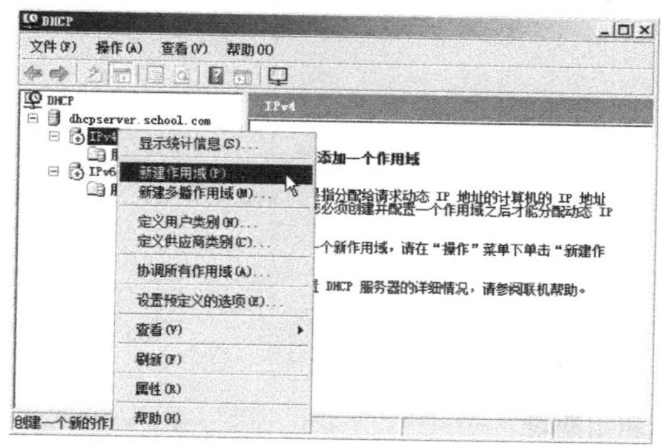

图 7-12 新建作用域

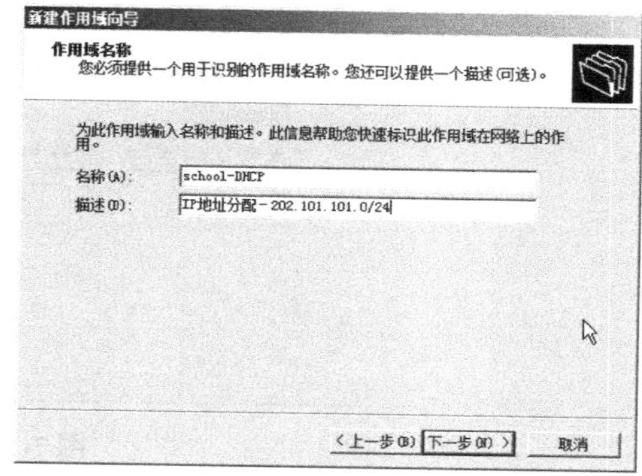

图 7-13 配置作用域名称与描述

说明：这两项都是用户自定输入，描述是对 DHCP 作用域进行的说明，也可以不填。

③ 在“IP 地址范围”的“起始 IP 地址”中输入 202.101.101.1，“结束 IP 地址”中输入 202.101.101.190，“长度”为 24，“子网掩码”为 255.255.255.0，如图 7-14 所示，单击“下一步”按钮。

④ 排除 IP 地址 202.101.101.1～202.101.101.20。在“添加排除”的“起始 IP 地址”中输入 202.101.101.1，“结束 IP 地址”输入 202.101.101.20，然后单击“添加”按钮即可，类似办法可以设置多段要排除的 IP 地址范围。

⑤ 排除 IP 地址 202.101.101.100。在“起始 IP 地址”中输入 IP 地址 202.101.101.100，然后，单击“添加”按钮即可。如图 7-15 所示，单击“下一步”按钮。

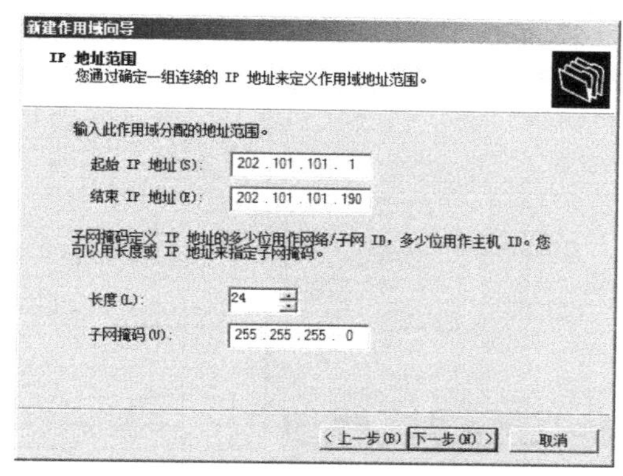

图 7-14 设置 IP 地址的范围

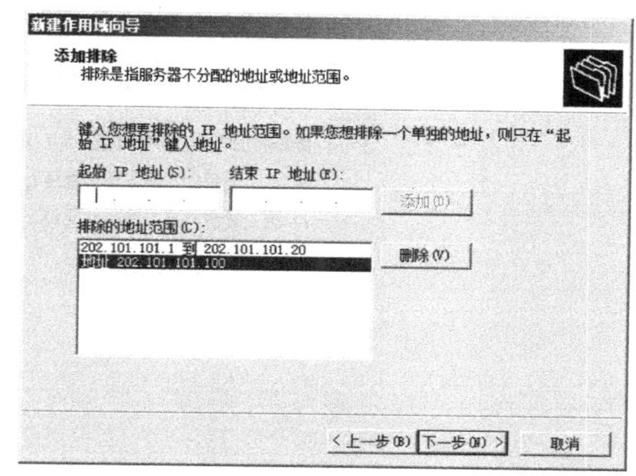

图 7-15 添加排除地址

⑥ 在“租用期限”中，设置“限制”为默认的 8 天，如图 7-16 所示，单击“下一步”按钮。

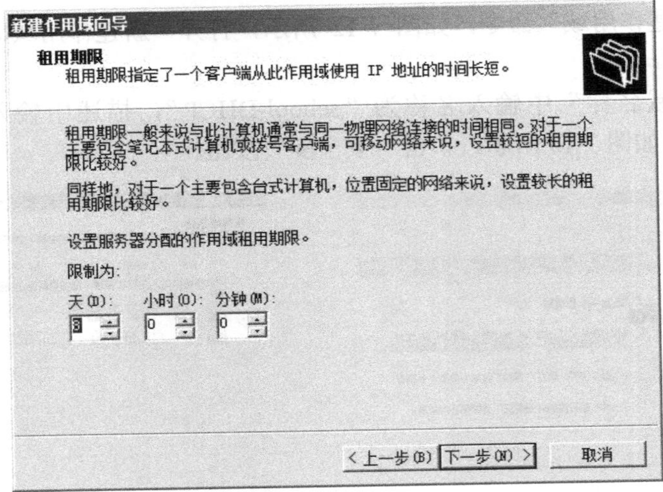

图 7-16　设置租用期限

说明：设置租约期限的目的是不希望客户端永久占有动态申请的 IP 地址，当这个客户退出网络时，这个 IP 地址应当归还给 DHCP 服务器，当有其他客户端申请时，可以重新分配这个 IP 地址。

2. 配置 DHCP 选项

① 在“配置 DHCP 选项”中选择“是，我想现在配置这些选项”，如图 7-17 所示。单击“下一步”按钮。

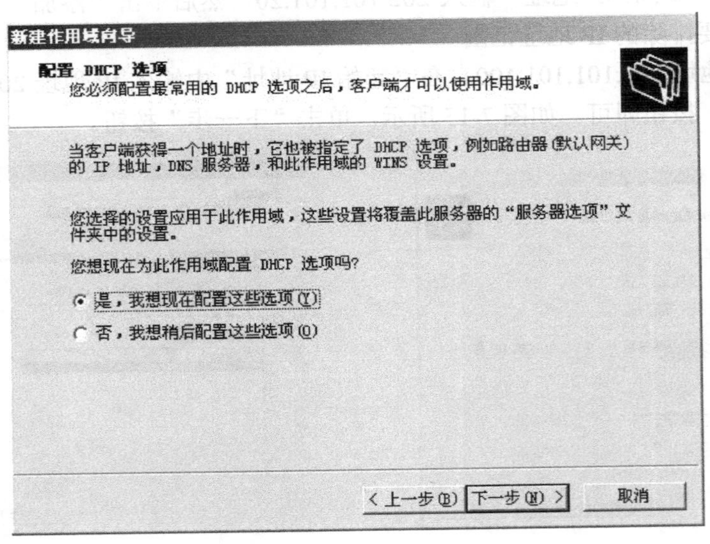

图 7-17　配置 DHCP 选项

说明：当 DHCP 服务器在向客户端提供 IP 租约的同时，还需要指派其他的一些参数，就需要配置 DHCP 选项。这些参数主要包括默认网关、DNS 服务器的 IP 地址、WINS 服务器的 IP 地址等。

② 在“路由器（默认网关）”的 IP 地址中输入网关 202.101.101.254，然后，单击“添加”

按钮，可以为作用域设置网关，如图 7-18 所示。单击“下一步”按钮。

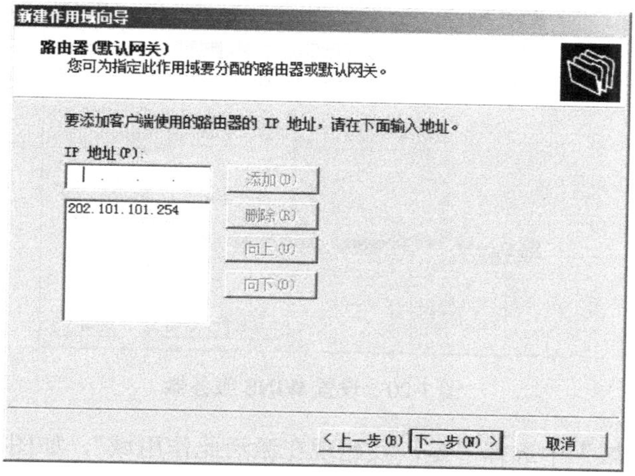

图 7-18 设置 DHCP 的默认网关

说明： 如果用户目前没有任何预设的路由器或网关，可以不输入。

③ 在“域名称和 DNS 服务器”中输入父域 school.com，在 IP 地址中输入 202.101.101.11，然后单击“添加”按钮，可完成域名称和 DNS 服务器的设置，如图 7-19 所示。单击“下一步”按钮。当然，也可输入服务器名称，然后单击“解析”按钮，让系统自动寻找 DNS 服务器的 IP 地址。有关 DNS 的设置与功能将在后面章节介绍。

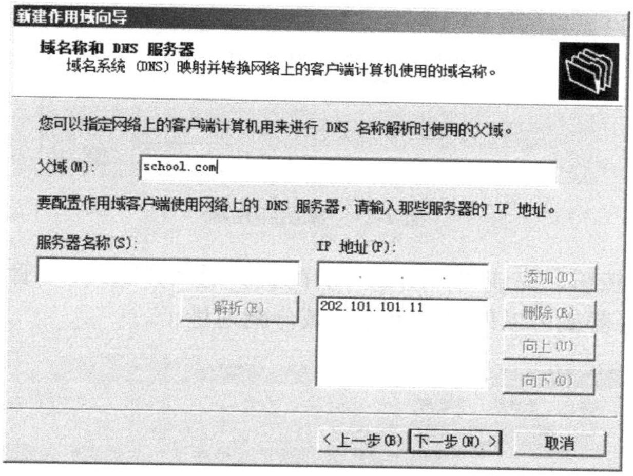

图 7-19 设置域名称和 DNS 服务器

④ 进入“WINS 服务器”的窗口，可以输入 WINS 服务器的 IP 地址，然后，单击“添加”按钮，或者输入服务器名，单击“解析”按钮，设置 WINS 服务器。如图 7-20 所示。单击“下一步”按钮。由于 WINS 服务器现在已经很少使用了，所在此不再设置。

图 7-20　设置 WINS 服务器

⑤ 在“激活作用域”中选择“是，我想现在激活此作用域”，如图 7-21 所示。单击“下一步”按钮。

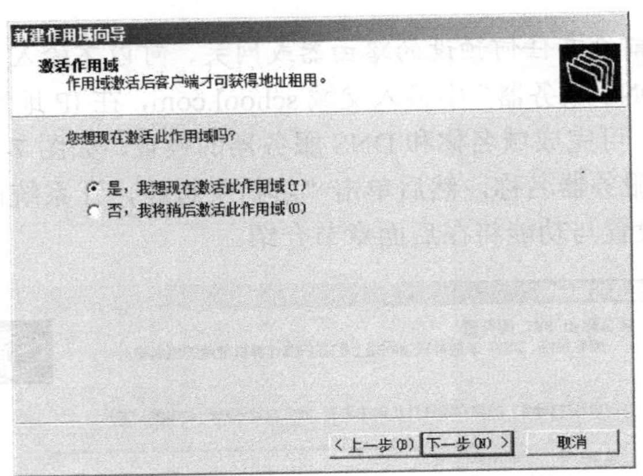

图 7-21　激活作用域

⑥ 单击“完成”按钮，完成“作用域”的配置。返回“DHCP”管理窗口，如图 7-22 所示。此时，DHCP 服务器就可以使用这个作用域分配地址了。

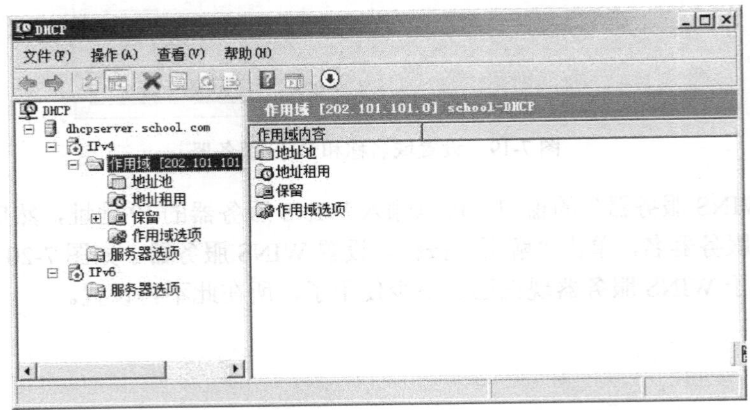

图 7-22　配置并激活作用域

说明：

（1）激活作用域。

如果作用域在创建时没有激活，也可以打开 DHCP 管理窗口，在作用域上右击，选择"激活"命令来激活作用域。如图 7-23 所示。

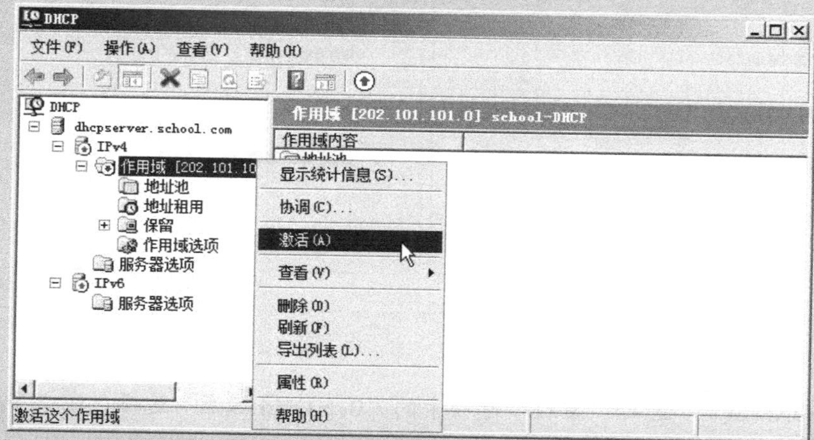

图 7-23　激活作用域

（2）作用域选项。

在上述配置 DHCP 选项时，也可以选择"否，我想稍后配置这些选项"，在创建作用域后再配置。

① 打开 DHCP 管理窗口，展开需要配置的作用域，在"作用域选项"上右击，选择"配置选项"命令，如图 7-24 所示，打开"作用域选项"对话框。

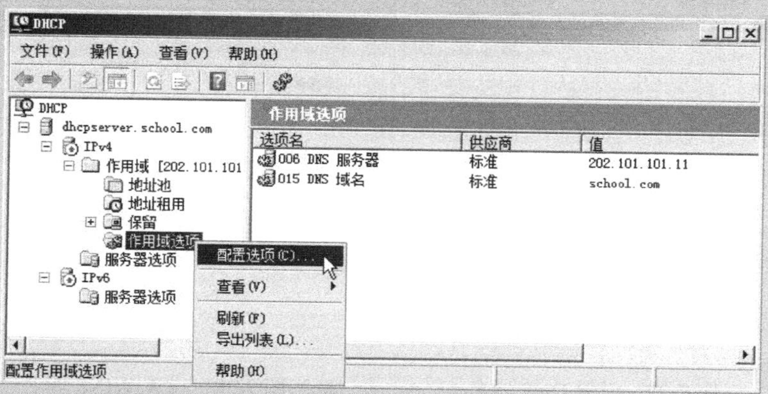

图 7-24　配置作用域选项

② 配置路由器。选择"常规"选项卡的"003 路由器"选项，在"IP 地址"中输入地址"202.101.101.254"，单击"添加"按钮，如图 7-25 所示。

③ 配置 DNS 服务器。选择"常规"选项卡的"006 DNS 服务器"选项，在 IP 地址中输入地址"202.101.101.11"，单击"添加"按钮，或者输入服务器名称，单击"解析"按钮。如图 7-26 所示。

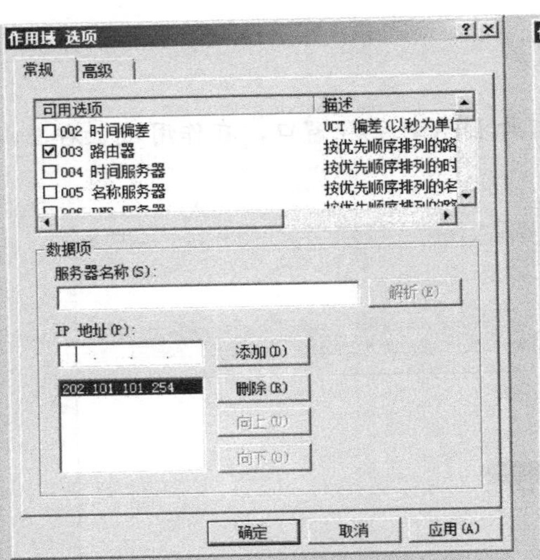

图 7-25　设置路由器

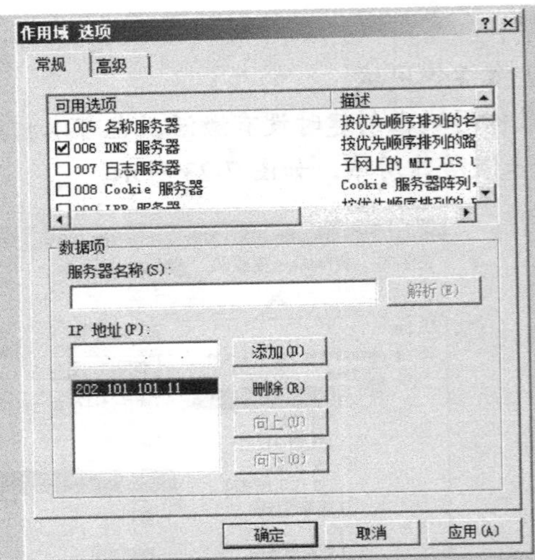

图 7-26　设置 DNS 服务器

④ 配置 DNS 域名，选择“常规”选项卡的“015 DNS 域名”选项，在“字符串值”中输入“school.com”。如图 7-27 所示。

⑤ 配置 WINS 服务器。选择“常规”选项卡的“044 WINS/NBNS 服务器”选项，在 IP 地址中输入地址，单击“添加”按钮，或者输入服务器名称，单击“解析”按钮。如图 7-28 所示。

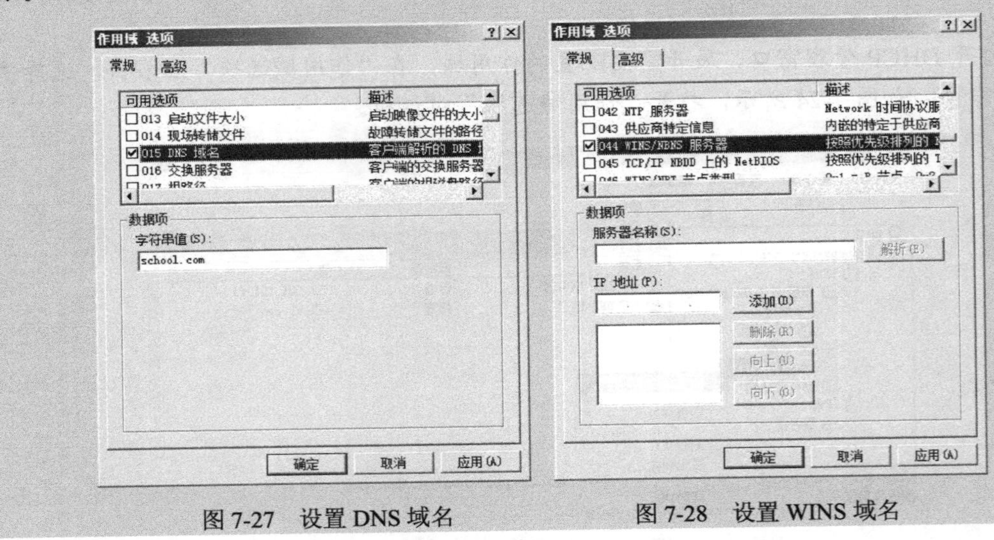

图 7-27　设置 DNS 域名　　　　图 7-28　设置 WINS 域名

任务 3　设置客户端自动获取 IP 地址

任务描述

本任务分别以 Windows XP 和 Windows 7 操作系统为例，说明客户端的设置，测试客户端能否获取 DHCP 服务器分配的 IP 地址。

知识要点

ipconfig 命令的使用

在“命令提示符”窗口中，输入“ipconfig”命令，可以查看主机的 IP 地址、网关等信息。ipconfig 命令还可以跟以下参数：

① /all：可以查看 IP 地址、MAC 地址、网关、DHCP 服务器地址等信息，如图 7-29 所示。

② /renew：更新 IP 地址租约，当客户端在租约期限未到时，需要重新租约 IP 地址时，使用此命令。

③ /release：释放 IP 地址租约，当客户端在租约期限未到时，可以用此命令释放租约的 IP 地址。

任务分析

首先，客户端必须安装 TCP/IP 协议，然后，将 IP 地址和 DNS 服务器地址设为自动获取，在 DHCP 服务器开启的情况下，客户端就可以自动获得 IP 地址了。

任务实施

1．设置 Windows XP 客户端

① 打开 Windows XP 操作系统，右击“网上邻居”，选择“属性”命令，打开“网络连接”窗口。

② 右击“本地连接”，选择“属性”命令，打开“本地连接属性”对话框。

③ 在“常规”选项卡中，双击“Internet 协议（TCP/IP）”，打开“Internet 协议（TCP/IP）属性”对话框。

④ 选择“自动获得 IP 地址”和“自动获得 DNS 服务器地址”项，单击两次“确定”按钮。

⑤ 查看客户端是否获取了 IP 地址。单击“开始”→“运行”，输入“cmd”命令，回车，打开“命令提示符”对话框，输入“ipconfig /all”命令，回车，显示如图 7-29 所示的信息，可以看到“IP Address”的 IP 地址 202.101.101.21，以及配置的网关信息（Default Gateway:202.101.101.254）、DNS 服务器信息（DNS Servers:202.101.101.11）等，说明客户端成功获取了 DHCP 服务器分配的 IP 地址。

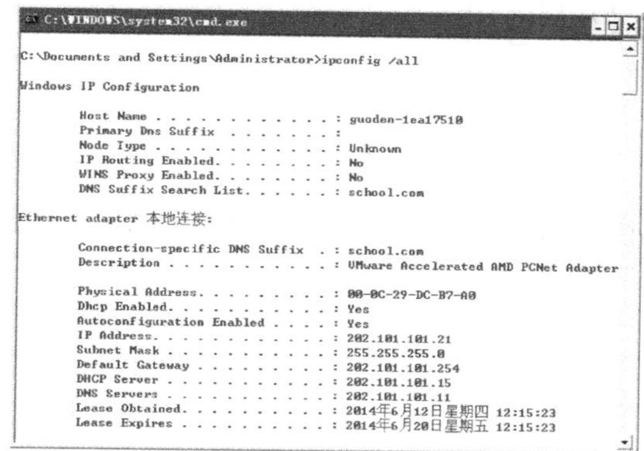

图 7-29 查看 Windows XP 客户端是否获取 IP 地址及相关参数

2．设置 Window 7 客户端

① 打 Windows 7 操作系统，单击“开始”，在“网络”图标上右击，选择“属性”命令，打开“网络和共享中心”对话框。

② 单击任务栏中的“管理网络连接”，打开“网络连接”窗口。

③ 右击“本地连接”，选择“属性”命令，打开“本地连接 属性”对话框。

④ 双击“Internet 协议版本 4（TCP/IPv4）”，打开“Internet 协议版本 4（TCP/IPv4）属性”对话框，选择“自动获得 IP 地址”和“自动获得 DNS 服务器地址”项，单击两次“确定”按钮。

⑤ 查看客户端是否获取了 IP 地址。单击“开始”→“运行”，输入“cmd”命令，回车，打开“命令提示符”对话框，输入“ipconfig /all”命令，回车，显示如图 7-30 所示的信息，可以看到“IP Address”获取的 IP 地址 202.101.101.22，以及网关信息、服务器信息等。说明客户端成功获取了 DHCP 服务器分配的 IP 地址。

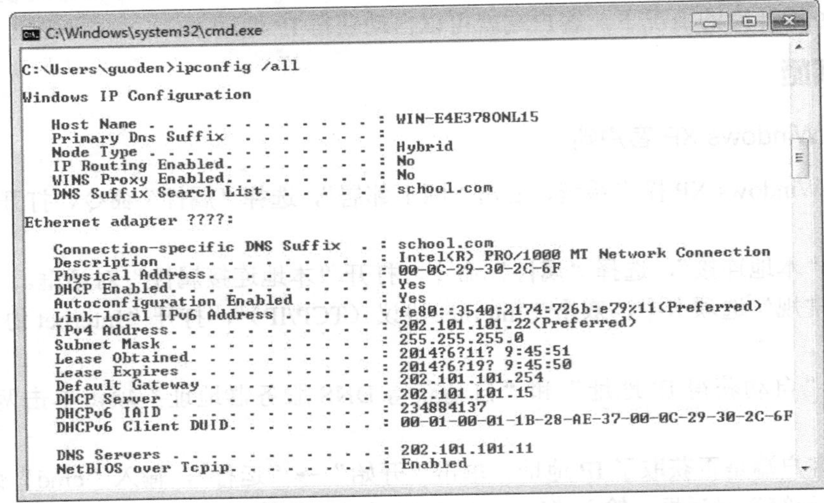

图 7-30　查看 Windows 7 客户端是否获取 IP 地址及相关参数

说明：Windows 8、Windows Vista 客户端的配置与此类似，在此不再赘述。

任务 4　设置保留地址

任务描述

本任务以 Windows 7 操作系统为客户端，将 IP 地址 202.101.101.100 设为保留地址，固定分配给打印室计算机使用。

知识要点

1．保留地址

保留地址是 DHCP 服务器在分配 IP 地址时始终分配给特定客户端的地址。设置保留地址，

必须将特定客户端的 MAC 地址与 IP 地址绑定，MAC 地址是网络适配器全球唯一的地址，这样，只要这台客户端接入网络，服务器都会给它分配某一固定的地址。

MAC 地址共 48 个 bit，通常用 12 位的 16 进制数来表示，例如，一台计算机的 MAC 地址为 00-A1-fc-01-26-54。在 Windows 系统中，可以通过“ipconfig /all”命令查看 MAC 地址，MAC 地址通常也写成“Physical Address”。

2. 保留地址与排除地址的区别

保留地址与排除地址是完全不一样的两个概念，排除地址是不允许 DHCP 服务器分配给客户端的 IP 地址，而保留地址则是固定分配给特定客户端的 IP 地址。也就是说，当特定的客户端向 DHCP 服务器申请 IP 地址时，DHCP 服务器会始终分配某一固定的 IP 地址给该客户端，而不分配给其他客户端。

任务分析

要将某个 IP 地址设置为某个客户端的保留地址，需要预先知道客户端的 MAC 地址，然后在 DHCP 服务器中将 IP 地址和 MAC 地址绑定，这样服务器在分配 IP 地址时，会始终将该 IP 地址分配给这一客户端。

任务实施

1. 查看客户端的 MAC 地址

进入 DHCP 服务器，打开“命令提示符”对话框，输入“ipconfig /all”命令，回车，显示的信息如图 7-31 所示，找到 Physical Address 项，可以看到 MAC 地址为 00-0C-29-30-2C-6F，记下该 MAC 地址备用。

```
C:\Windows\system32\cmd.exe

C:\Users\guoden>ipconfig /all

Windows IP Configuration

   Host Name . . . . . . . . . . . . : WIN-E4E378ONL15
   Primary Dns Suffix  . . . . . . . :
   Node Type . . . . . . . . . . . . : Hybrid
   IP Routing Enabled. . . . . . . . : No
   WINS Proxy Enabled. . . . . . . . : No
   DNS Suffix Search List. . . . . . : school.com

Ethernet adapter ????:

   Connection-specific DNS Suffix  . : school.com
   Description . . . . . . . . . . . : Intel(R) PRO/1000 MT Network Connection
   Physical Address. . . . . . . . . : 00-0C-29-30-2C-6F
   DHCP Enabled. . . . . . . . . . . : Yes
   Autoconfiguration Enabled . . . . : Yes
   Link-local IPv6 Address . . . . . : fe80::3540:2174:726b:e79%11(Preferred)
   IPv4 Address. . . . . . . . . . . : 202.101.101.22(Preferred)
   Subnet Mask . . . . . . . . . . . : 255.255.255.0
   Lease Obtained. . . . . . . . . . : 2014?6?11? 9:45:51
   Lease Expires . . . . . . . . . . : 2014?6?19? 9:45:50
   Default Gateway . . . . . . . . . : 202.101.101.254
   DHCP Server . . . . . . . . . . . : 202.101.101.15
   DHCPv6 IAID . . . . . . . . . . . : 234884137
   DHCPv6 Client DUID. . . . . . . . : 00-01-00-01-1B-28-AE-37-00-0C-29-30-2C-6F

   DNS Servers . . . . . . . . . . . : 202.101.101.11
   NetBIOS over Tcpip. . . . . . . . : Enabled
```

图 7-31　查看客户端的 MAC 地址

2. 设置保留地址

① 单击“开始”→“管理工具”→“DHCP”，打开 DHCP 管理窗口，在左侧管理控制单元的导航树中展开要设置保留地址的作用域。在“保留”上右击，选择“新建保留”命令，如图 7-32 所示，打开“新建保留”对话框。

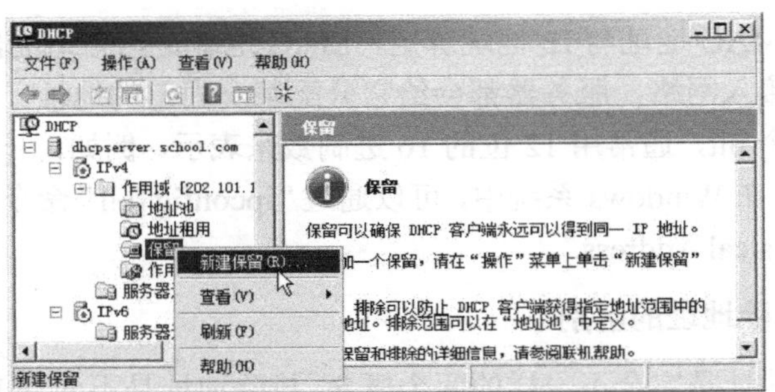

图 7-32 新建保留地址

② 在“保留的名称”中输入“打印室”，在“IP 地址”中输入保留地址“202.101.101.100”，在“MAC 地址”中输入客户端的 MAC 地址，“描述”中输入“打印室计算机”，“支持的类型”选择“两者”选项，如图 7-33 所示，最后，单击“添加”按钮，完成保留地址的设置。

③ 如果不再新增其他保留地址，单击“关闭”按钮关闭“新建保留”对话框。

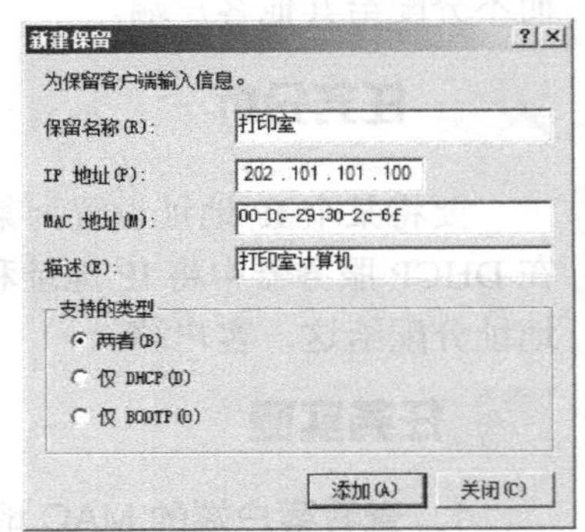

图 7-33 “新建保留”对话框

任务 5 DHCP 数据库的管理

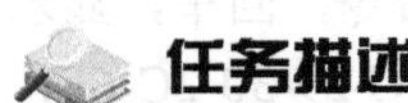

任务描述

本任务首先将 DHCP 数据库进行手动备份，当数据库被破坏时，对数据进行恢复。

知识要点

1. DHCP 数据库的备份

在日常的服务器管理中一定要做好数据库的备份，以备在 DHCP 数据库遭到破坏时恢复。DHCP 服务器的数据库默认保存在系统盘的%System%\System32\dhcp 文件夹下，其中 dhcp.mdb 是数据库文件，存储着作用域、租约地址等信息，其他文件都是辅助文件，如扩展名为“.log”的文件是数据库日志文件，j50.chk 是检查点文件。

目录中的“backup”文件夹为系统自动备份 DHCP 数据库时默认的文件夹，系统默认每隔 60 分钟自动备份一次。当然，也可以手动备份，只需要在控制台窗口中右击 DHCP 服务器，选择“备份”命令，然后设置数据库备份的路径即可。

2. DHCP 数据库的还原

当 DHCP 数据库遭到破坏时，可以使用备份的数据库还原。需要证明的是，在还原时，系统会要求先停止 DHCP 服务，然后执行数据恢复，数据恢复后，自动启动 DHCP 服务。

3. 协调作用域

如果还原后出现数据不一致的情况，可以使用协调作用域命令来处理。例如，存放在作用域租约信息中的客户端 IP 地址不正确的或信息遗失，需要协调作用域。

4. 修复与压缩数据库

利用 Jetpack 实用程序可以对 DHCP 数据库进行修复和压缩，压缩数据库可以提高数据库的执行效率，特别是大型比较繁忙的数据库，建议每月运行 Jetpack 程序压缩一次。

运行 Jetpack 程序时，需要先停止 DHCP 服务，然后对数据库进行压缩和修复，修复完成后再启动 DHCP 服务。Jetpack 程序的语法结构如下：

Jetpack <原数据库名> <目标数据库名>

运行 Jetpack 程序修复与压缩数据库的操作步骤如下：

① 单击“开始”→“所有程序”→“附件”→“命令提示符”，打“开命令提示符”窗口。

② 在命令提示符下输入如下命令：

```
cd c:\windows\system32\dhcp          //切换到DHCP目录
net stop dhcpserver                  //停止DHCP服务
jetpack dhcp.mdb tmp.mdb             //压缩数据库
net start dhcpserver                 //启动DHCP服务
```

程序的执行结果如图 7-34 所示。

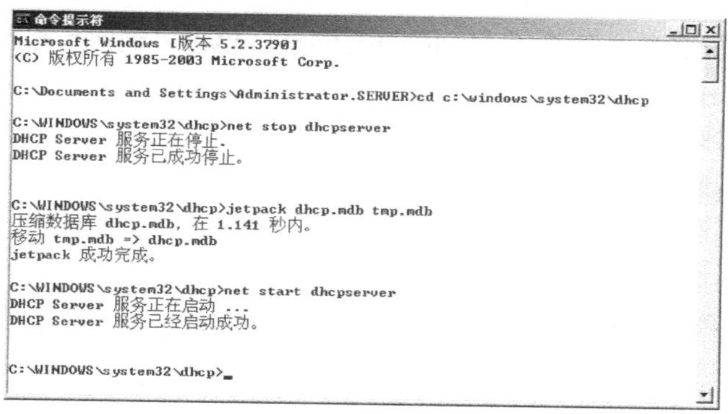

图 7-34 运行 Jetpack 程序修复与压缩数据库

任务实施

1. 数据的备份与恢复

① 备份数据库。打开 DHCP 管理窗口，在左侧导航树中右击服务器，选择“备份”命令，如图 7-35 所示，打开“浏览文件夹”窗口。

② 在 C 盘下新建名称为“dhcp-backup”的文件夹，并选中，作为备份文件夹。如图 7-36 所示。

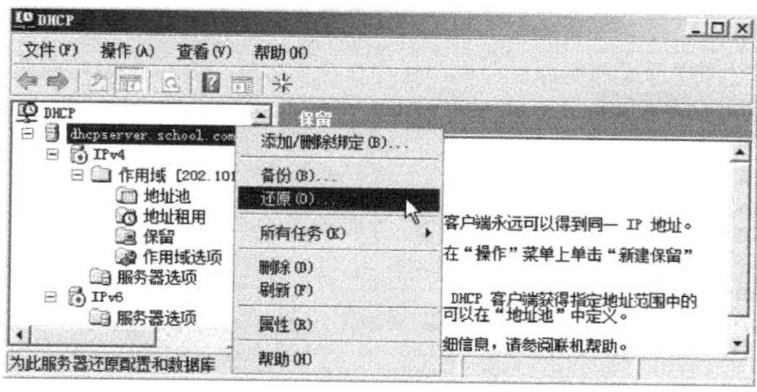

图 7-35 备份数据库

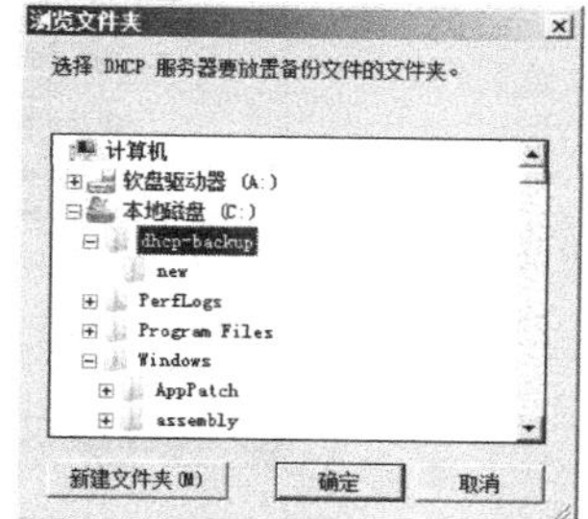

图 7-36 新建并选中“dhcp-backup”文件夹

③ 将系统盘%System%\System32\dhcp 文件夹中的数据删除，模拟数据库遭到破坏的情况，如果不能删除，可以先在服务器上右击，选择“所有任务”中的“停止”命令，如图 7-37 所示，停止 DHCP 服务，再删除，最后选择 “所有任务”中的“启动”命令，如图 7-38 所示，开启 DHCP 服务。

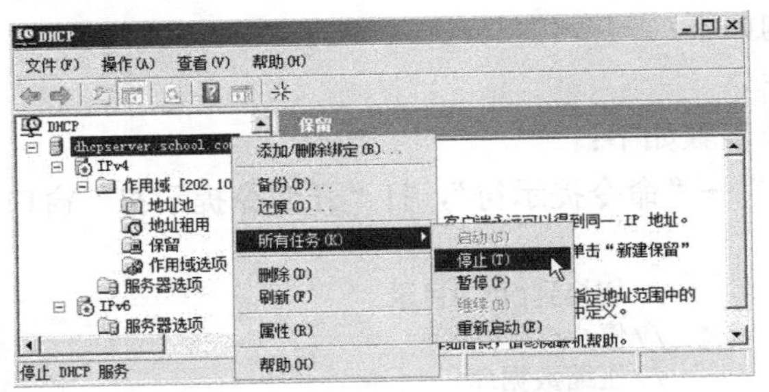

图 7-37 停止 DHCP 服务

图 7-38 启动 DHCP 服务器

④ 恢复数据库。在 DHCP 服务器上右击，选择“还原”命令，如图 7-39 所示，打开 “浏览文件夹”窗口，选择备份文件夹“C:\ dhcp-backup”，单击“确定”按钮。

⑤ 系统弹出“DHCP”提示窗口，如图 7-40 所示，选择“是”。系统会先停止服务，然后恢复数据库，再启动服务。

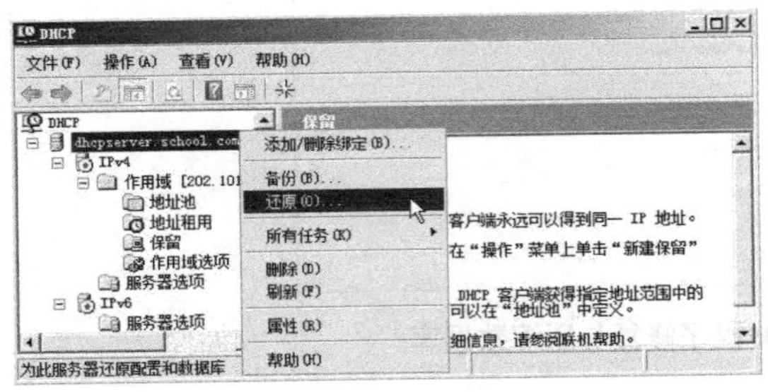

图 7-39 还原 DHCP 数据库

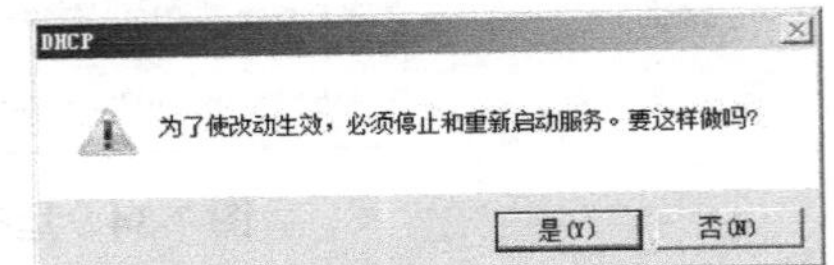

图 7-40 停止和重新启动服务 DHCP 提示窗口

⑥ 协调作用域。如果出现数据不一致的情况，需要协调作用域，可以在“作用域”上右击，选择“协调”命令，如图 7-41 所示，在出现的对话框中单击“验证”按钮，让系统自动比较，自动调整处理即可。

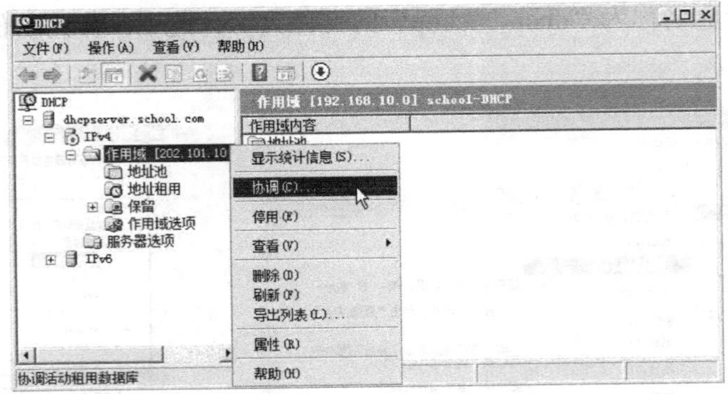

图 7-41 协调作用域

除此之外，也可以右击 DHCP 服务器，选择“协调所有作用域”命令，协调该服务器下的所有作用域。

说明： 如果要将旧的 DHCP 服务器的数据库迁移到新的 DHCP 服务器，同样需要备份旧数据库，然后停止新服务器，将数据迁移到新服务器，再执行还原，启动新服务器即可。

2．整理压缩数据库

① 单击“开始”→“所有程序”→“附件”→“命令提示符”，打开“命令提示符”窗口。

② 在提示符下输入下列命令：

```
cd  c:\windows\system32\dhcp              //切换到DHCP目录
net  stop  dhcpserver                     //停止DHCP服务
jetpack  dhcp.mdb  tmp.mdb                //压缩数据库
net  start  dhcpserver                    //启动DHCP服务
```

执行结果如图 7-42 所示，数据库被压缩后，能够提高执行效率。

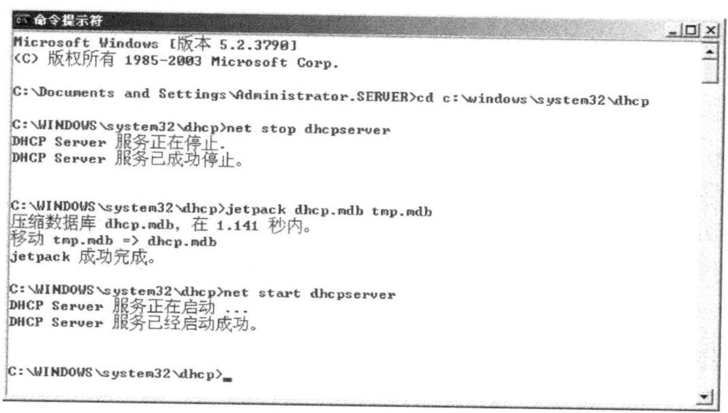

图 7-42　Jetpack 程序执行结果

项目评价

项目 7　分任务完成情况评价表

任务名称	配分	评分要点	自评	组长评价	教师评价
任务 1	30 分	正确安装 DHCP 服务器，成功授权			
任务 2	30 分	作用域、排除地址配置正确			
任务 3	10 分	客户端能够获取 IP 地址			
任务 4	10 分	打印室计算机能够获得指定 IP 地址			
任务 5	20 分	成功备份、恢复、压缩数据库			
项目总体评价（总分）					

习题 7

一、填空题

1．DHCP 是__________的英文简称，服务器通过该协议可以动态分配 IP 地址给客户端。

2. ________是合法的 IP 地址范围，在设定时必须遵循 TCP/IP 协议，这个范围内的 IP 地址可以租借给 DHCP 客户端。

3. 在域环境的网络中，DHCP 服务器安装后需要经过________才能向客户端分配 IP 地址。

4. 在 DHCP 分配的 IP 地址范围中，不允许分配给客户端使用的 IP 地址，称为________。

5. ________是 DHCP 服务器在分配 IP 地址时，固定分配给特定客户端的地址，要设置保留地址，必须将特定客户端的________与 IP 地址绑定。

二、简答题

1. 什么是排除地址？什么是保留地址？
2. 如何查看计算机网卡的 MAC 地址？
3. 什么样的 DHCP 服务器可以被授权，分别如何进行授权操作？
4. 利用 Jetpack 程序修复与压缩数据库的步骤是什么？

项目实践 7

某公司的局域网是一个域环境的网络，原来所有计算机的 IP 地址都是手动分配的，现在公司扩大网络规模，为简化网络管理，拟采用 DHCP 服务器自动分配 IP 地址，公司的网络地址为 192.163.1.0/24，DNS 服务器的地址为 192.163.1.1，有计算机 200 台，服务器 3 台，分别为域控制器、DHCP 服务器和 Web 服务器，另外，公司销售部的一台计算机要求有相对固定的 IP 地址。所有服务器都安装 Windows Server 2008 操作系统，客户端安装 Windows 7 操作系统。

请为公司网络合理规划 IP 地址，配置 DHCP 服务器，为客户端自动分配 IP 地址，并压缩、备份数据库。

配置与管理 DNS 服务器

知识目标

- 了解 DNS 和域名空间的概念；
- 了解域名解析的过程；
- 掌握什么是主要区域、辅助区域和存根区域；
- 掌握 nslookup 命令的使用；
- 掌握什么是主 DNS 服务器、辅助 DNS 服务器和缓存 DNS 服务器；
- 掌握区域传送的两种方式。

技能目标

- 能够安装 DNS 服务；
- 能够创建正向查找区域和反向查找区域；
- 能够在区域中创建常用资源记录；
- 能够正确配置 DNS 客户端；
- 能够配置辅助 DNS 服务器，并能够配置区域传送。

项目描述

海滨高职校网络的域名为 school.com，网关为 202.101.101.254，学校有 5 台服务器，分别为 DNS 服务器（FQDN 为 dns.school.com，IP 地址为 202.101.101.11/24）、Web 服务器（FQDN 为 web.school.com，IP 地址为 202.101.101.12/24）、FTP 服务器（FQDN 为 ftp.school.com，IP

地址为 202.101.101.13/24）、电子邮件服务器（FQDN 为 E-mail.school.com，IP 地址为 202.101.101.14/24），另外，还有一台辅助 DNS 服务器（FQDN 为 DNSbackup.school.com，IP 地址为 202.101.101.20/24），客户端为 Windows 7 操作系统，其中一台客户端的 IP 地址为 202.101.101.21/24。

请您为海滨高职校搭建 DNS 服务器和辅助 DNS 服务器，要求如下：

1）DNS 服务器对上述 FQDN 能够正向、反向解析，用户通过 http://www.school.com 可以访问学校的网站。

2）配置辅助 DNS 服务器，当主 DNS 服务器故障或负载严重时，辅助 DNS 服务器提供域名解析。

项目分析

1. 搭建 DNS 服务器

搭建 DNS 服务器首先要安装 DNS 服务，然后创建正向、反向查找区域，再在区域中创建各种资源记录，最后，配置 DNS 客户端，并使用 nslookup 命令测试 DNS 服务器的配置。

2. 搭建辅助 DNS 服务器

当 DNS 服务器故障、关闭或负载严重时，辅助 DNS 服务器会自动提供解析服务，辅助 DNS 服务器也是要先安装 DNS 服务，然后创建正向、反向辅助区域，将 DNS 服务器主要区域的数据通过区域传送的方式复制到辅助 DNS 服务器的辅助区域，最后关闭 DNS 服务器，模拟故障状态，测试辅助 DNS 服务器。

项目分任务

任务 1：安装 DNS 服务
任务 2：创建正向与反向查找区域
任务 3：创建资源记录
任务 4：DNS 客户端的配置
任务 5：配置辅助 DNS 服务器

项目准备

① 两台服务器，分别安装 Windows Server 2008 操作系统，一台作为 DNS 服务器，一台作为辅助 DNS 服务器。

② 一台客户端，安装 Windows 7 操作系统。

项目分任务实施

任务 1　安装 DNS 服务

任务描述

在 DNS 服务器上安装 DNS 服务。

知识要点

1. 什么是 DNS

DNS 是 TCP/IP 协议簇中的一种标准服务，用来实现 IP 地址与 FQDN（完整的域名）之间的映射，IP 地址和 FQDN 的映射关系保存在 DNS 服务器的数据库中，既可以将 IP 地址解析为 FQDN，也可以将 FQDN 解析为 IP 地址。

2. 什么是域名空间

域名空间是一个层次式的树状结构，根域位于层次结构的顶层，在根域下名称空间被划分成若干个顶级域，每个顶级域都授权相应的部门管理；顶级域下又划分为若干个二级域，并由相应的机构管理；二级域下又可能划分为下一级子域或直接是主机，由相应的机构部门管理。以这样的方式进行域名空间划分和委派管理，使域名空间像一棵倒置的树。如图 8-1 所示。

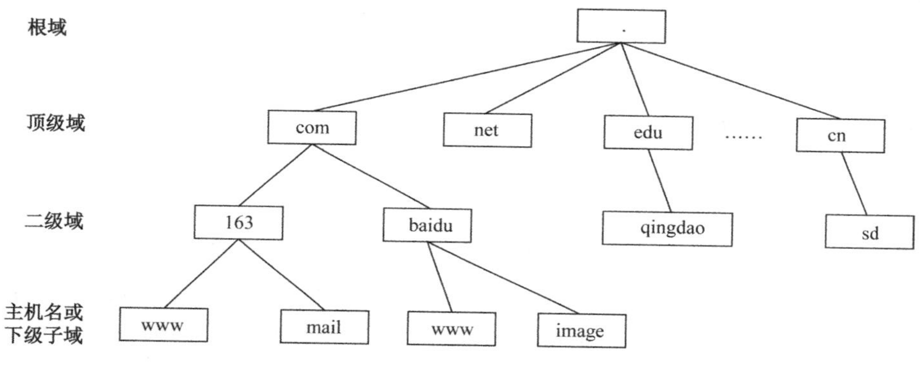

图 8-1　域名空间

通常一个典型的 FQDN 由主机名、子域、二级域、顶级域和根域组成。FQDN 各部分如下表所示，例如，www.tsinghua.edu.cn，其中，www 是主机名，tsinghua 是子域（三级域），edu 是二级域，cn 顶级域，在顶级域后是根域，用“.”表示，通常省略不写。

域	描述
根域	位于域名空间的顶层，根域服务器对互联网上所有的 FQDN 都享有完全的解析权
顶级域	域名空间的第二层结构，根据组织性质和地理位置代码来分类，并由专门的机构管理，常见如.com 表示商业机构，.net 表示网络服务机构，.org 表示非营利组织，.gov 表示政府机构，.edu 表示教育机构，.cn 表示中国地区
二级域	二级域是在顶级域下面又划分的区域
子域	在二级域下可以再划分子域，子域下面可以再划分下级子域，或直接挂接主机
主机名	域名空间的最下层是主机，通过主机名表示特定资源，如 ftp 表示 FTP 服务器，www 表示 WWW 服务器

3. 域名解析的过程

当我们浏览网站时，通常会在地址栏中输入网址，例如 http://www.microsoft.com，以此说明域名解析的过程。

第 1 步：当用户在地址栏输入 http://www.microsoft.com 并回车时，客户端会向客户端所设置的 DNS 服务器发出查询请求。

第 2 步：DNS 服务器会根据 www.microsoft.com 查询数据库文件，如果没有相应的记录，则向根域服务器发送 com 域名的请求，根域服务器会返回 com 域名服务器的 IP 地址，要求客户端去查询 com 域名服务器。

第 3 步：客户端向 com 域名服务器请求域名解析，com 域名服务器会根据域名查询数据库文件中的记录，返回 microsoft.com 域名服务器的 IP 地址。

第 4 步：客户端向 microsoft.com 域名服务器请求域名解析，microsoft.com 域名服务器会查询数据库文件中的记录，返回 www.microsoft.com 服务器的 IP 地址。

第 5 步：最后客户端根据返回的 IP 地址，连接到 www.microsoft.com 网站服务器，查询过程结束。

但如果每次查询都经过这么复杂的过程，不但会花费较长时间，并且当访问量较大时产生大量的网络流量，阻塞网络，因此在查询完成后，客户端设置的 DNS 服务器会将查询结果记录在 DNS 缓存中，这样当其他客户端查询此 FQDN 时，就可以立即回应客户端的查询。当然，缓存通常不会一直保留这些记录，经过一段时间（这段时间称为 TTL）后，DNS 服务器会删除到期的记录。

4．正向解析和反向解析

上述的解析过程是将 FQDN 解析为 IP 地址，称为正向解析，要实现正向解析，须在 DNS 服务器上创建一个正向查找区域。

如果是将 IP 地址解析为 FQDN，则称为反向解析，要实现反向解析，须在 DNS 服务器上创建一个反向查找区域。反向域名的顶级域名是 in-addr.arpa，由两部分组成，域名前半部分是网络地址的反向书写，后半部分是 in-addr.arpa。例如要针对网络地址 192.168.10.0 提供反向解析功能，则此反向域名必须是 10.168.192. in-addr.arpa。

 任务分析

DNS 服务器需要有固定的 IP 地址，DNS 服务作为服务器的一个服务组件，使用前必须首先安装。

 任务实施

1．设置 DNS 服务器的 IP 地址与计算机名称

① 启动 DNS 服务器，将 IP 地址设为 202.101.101.11，子网掩码设为 255.255.255.0，网关设为 202.101.101.254，首选的 DNS 服务器设为 202.101.101.11。

② 将计算机名称改为“DNS”，并重启服务器。

2．安装 DNS 服务

① 单击“开始”→“管理工具”→“服务器管理”，打开“服务器管理”窗口，在左侧导航树中单击“角色”，在“角色摘要”中单击“添加角色”项，打开“添加角色向导”对话框，显示向导使用说明，单击“下一步”按钮。

② 在“选择服务器角色”窗口中，选择“DNS 服务器”项，如图 8-2 所示，单击“下一步”按钮。如果“DNS 服务器”项已经勾选，说明已经安装。

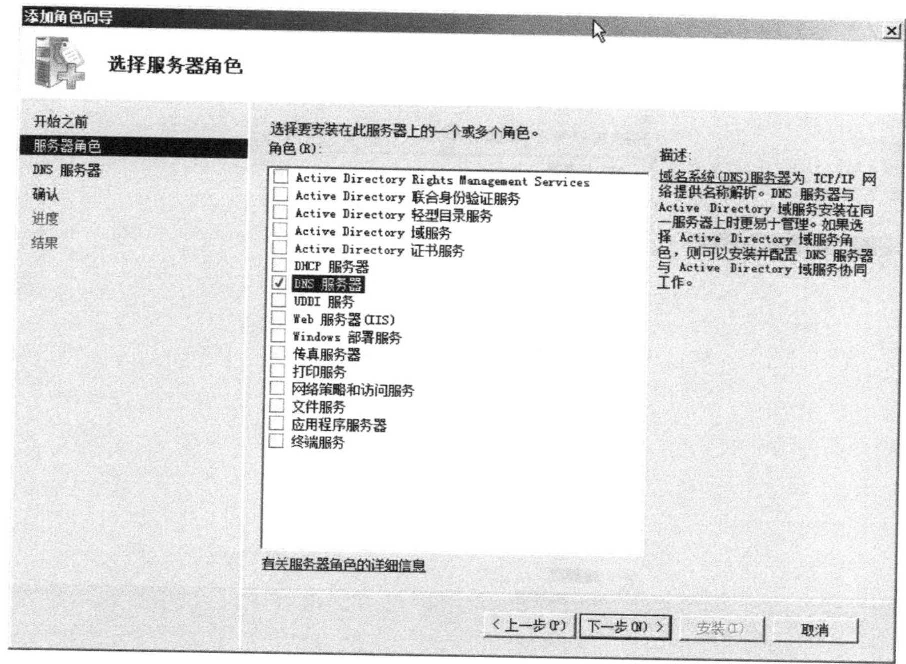

图 8-2　选择服务器角色

③ 显示 DNS 服务器简介，单击“下一步”按钮，在“确认安装选择”中确认安装的服务器角色，如图 8-3 所示，单击“安装”按钮，开始安装 DNS 服务器角色。

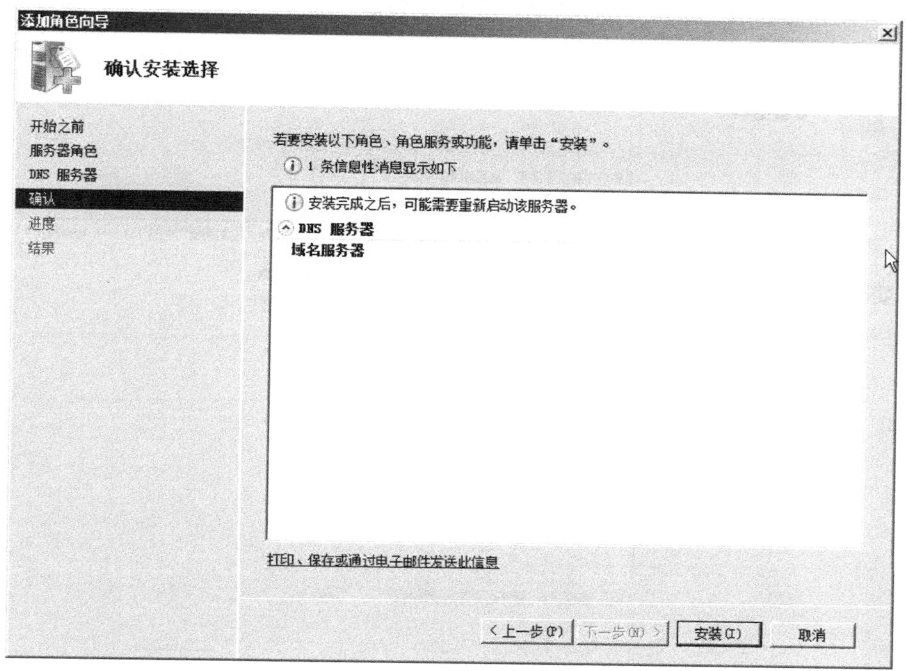

图 8-3　确认安装选择

④ 在“安装进度”中，显示安装 DNS 服务器角色的安装进度，如图 8-4 所示。

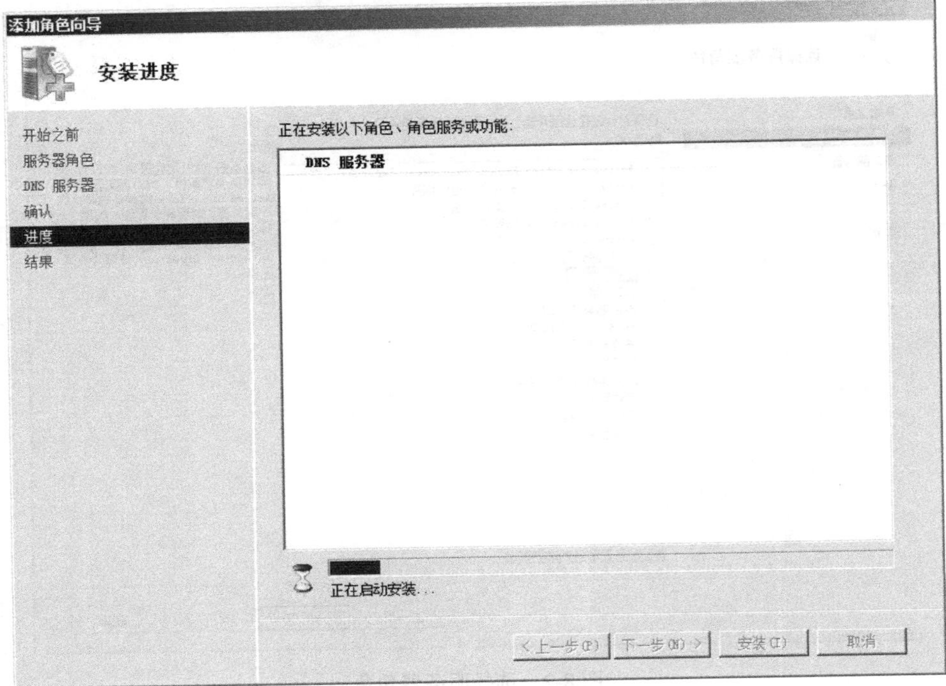

图 8-4　安装进度

⑤ 在“安装结果”中，显示 DNS 服务器角色的安装已经完成。如图 8-5 所示，单击“关闭”按钮，关闭“添加角色向导”对话框，完成安装。

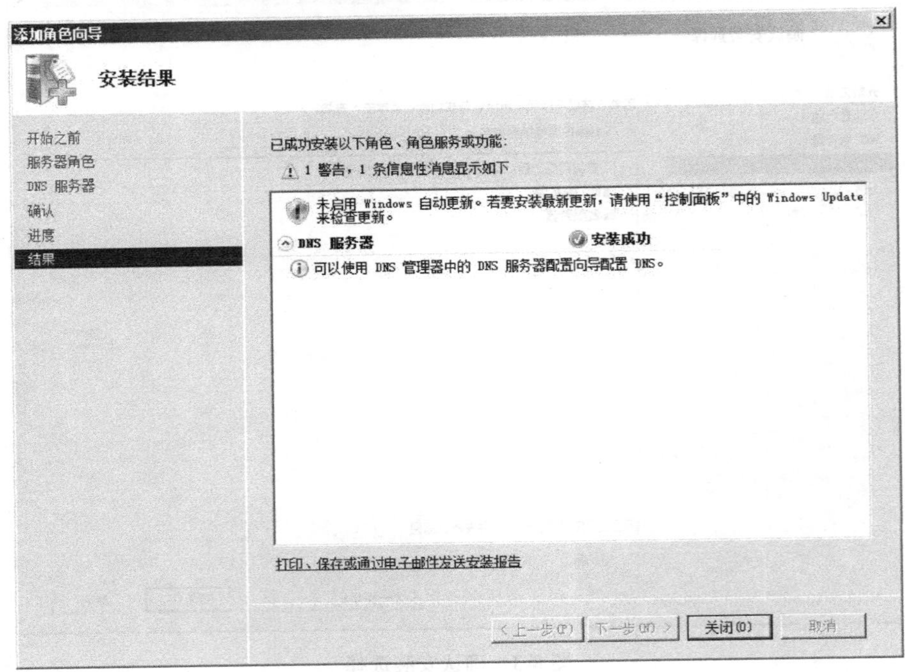

图 8-5　安装结果

⑥ 在“服务器管理器”窗口中显示 DNS 服务器已经安装好，如图 8-6 所示。

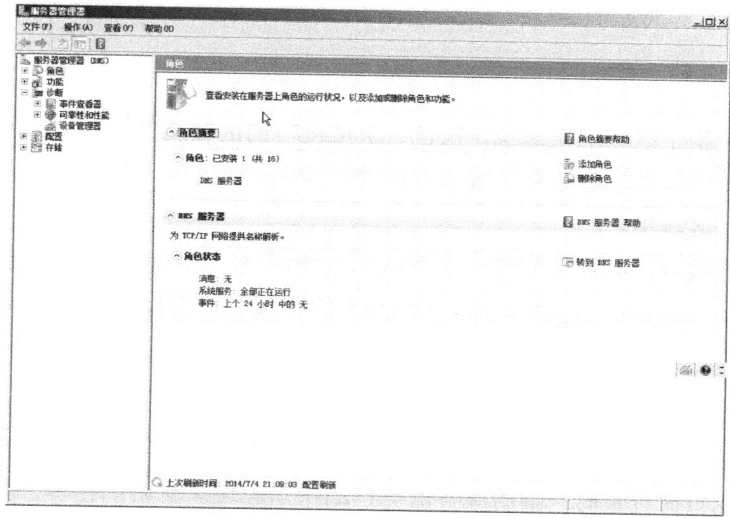

图 8-6　“服务器管理器”窗口

3. 打开 DNS 管理窗口

单击“开始”→“管理工具”→“DNS”命令，可以打开“DNS 管理器”窗口，如图 8-7 所示。

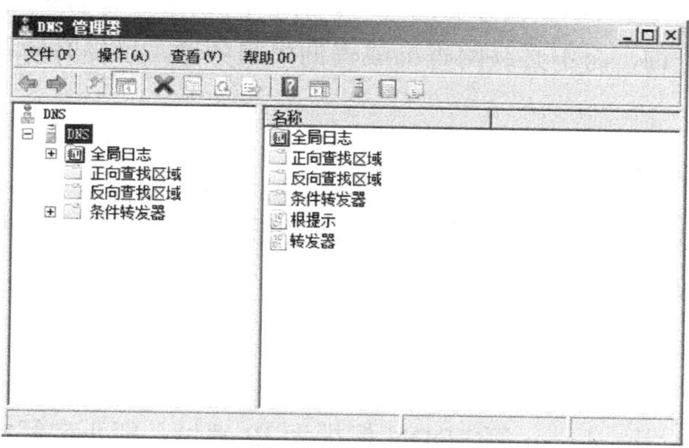

图 8-7　DNS 管理器

任务 2　创建正向与反向查找区域

任务描述

在 DNS 服务器上创建正向查找区域 dns.school.com 和反向查找区域 101.101.202.in-addr.arpa。

知识要点

1. 区域类型

为了实现不同的功能，DNS 服务器上可创建不同类型的区域，主要分为主要区域、辅助区域和存根区域。

（1）主要区域

主要区域作为整个区域的信息源，包含一个可读写的区域文件，区域的所有变化都记录在此文件中。管理员可以直接对主要区域的数据进行操作，通过区域传输机制还可以将主要区域的文件复制到辅助区域中。

在创建主要区域时，只需要创建一个默认的主要区域，当 DNS 服务器也是域控制器时，则需要创建与活动目录集成的主要区域，使 DNS 的区域文件也存在活动目录的数据库中。

（2）辅助区域

辅助区域是主要区域的副本，只能读取数据，不能写入数据，但可以通过区域复制的方式获得主要区域的数据，并且辅助区域中的区域文件不能存储于活动目录中。当主要区域服务器出现故障、关闭或负荷过重时，辅助服务器会自动担当起域名解析的任务，起到容错和均衡负载的作用。

（3）存根区域

存根区域同样也是主要区域的副本，但它与辅助区域不同，区域复制时，只复制主要区域的 NS 记录、A 记录和 SOA 记录。由于存根服务器没有起到容错和负载均衡作用，因此只是作为备用区域使用。为了便于 DNS 服务器的管理，存根区域保存着 DNS 服务器的列表，可以通过服务器列表来递归查询，而不必联网查询或查询根服务器，以提升解析率，缩短客户端的请求时间。

2. 正向查找区域与反向查找区域

将 FQDN 解析为 IP 地址为正向解析，需要创建正向查找区域；将 IP 地址解析为 FQDN 为反向解析，需要创建反向查找区域。

任务分析

在客户端要将 dns.school.com 等 FQDN 解析为 IP 地址，即正向解析，需要先创建正向查找区域 school.com；如果客户端需要通过 IP 地址查询 FQDN，即反向解析，则需要创建反向查找区域 101.101.202.in-addr.arpa。

任务实施

1. 创建正向查找区域

① 在 DNS 服务器中，单击“开始”→“管理工具”→“DNS”命令，打开“DNS 管理器”窗口。

② 在 DNS 导航树中的“正向查找区域”上右击，选择“新建区域”命令。如图 8-8 所示，打开“新建区域向导”对话框，单击“下一步”按钮。

③ 在“区域类型”中选择“主要区域”单选按钮，如图 8-9 所示。单击“下一步”按钮。

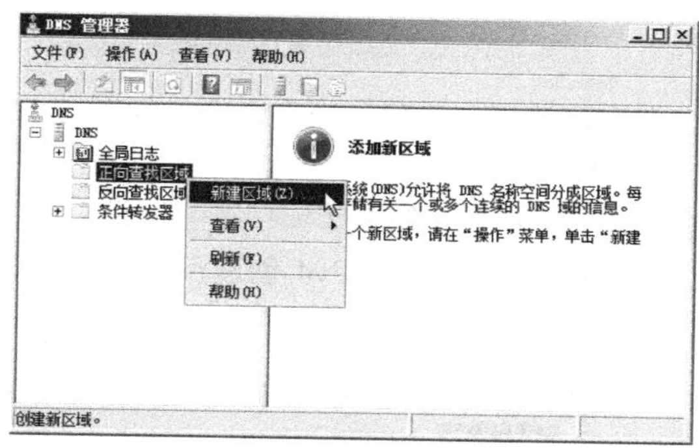

图 8-8　新建正向查找区域

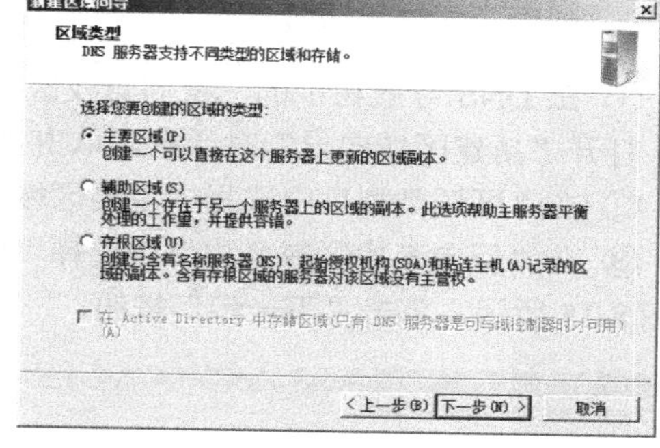

图 8-9　区域类型

④ 在“区域名称”中输入域名“school.com”，如图 8-10 所示。单击“下一步”按钮。

⑤ 在“区域文件”中，默认选择“创建新文件，文件名为”，并且使用域名加.dns 作为文件名，当然，也可以选择使用已经有的文件。在此使用默认设置，如图 8-11 所示。单击“下一步”按钮。

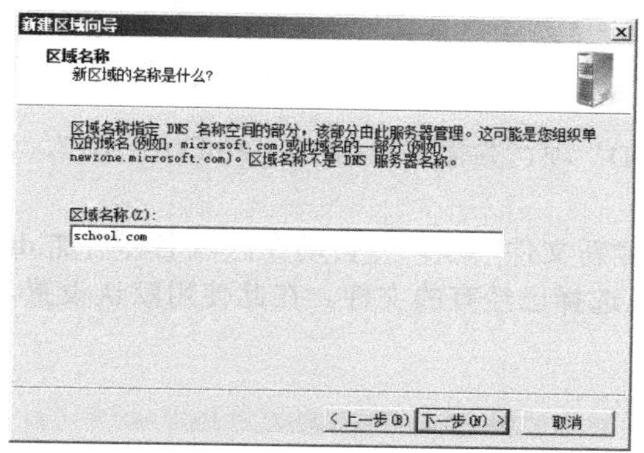

图 8-10　区域名称

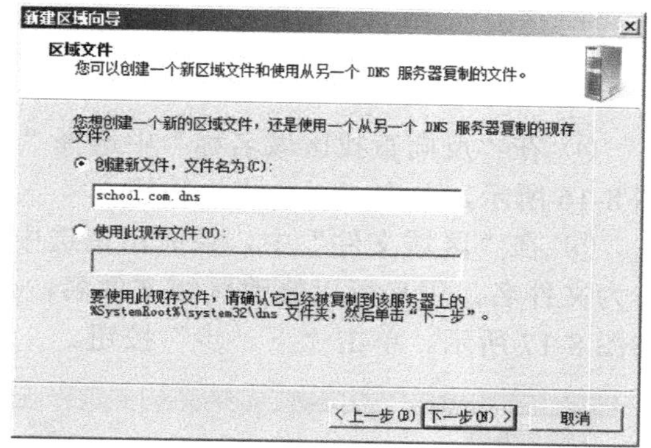

图 8-11　区域文件

⑥ 在“动态更新”中可选择资源记录是接受动态更新还是不允许动态更新，在此选择“不允许动态更新”，不接受资源记录的动态更新，如图 8-12 所示。单击“下一步”按钮。

⑦ 在“正在完成新建区域向导”中显示了正向查找区域的配置信息，如果配置正确，单击“完成”按钮，完成正向查找区域的创建，如图 8-13 所示。如果配置错误，可以单击“上一步”按钮，返回重新配置。

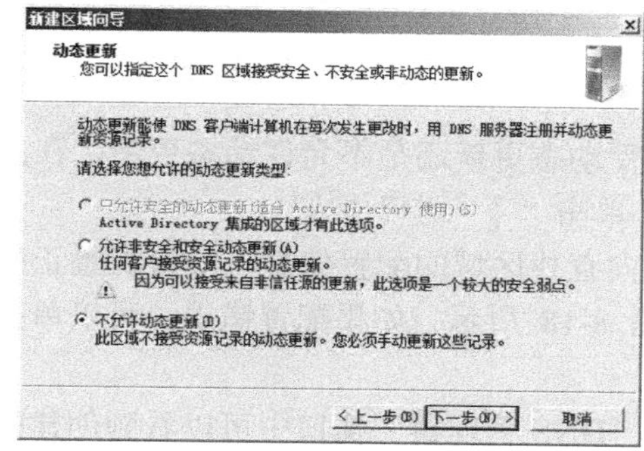

图 8-12　动态更新

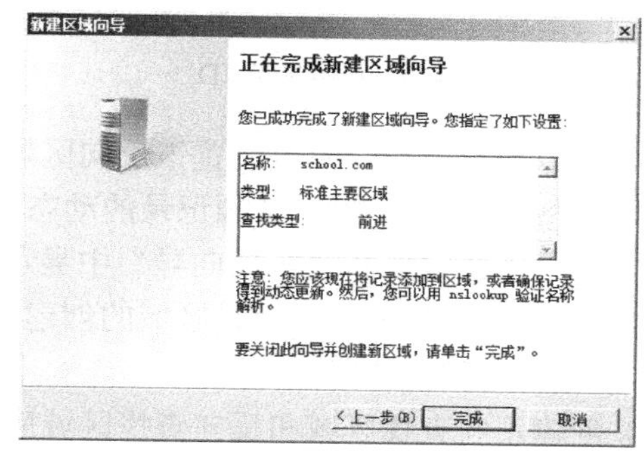

图 8-13　正在完成新建区域向导

2. 创建反向查找区域

① 在 DNS 导航树中的“反向查找区域”上右击，选择“新建区域”命令。如图 8-14 所示，打开“新建区域向导”对话框，单击“下一步”按钮。

② 在“区域类型”中选择“主要区域”，单击“下一步”按钮。

③ 在“反向查找区域名称”中选择“IPv4 反向查找区域”，为 IPv4 创建反向查找区域，如图 8-15 所示，单击“下一步”按钮。

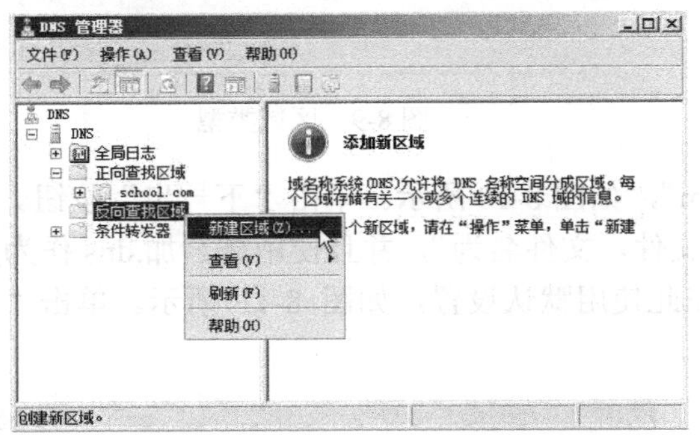

图 8-14 新建反向查找区域

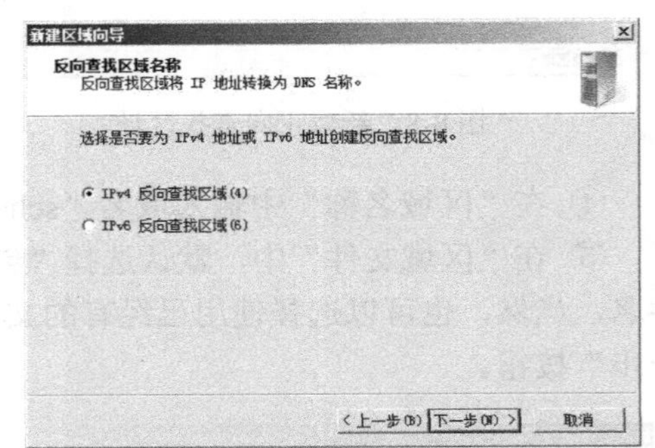

图 8-15 反向查找区域名称

④ 在“反向查找区域名称”中选择“网络 ID”项，并输入网络 ID“202.101.101”，如图 8-16 所示，单击“下一步”按钮。

⑤ 在“区域文件”中，系统默认选中“创建新文件”项，并自动在区域名称后加.dns 作为文件名，用户可以修改区域文件名，也可以选择已经有的文件。在此使用默认设置，如图 8-17 所示。单击“下一步”按钮。

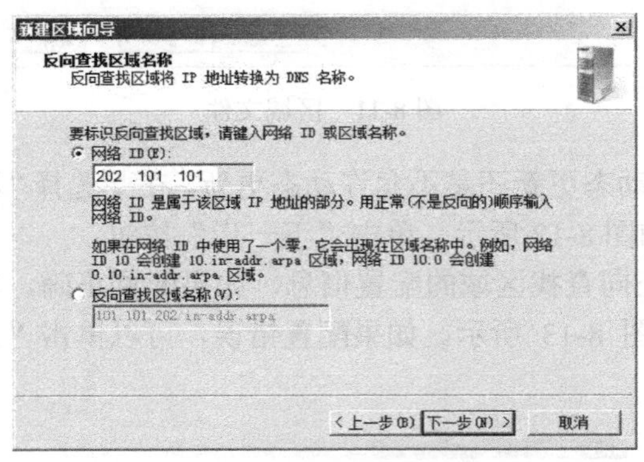

图 8-16 设置网络 ID

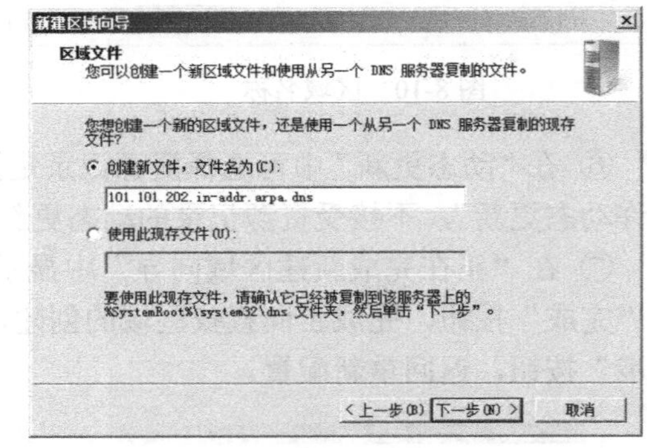

图 8-17 区域文件

⑥ 在“动态更新”中可设置该反向区域是接受动态更新还是不允许动态更新，在此选择“不允许动态更新”，不接受资源记录的动态更新。单击“下一步”按钮。

⑦ 在“正在完成新建区域向导”中显示了反向查找区域的配置信息，如果配置正确，单击“完成”按钮，完成反向查找区域的创建，如图 8-18 所示。如果配置错误，可以单击“上一步”按钮，返回重新配置。

⑧ 创建正向查找区域和反向查找区域后，在“DNS 管理器”窗口中可以看到创建的两个区域。如图 8-19 所示。

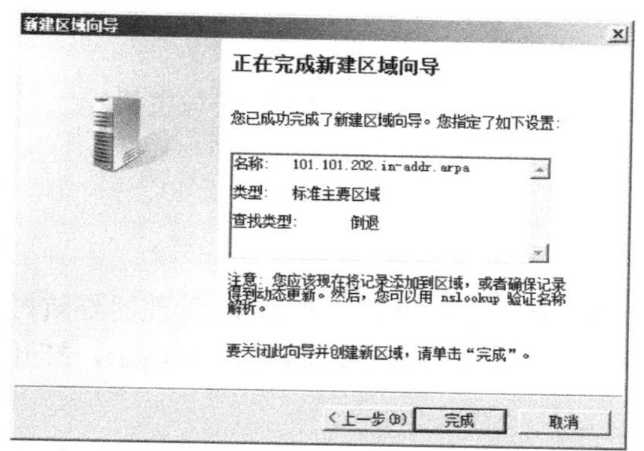

图 8-18　正在完成新建区域向导

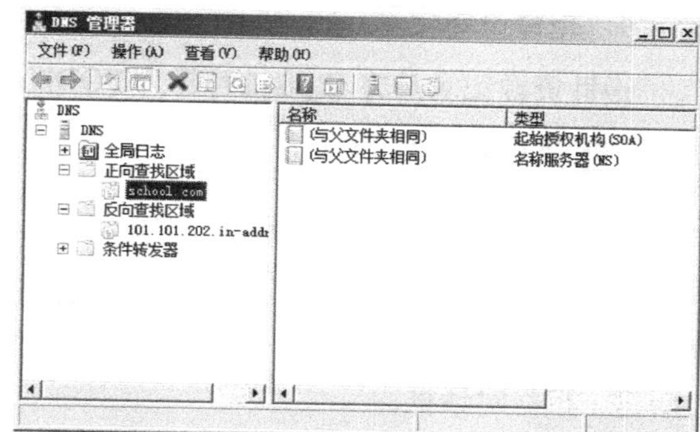

图 8-19　"DNS 管理器"中可以看到创建后的区域

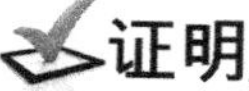
证明

如果 DNS 服务器需要为多个 IP 网段提供反向域名解析服务，则要创建多个反向查找区域。

任务 3　创建资源记录

任务描述

在 DNS 服务器上创建如下资源记录。

① 创建主机资源记录 dns.school.com、web.school.com 和 ftp.school.com 和 E-mail.school.com。

② 创建邮件交换器记录 E-mail.school.com。

③ 创建别名记录 www.school.com。

④ 创建指针资源记录 dns.school.com、web.school.com 和 ftp.school.com 和 E-mail.school.com。

知识要点

创建正向和反向查找区域后，就可以在区域中创建资源记录了，资源记录为域名解析提供所需要的信息，主要有以下资源记录。

1．主机资源记录

主机资源记录主要用来记录正向查找区域的主机和 IP 地址，用户可通过该类型的资源记录把 FQDN 解析为 IP 地址。

2．主机别名资源记录

当区域内的主机需要配置多个 FQDN 时，在创建主机资源记录后，可再创建主机别名记录。例如某学校的网站服务器 FQDN 为 WEB.school.com，通常为其创建主机别名记录 www.school.com，这样，用户就可以通过 www.school.com 来访问该学校的网站了。

3．邮件交换器资源记录

邮件交换器资源记录是用来指定区域中的哪台主机负责接收区域的电子邮件。

4．指针资源记录

指针资源记录是将 IP 地址解析为 FQDN，用于记录反向查找区域的 IP 地址与主机。

任务实施

1．创建主机（A）资源记录

① 创建 dns.school.com 主机资源记录。打开“DNS 管理器”窗口，在 DNS 管理器导航树中的“正向查找区域”上右击，选择“新建主机（A 或 AAAA）”命令，如图 8-20 所示，打开“新建主机”对话框。

② 在“名称（如果为空则使用其父域名称）”中输入主机名“dns”，在“IP 地址”中输入 DNS 服务器的 IP 地址“202.101.101.11”， 然后，单击“添加主机”按钮，系统会提示“成功地创建了主机记录”。单击“完成”按钮，完成主机资源记录的创建。

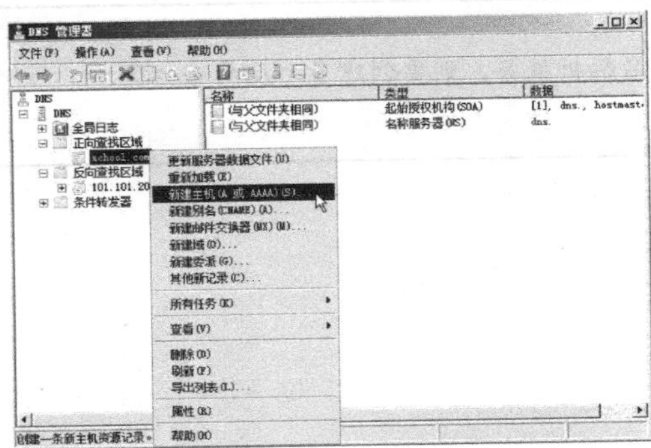

图 8-20　新建主机资源记录

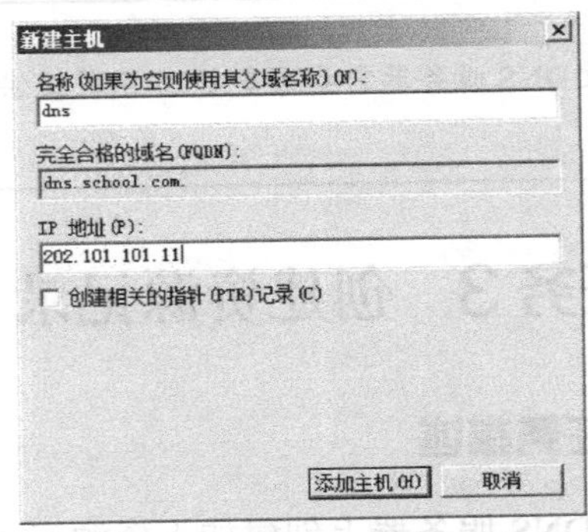

图 8-21　“新建主机”对话框

③ 创建的主机资源记录会显示在“DNS 管理器”窗口的右侧。如图 8-22 所示。

④ 同理，添加 WEB.school.com、FTP.school.com 和 E-mail.school.com 主机资源记录。

2．创建主机别名（CNAME）资源记录

① 创建 www.school.com 主机别名。在 DNS 管理器导航树中的“正向查找区域”上右击，选择“新建别名（CNAME）”命令，打开“新建资源记录”对话框。

② 在“别名”中输入“www”，在“目标主机的完全合格的域名”中单击“浏览”按钮，选择 web.school.com 主机，单击“确定”按钮，如图 8-23 所示，最后，单击“确定”按钮。

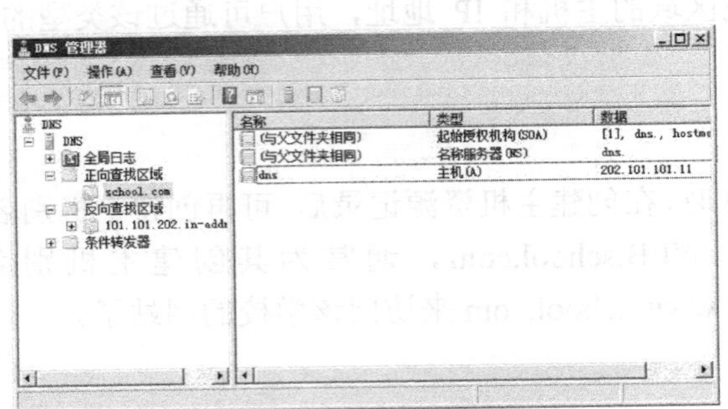

图 8-22　创建后的主机资源记录

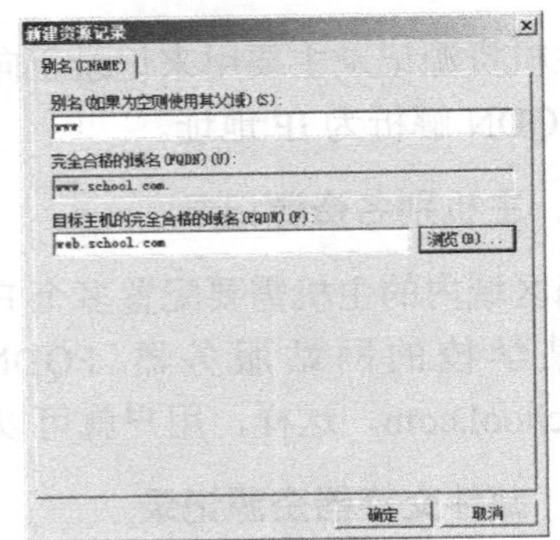

图 8-23　创建主机别名资源记录

③ 主机别名创建后，会在“DNS 管理器”窗口中的右侧显示。如图 8-24 所示，表示 www.school.com 为主机的 web.school.com 别名。

3. 创建邮件交换器（MX）记录

① 在 DNS 管理器导航树中的“正向查找区域”上右击，选择“新建邮件交换器（MX）”命令，打开“新建资源记录”对话框。

② “主机或子域”中可不填写，因为主机负责接收本区域的电子邮件。在“邮件服务器的完全合格的域名”中输入 E-mail.school.com，或单击“浏览”按钮，找到主机 E-mail.school.com，在“邮件服务器优先级”中设置优先级为 10，如图 8-25 所示，数字越小优先级越高，最后单击“确定”按钮。

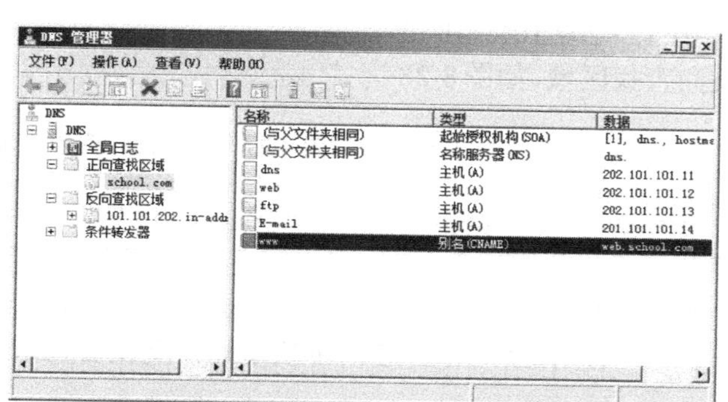

图 8-24　创建后的主机别名资源记录

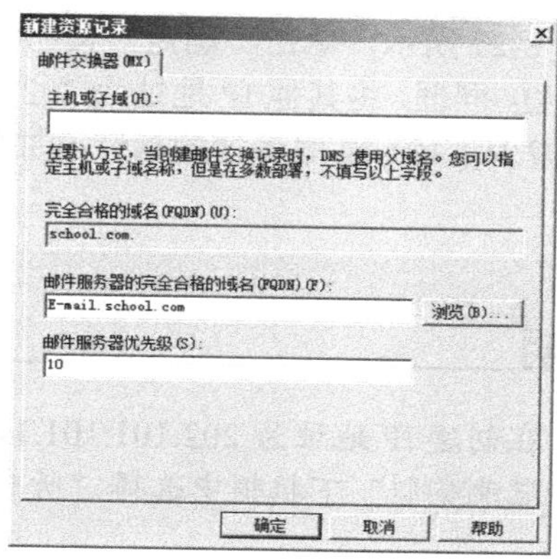

图 8-25　创建邮件交换器记录

③ 邮件交换器记录创建完成后，会在“DNS 管理器”窗口的右侧显示。如图 8-26 所示。

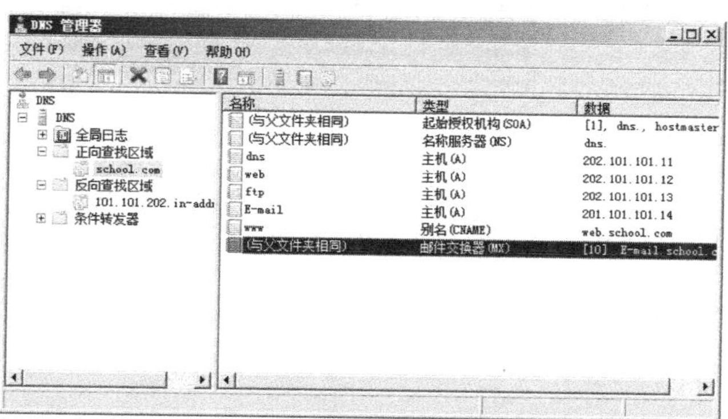

图 8-26　创建后的主机别名资源记录

**证明**

假如学校还有一台邮件服务器，名称为 teacher-mail.school.com，负责接收所有邮箱格式为*@teacher.school.com（school.com 的子域）的邮件，则需要在如图 8-25 所示的“主机或子域”中填写“teacher”子域，在“邮件服务器的完全合格的域名”直接输入 teacher-mail.school.com，优先级根据需要设定。

说明：如果一个区域内有多台邮件服务器，则需要创建多条邮件交换器记录，并通过邮件服务器的优先级来区分，数字越小优先级越高。当其他邮件交换器向这个域内传送邮件时，优先传送给优先级高的邮件服务器，如果传送失败，再传送给优先级低的邮件服务器，如果所有邮件交换器优先级相同，则随机选择一台传送。

4．创建指针资源记录

① 创建 IP 地址为 202.101.101.11 的指针记录。在导航树中的“反向查找区域”上右击，选择“新建指针（PTR）”命令，打开“新建资源记录”对话框。

② 在“主机 IP 地址”中输入 IP 地址 202.101.101.11，在“主机名”中单击“浏览”按钮选择“dns.school.com”主机，如图 8-27 所示，单击“确定”按钮。

③ 同理，将其他 IP 地址为 202.101.101.12、202.101.101.13 和 202.101.101.14 服务器的指针添加到反向查找区域，如图 8-28 所示。

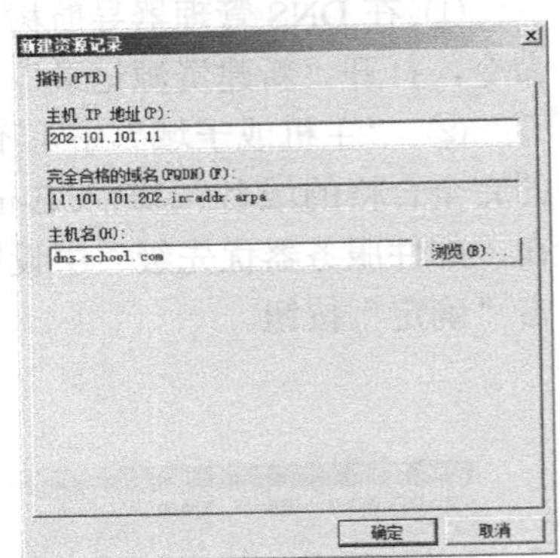

图 8-27 创建指针资源记录

证明

在创建 IP 地址为 202.101.101.14 的指针，单击“浏览”按钮，打开“浏览”窗口时，需要在“记录类型”下拉框中选择“所有记录”，如图 8-29 所示。否则不显示邮件交换器记录。

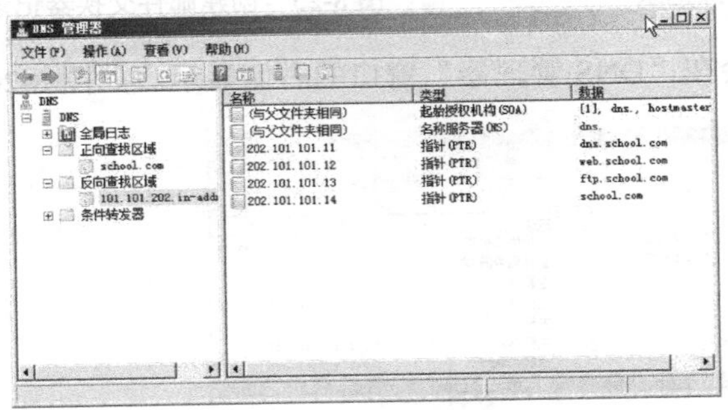

图 8-28 创建后的指针资源记录

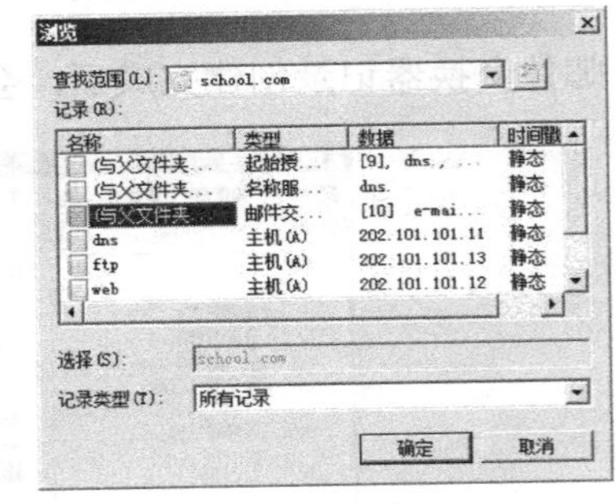

图 8-29 选择主机资源记录

小经验

在创建主机（A）资源记录时，如果在“新建主机”对话框中选择“创建相关指针（PRT）记录”项，如图 8-21 所示。可以同时创建指针。

任务 4 DNS 客户端的配置

任务描述

本任务以 Windows 7 为例，配置 DNS 客户端，并通过客户端测试 DNS 服务器的配置是否正确。

知识要点

1．DNS 客户端的配置

以 Windows 7 为例，如果客户端使用静态的 IP 地址，需要在客户端指定 DNS 服务器。如果网络中有两台 DNS 服务器，可以在客户端指定首选 DNS 服务器和备用 DNS 服务器；如果客户端要指定两台以上的 DNS 服务器，可以在“Internet 协议版本 4（TCP/IPv4）属性”对话框中，单击“高级”按钮，打开“高级 TCP/IP 设置”对话框的“高级”选项卡来设置。如图 8-30 和图 8-31 所示。

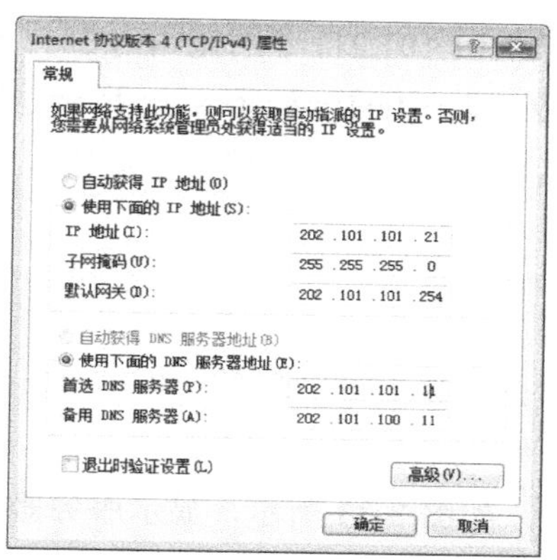

图 8-30　“Internet 协议版本 4（TCP/IPv4）属性”对话框

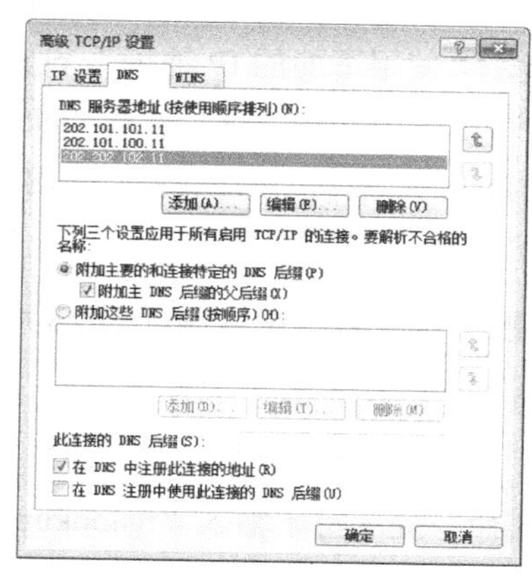

图 8-31　添加多个 DNS 服务器

如果客户端是动态获取 IP 地址，则只要在“Internet 协议版本 4（TCP/IPv4）属性”对话框中选择“自动获取 IP 地址”和“自动获得 DNS 服务器地址”即可，如图 8-30 所示。当客户端申请 IP 地址时，DHCP 服务器除了为客户端分配一个 IP 地址，还会将 DNS 服务器的地址发给客户端，当然，这需要 DHCP 服务器预先配置好 DHCP 选项。

2．nslookup 命令的使用

测试 DNS 服务器的配置，可以使用 nslookup 命令，nslookup 有两种模式：交互模式和非交互模式。

（1）交互模式

当要进行多次解析时，可以使用交互模式，在命令提示符窗口中输入“nslookup”命令，进入命令交互模式，再输入要解析的 FQDN 或 IP 地址，然后，回车即可。

在交互模式下，输入 help 命令，可以获取命令的帮助信息，输入 exit 命令退出交互模式。

（2）非交互模式

如果仅需要一次解析时，可以使用非交互模式，直接在命令提示符窗口中输入“nslookup <要解析的 FQDN 或 IP 地址>”，然后，回车即可。

任务分析

本任务中的客户端采用静态 IP 地址，需要指定 DNS 服务器。测试时，在客户端的命令窗

口中使用 nslookup 命令测试 DNS 服务器。

任务实施

1. 配置 DNS 客户端

① 启动 Windows 7 客户端，单击“开始”，在“网络”图标上右击，选择“属性”命令，打开“网络和共享中心”对话框。

② 单击任务栏中的“管理网络连接”，打开“网络连接”窗口。

③ 右击“本地连接”，选择“属性”命令，打开“本地连接 属性”对话框。

④ 双击“Internet 协议版本 4（TCP/IPv4）”，打开“Internet 协议版本 4（TCP/IPv4）属性”对话框，选择“使用下面的 IP 地址”，设置 IP 地址为 202.101.101.21，子网掩码为 255.255.255.0，默认网关为 202.101.101.254，首选 DNS 服务器为 202.101.101.11，如图 8-32 所示，因为目前只有一台 DNS 服务器，所以备用 DNS 服务器不用指定，两次单击“确定”按钮，完成 DNS 客户端的配置。

2. 使用 nslookup 命令测试 DNS 服务器

① 单击“开始”→“所有程序”→“附件”→“命令提示符”命令，打开“命令提示符”窗口。

② 在命令提示符下输入“nslookup”命令，回车，如图 8-33 所示，显示服务器名称和 IP 地址。

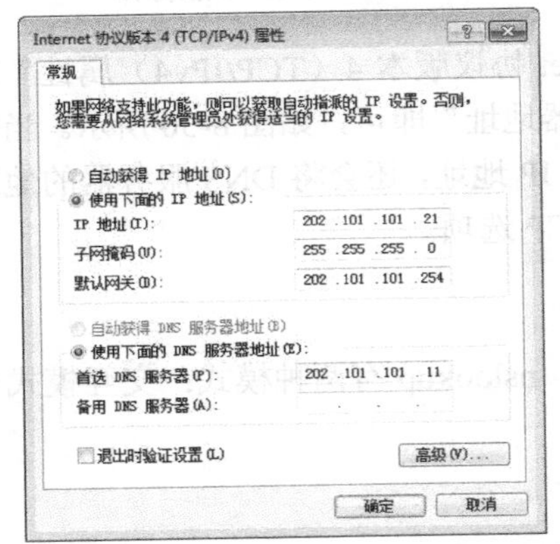

图 8-32　在客户端设置首选 DNS 服务器

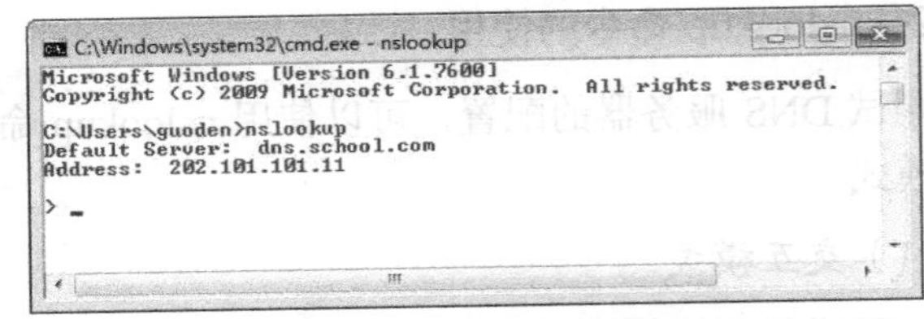

图 8-33　输入“nslookup”命令

③ 测试主机资源记录，在命令提示符下，输入“dns.school.com”，回车，系统将 FQDN 解析为 IP 地址，如图 8-34 所示。同样，可以测试其他的主机记录。

④ 测试别名资源记录。在命令提示符下，输入“set type=cname”命令，回车，修改测试类型为别名资源记录，然后，输入“www.school.com”，此时，系统显示主机别名对应的 FQDN 和 IP 地址信息。如图 8-35 所示。

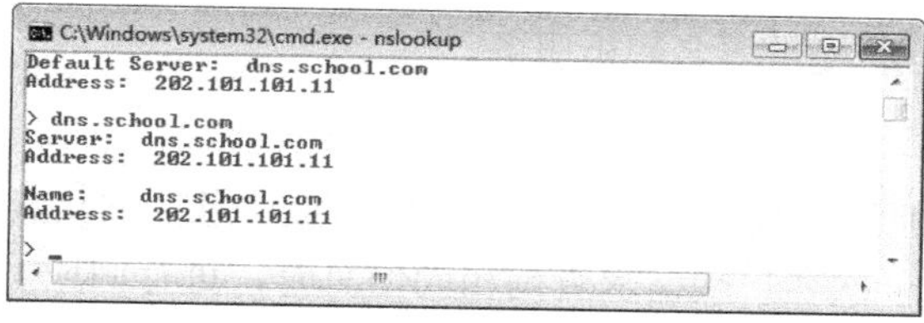

图 8-34　测试主机记录

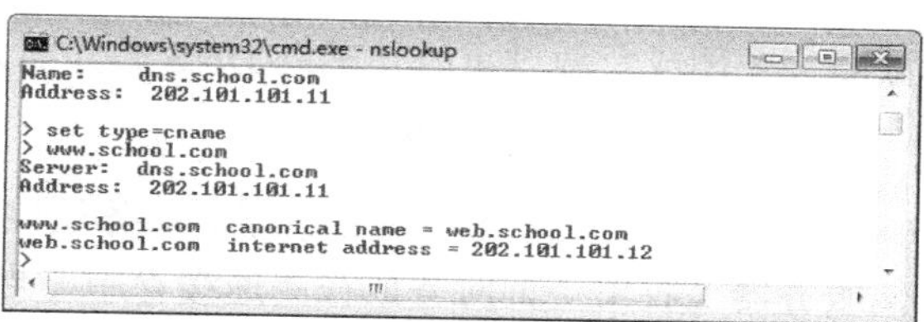

图 8-35　测试别名记录

⑤ 测试邮件交换器记录。在命令提示符下，输入“set type=mx”命令，回车，修改测试类型为邮件交换器记录，输入“E-mail.school.com”，此时，显示邮件交换器对应的 FQDN、IP 地址和优先级信息。如图 8-36 所示。

⑥ 测试指针记录。在命令提示符下，输入“set type=ptr”命令，回车，修改测试类型为测试指针记录，输入服务器的 IP 地址“202.101.101.11”，此时，将 IP 解析为 FQDN，如图 8-37 所示。同样的方法，可以测试其他的指针记录。

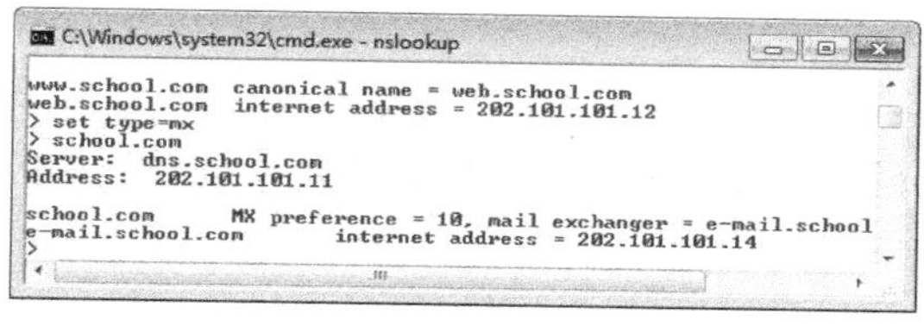

图 8-36　测试邮件交换器记录

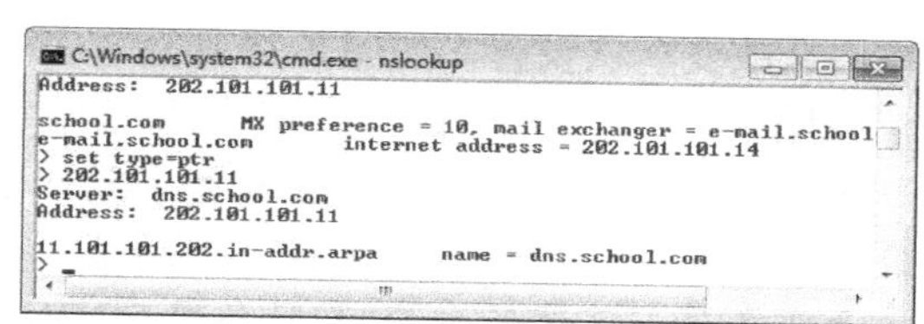

图 8-37　测试指针记录

任务 5　配置辅助 DNS 服务器

任务描述

在辅助 DNS 服务器上安装 DNS 服务，创建正向、反向辅助区域，然后通过区域传输将 DNS 服务器主要区域的数据复制到辅助 DNS 服务器的辅助区域，并配置起始授权机构，设置刷新间隔为 10 分钟，重试间隔为 5 分钟，过期时间为 1 天，最小 TTL 为 1 小时。

知识要点

1. DNS 服务器

DNS 服务器用来存储分布式域名数据库，对 DNS 客户端提供域名解析，根据不同的用途，DNS 服务器主要有以下几种类型。

（1）主 DNS 服务器

主 DNS 服务器需要创建主要区域，存储该区域的源数据，负责维护该区域所有的域名信息，用户可以进行数据修改，可以向辅助 DNS 服务器的辅助区域通过区域传送的方式复制本区域的数据，在以上任务中配置的 DNS 服务器即为主 DNS 服务器。

（2）辅助 DNS 服务器

辅助 DNS 服务器需要创建辅助区域，辅助区域的数据用户不能修改，是由另一台服务器通过区域传送的方式复制来的，仅作为一个副本使用，需要定期更新。当主 DNS 服务器出现故障、关闭或负载过重时，辅助 DNS 服务器会自动提供域名解析服务。

（3）缓存 DNS 服务器

缓存 DNS 服务器可以安装域名服务软件，但没有数据库文件，仅提供间接信息。它从其他服务器上收集查询应答放在高速缓存中，当下一次客户端请求查询相同信息时，进行回应。

2. 区域传送

区域传送用于将主 DNS 服务器的资源记录复制到辅助 DNS 服务器，主要有自动区域传送和手动区域传送两种方式。

（1）自动区域传送

在默认情况下，辅助 DNS 服务器会每隔 15 分钟向主 DNS 服务器请求一次区域传送，以保持资源记录同步。主 DNS 服务器则会依据区域文件版号，将发生变化的区域传输到辅助 DNS 服务器。如果区域传送默认的设置不能满足需求，可以打开区域属性对话框，配置“起始授权机构”来改变默认设置，如图 8-38 所示。

说明：

序列号：区域文件的修订版本号，当区域中的资源记录发生变化时，序列号会增加，它使修改的区域在以后复制到辅助 DNS 服务器。

主服务器：区域的主 DNS 服务器 FQDN。

负责人：区域管理员的电子邮箱地址，可以使用英文句点（.）代替@符号。

刷新间隔：两次区域传输请求的时间间隔。当刷新时间间隔到期时，辅助 DNS 服务器会比较本地 SOA 记录的序列号与主 DNS 服务器的 SOA 序列号，如果不同，则请求区域传送。

重试间隔：当区域传输失败时，重试的时间间隔。

过期间隔：如果主 DNS 服务器到了过期时间间隔，依然没有刷新或更新，那么辅助 DNS 服务器则把本地数据当作不可靠数据。

最小（默认）TTL：区域的默认生存时间与缓存否定名称查找的最大间隔。

（2）手动区域传送

除了自动区域传送，管理员还可以手动操作完成区域传送。操作方法是直接在查找区域上右击，选择“从主服务器传送”命令或“从主服务器重新加载”命令，可以实现区域传送，如图 8-39 所示。

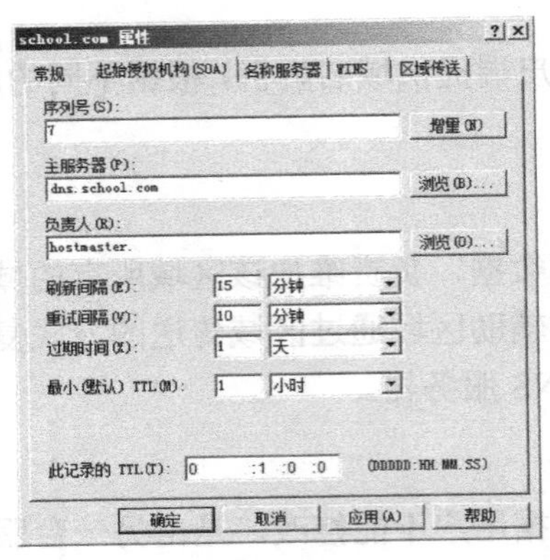

图 8-38 起始授权机构

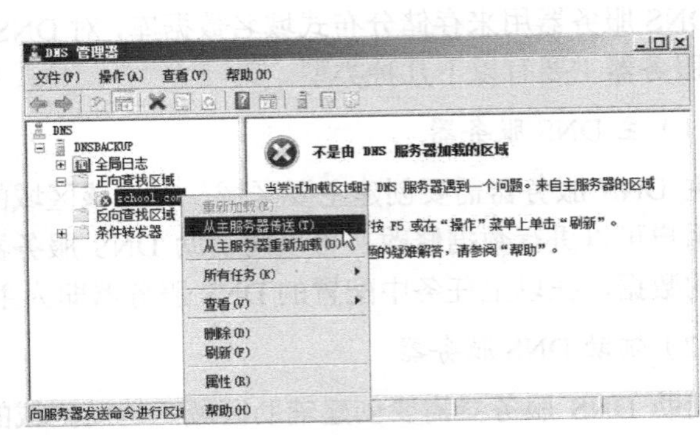

图 8-39 手动区域传送

说明：“从主服务器传送”和“从主服务器重新加载”是有区别的。从主服务器传送是依据记录的序列号来判断自上次区域传送后，主 DNS 服务器是否更新过资源记录，如果更新过，则将更新过的记录复制过来，否则不必复制。而从主服务器重新加载则是不管是否更新过，直接将主 DNS 服务器中所有资源记录复制过来。

任务分析

本任务在创建辅助区域后，以手动方式实现区域复制，然后配置起始授权机构，以后区域复制会按照用户的要求定期自动进行，最后，关闭主 DNS 服务器，模拟故障状态，通过 nslookup 命令测试辅助 DNS 服务器。

任务实施

1. 设置 IP 地址与计算机名称。

① 启动辅助 DNS 服务器，将计算机的 IP 地址设为 202.101.101.20，子网掩码为 255.255.255.0，默认网关设置为 202.101.101.254，首选的 DNS 服务器设为 202.101.101.11，备用的 DNS 服务器设为 202.101.101.20。

② 将计算机名称改为 DNSbackup，并重启服务器。

2. 安装 DNS 服务

安装 DNS 服务前面已经讲过，在此不再赘述。

3. 创建辅助区域

① 在主 DNS 服务器中，打开“DNS 管理器”窗口，在正向查找区域“school.com”上右击，选择“属性”命令，选择“区域传送”选项卡，如图 8-40 所示。勾选“允许区域传送”复选框，选中“到所有服务器”单选按钮。

说明：也可以选中“只允许到下列服务器”单选按钮，在列表框中输入辅助 DNS 服务器的 IP 地址“202.101.101.20”，这样在以后区域复制时，只会将数据复制到列表中的辅助服务器。

② 在辅助 DNS 服务器中打开“DNS 管理器”窗口，在“正向查找区域”上右击，选择“新建区域”命令，打开“新建区域向导”对话框，单击“下一步”按钮。

③ 在“区域类型”中选择“辅助区域”单选按钮，如图 8-41 所示，单击“下一步”按钮。

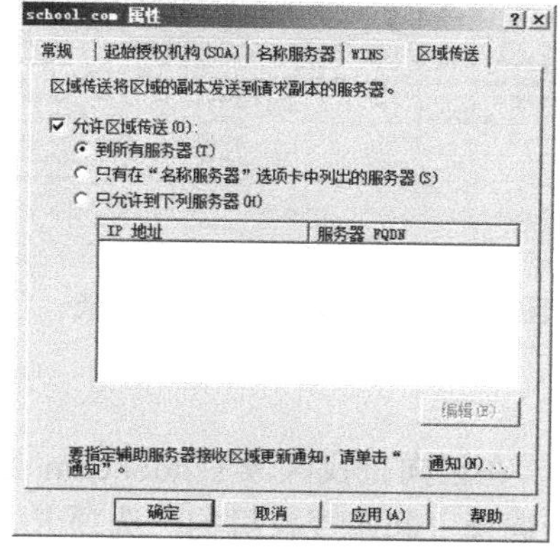

图 8-40　“school.com 属性”对话框

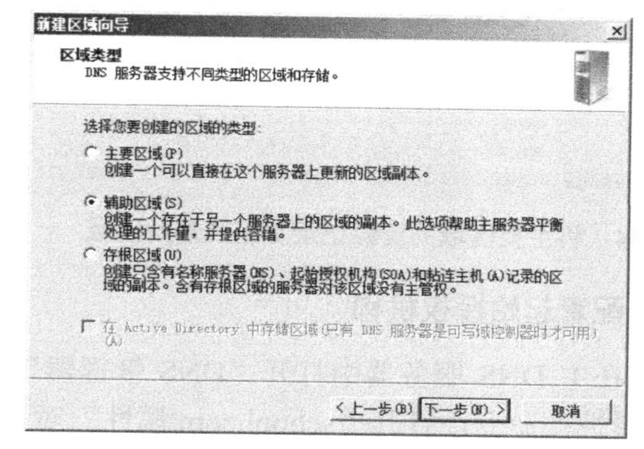

图 8-41　设置区域类型

④ 在“区域名称”中填写域名“school.com”，辅助区域的名称与主要区域的名称相同，单击“下一步”按钮。

⑤ 输入主 DNS 服务器的 IP 地址 202.101.101.11，系统会自动解析出 FQDN，如图 8-42 所示。

⑥ 在“正在完成新建区域向导”中，可以看到创建的区域信息，如图 8-43 所示。最后单击“完成”按钮，完成辅助区域的创建。

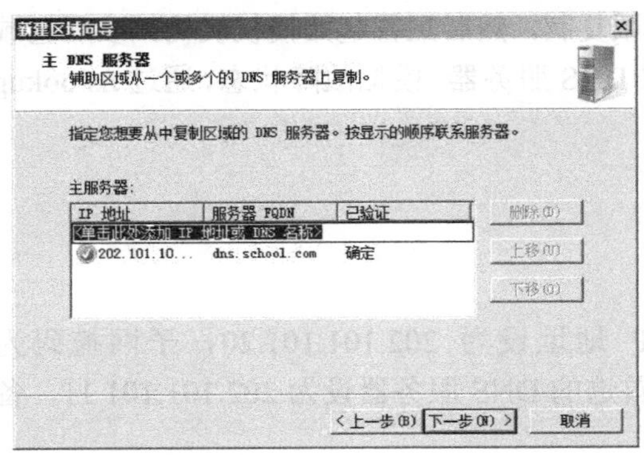

图 8-42 添加主 DNS 服务器

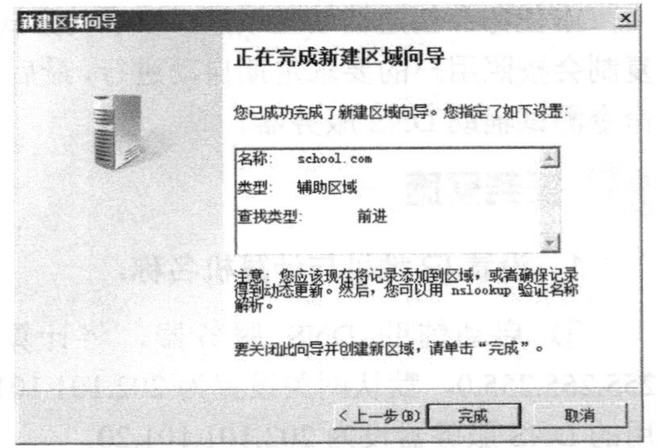

图 8-43 正在完成新建区域向导

⑦ 同样的方法，为反向区域 101.101.202.in-addr.arpa 创建辅助区域。

4．将主要区域的资源记录复制到辅助区域

① 在辅助 DNS 服务器中打开“DNS 管理器”窗口，在正向查找区域 school.com 上右击，选择“从主服务器传送”命令，如图 8-44 所示。这样，主要区域的资源记录会复制到辅助区域。

② 使用同样的方法，将反向主要区域的资源记录复制到反向辅助区域，区域复制完成后，单击“DNS 管理器”窗口中工具栏的刷新工具，可以看到区域复制后的资源记录信息，如图 8-45 所示。

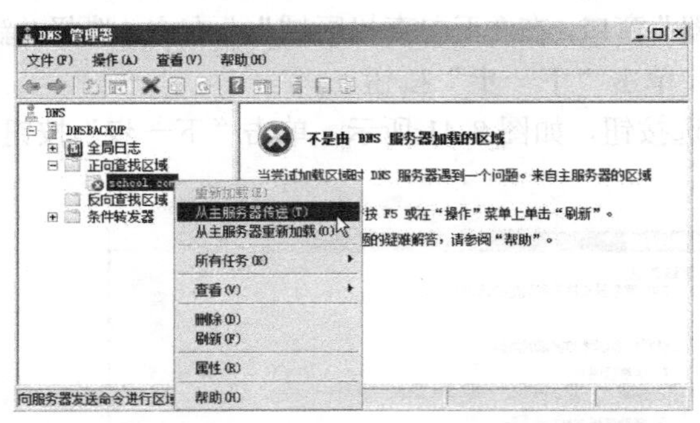

图 8-44 将主要区域的资源记录复制到辅助区域

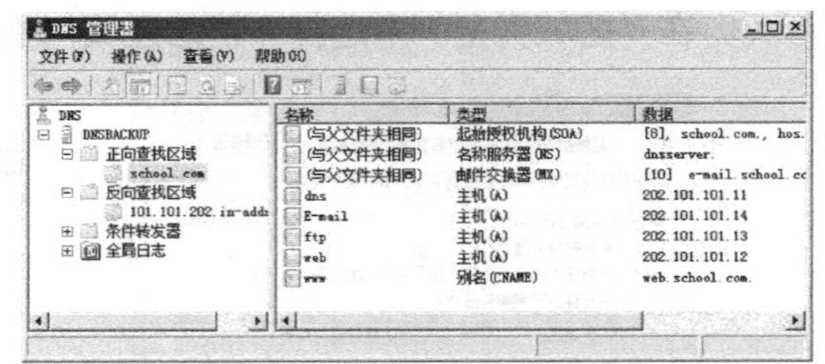

图 8-45 区域复制后的资源记录

5．配置起始授权机构

① 在主 DNS 服务器中打开“DNS 管理器”窗口，在正向查找区域 school.com 上右击，选择“属性”命令，打开“school.com 属性”对话框，选择“起始授权机构”选项卡。

② 序列号默认，“主服务器”设置为“school.com”，“负责人”设置为“87875687.126.com”，

"刷新时间"设为 10 分钟，"重试间隔"设为 5 分钟，"过期时间"设为 1 天，"最小 TTL"设为 1 小时。如图 8-46 所示。

③ 这样，主 DNS 服务器会每隔 10 分钟将资源记录更新到辅助 DNS 服务器，如果更新失败间隔 5 分钟重试，如果 1 天时间没有更新，辅助服务器认为本地数据是不可靠的。

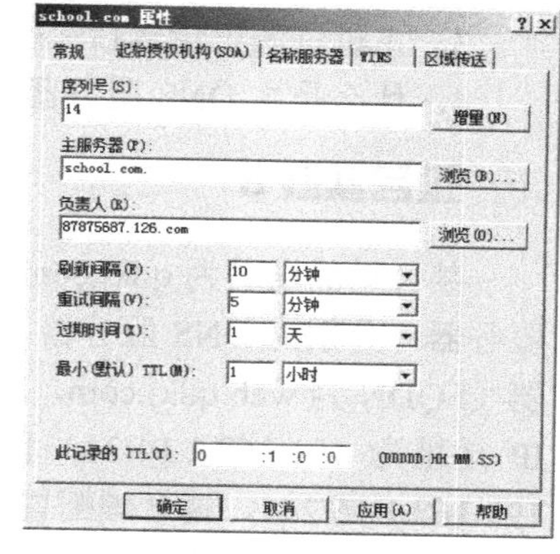

图 8-46 设置起始授权机构

6. 测试辅助 DNS 服务器

关闭主 DNS 服务器，启动 Windows 7 客户端对辅助 DNS 服务器测试，测试方法前面已经讲过，在此不再赘述。

项目评价

项目 8 分任务完成情况评价表

任务名称	配分	评分要点	自评	组长评价	教师评价
任务 1	10 分	正确安装 DNS 服务			
任务 2	20 分	正确创建正、反向查找区域			
任务 3	20 分	正确创建各种资源记录			
任务 4	20 分	通过客户端成功服务器			
任务 5	30 分	正确配置辅助 DNS 服务器			
项目总体评价（总分）					

习题 8

一、填空题

1. ________是 TCP/IP 协议簇中的一种标准服务，主要用来实现 IP 地址与 FQDN 之间的映射。

2. 通常一个典型的 FQDN 由主机名、子域、二级域、__________和根域组成。

3. 将 FQDN 解析为 IP 地址，称为__________；如果是将 IP 地址解析为 FQDN，则称为__________。

4. __________作为整个区域的信息源，包含一个可读写的区域文件，区域的所有变化都记录在此文件中。

5. ______资源记录主要用来记录正向查找区域的主机及 IP 地址，用户可通过该类型的资源记录把 FQDN 解析为 IP 地址。

6. DNS 服务器用来存储分布式域名数据库，对 DNS 客户端提供域名解析，根据不同的用途，主要有______________、______________和________________三种类型。

二、简答题

1. 什么是域名空间？

2. 简述域名解析的过程。

3．主机资源记录包括哪些类型？

4．什么是主 DNS 服务器？

项目实践 8

某公司的域名为 qdkj.com，网络地址为 191.168.1.0/24，网关为 191.168.10.1，公司有四台服务器，分别为 DNS 服务器（FQDN 为 dns.qdkj.com，IP 地址为 191.168.1.12/24）、Web 服务器（FQDN 为 web.qdkj.com，IP 地址为 191.168.1.13/24）、FTP 服务器（FQDN 为 ftp.qdkj.com，IP 地址为 191.168.1.14/24）和辅助 DNS 服务器（FQDN 为 backDNS. qdkj.com，IP 地址为 191.168.1.15/24），请合理配置 DNS 服务器和辅助 DNS 服务器实现如下功能：

1．DNS 服务器对 Web 和 FTP 服务器能够正向、反向解析，用户可以通过 http://www.qdkj.com 访问公司的网站。

2．配置辅助 DNS 服务器，当主 DNS 服务器故障或负载严重时，辅助 DNS 服务器提供域名解析。

Web 服务器的配置

知识目标

- 掌握 Web 服务的工作原理;
- 掌握超文本传输协议的工作过程;
- 掌握端口、目录访问权限、网站默认文档和虚拟目录等概念;
- 了解虚拟 Web 主机的概念和特点;
- 掌握创建虚拟 Web 主机的三种方式;
- 掌握 Web 服务身份验证的三种方式;
- 掌握通过 IP 地址限制网站访问的方法。

技能目标

- 能够安装 Web 服务;
- 能够发布与配置网站;
- 能够为网站创建与管理虚拟目录;
- 能够在同一 Web 服务器发布多个网站;
- 能够配置身份验证、IP 地址限制加强网站安全。

项目描述

海滨高职校网络的网络地址为 202.101.101.0，域名为 school.com，网关为 202.101.101.254，Web 服务器（FQDN 为 web.school.com）的 IP 地址为 202.101.101.12/24，DNS 服务器（FQDN

为 dns.school.com）的 IP 地址为 202.101.101.11/24。

学校有一个门户网站采用 ASP.NET 技术开发，需要在 Web 服务器上发布，要求用户能够在外网通过网址 http://www.school.com 访问，设置主目录的访问权限与网络带宽，保证 Web 服务器稳定运行，并为网站创建 music 虚拟目录。另外，教务处有一个教学管理系统，只允许教务处内部人员可以访问；学生处有一个学籍管理系统，要求只有学生处的计算机可以访问（学生处计算机的 IP 地址为 202.101.101.51 ~ 202.101.101.60）；总务处有一个资产管理系统也要在网站上发布，要求可以通过外网访问。

项目分析

1. 发布与配置学校的门户网站

首先在 Web 服务器上安装 Web 服务，然后发布学校门户网站，限制网站主目录 IIS_IUSRS 账户的访问权限，并设置网站的网络带宽，以保证服务器安全、稳定运行，最后，在 DNS 服务器上配置正向查找区域 school.com 和 www 资源记录，使网站能够通过网址 http://www.school.com 访问。

2. 同一 Web 服务器发布多个网站

在同一 Web 服务器上发布多个网站，可以采用 IP 地址方式、主机头名称方式和端口方式，为保证网站的安全，可以为网站设置身份验证和设置 IP 地址访问限制。

项目分任务

任务 1：安装 Web 服务
任务 2：发布与配置网站
任务 3：创建与管理虚拟目录
任务 4：同一 Web 服务器发布多个网站
任务 5：管理网站网络安全

项目准备

① 一台 Web 服务器，安装 Windows Server 2008 操作系统。

② 一台 DNS 服务器，安装 Windows Server 2008 操作系统，DNS 配置请参照项目 8：配置与管理 DNS 服务器。

③ 一台客户端，安装 Windows 7 操作系统。

项目分任务实施

任务 1　安装 Web 服务

任务描述

为 Web 服务器设置静态 IP 地址，安装 Web 服务。

知识要点

1. Web 服务的工作原理

Web 服务采用服务器/客户端的工作模式，客户端是指浏览器软件，它的主要任务是向 Web 服务器发出请求，将返回的网页文件解析，并在本地显示出来，常用的浏览器软件主要有 Internet Explorer（IE）、世界之窗（The World）、火狐（Mozilla Firefox）和 360 浏览器（360SE）等。Web 服务器又称为 WWW 服务器或 HTTP 服务器，是指提供 Web 服务，用于保存和发布网站文件的服务器，它的主要任务是等待客户端的连接请求，并给予相应的应答，常用的 Web 服务器软件有 IIS、Apache 等。

当在浏览器地址栏输入网址时，客户端（浏览器）会向服务器发出请求，服务器响应客户端的请求，并将网页文件发送至客户端，客户端收到文件后进行解析，并在本地显示出来。整个过程使用了 HTTP 协议（超文本传输协议），常用的端口是 80。

2. 超文本传输协议

超文本传输协议（HTTP，Hyper Text Transfer Protocol）是浏览器和 Web 服务器之间相互通信的一种协议，它不仅能够保证计算机正确、快速地传输超文本文档，还能确定传输文档中的哪一部分，以及哪部分内容首先显示等。

一次 HTTP 操作称为一个事务，其工作过程可分为四步：

① 客户端与服务器之间建立连接，只要单击某个超级链接，HTTP 便开始工作。

② 建立连接后，客户端发送一个请求给服务器。

③ 服务器接到请求后，向客户端发送相应的响应信息。

④ 客户端接收服务器返回的信息，并由浏览器显示在用户的显示屏上，然后客户端与服务器断开连接。

如果上述过程中的某一步出现错误，那么产生错误的信息将返回到客户端，并在显示屏上输出。对于用户来说，这些过程是由 HTTP 自己完成的，用户只要单击鼠标，等待信息的显示就可以了。

3. IIS 7.0

IIS 7.0 是微软新一代的服务器软件，是一个用于配置应用程序或网站、FTP 站点、SMTP 或 NNTP 站点的控制台程序，管理员可以配置 IIS 安全、性能和可靠性功能，可以添加、删除站点，启动停止、暂停站点，备份、还原服务器配置，创建虚拟目录改善内容管理等。

IIS 7.0 与 IIS 5.0 和 IIS 6.0 相比，不仅在安全性上有了很大的提高，而且增加了很多新的功能，它采用模块化设计、全新的管理界面，基于 XML 文件的设置系统，为 Web 管理员以及 Web 爱好者提供更加丰富、更加容易的管理工具，使 Web 管理更加方便、快捷。

任务实施

1. 设置 Web 服务器的 IP 地址与计算机名称。

① 启动 Web 服务器，将 IP 地址设为 202.101.101.12，子网掩码设为 255.255.255.0，网关设为 202.101.101.254，首选的 DNS 服务器设为 202.101.101.11。

② 将计算机名称改为“Web”，并重启服务器。

小经验

Web 服务器必须设置静态 IP 地址，不能通过 DHCP 服务器获取地址，否则，无法发布网站。

2. 安装 Web 服务

① 单击“开始”→“管理工具”→“服务器管理”，打开“服务器管理”窗口，在左侧导航树中单击“角色”，在“角色摘要”中单击“添加角色”项，打开“添加角色向导”对话框，显示向导使用说明，单击“下一步”按钮。

② 在“选择服务器角色”窗口中，选择“Web 服务器（IIS）”项，系统提示“是否添加 Web 服务器（IIS）所需的功能？”，如图 10-1 所示，单击“添加必需的功能”按钮。

③ 返回“选择服务器角色”对话框，此时，“Web 服务器（IIS）”项已经勾选，如图 10-2 所示。单击“下一步”按钮。

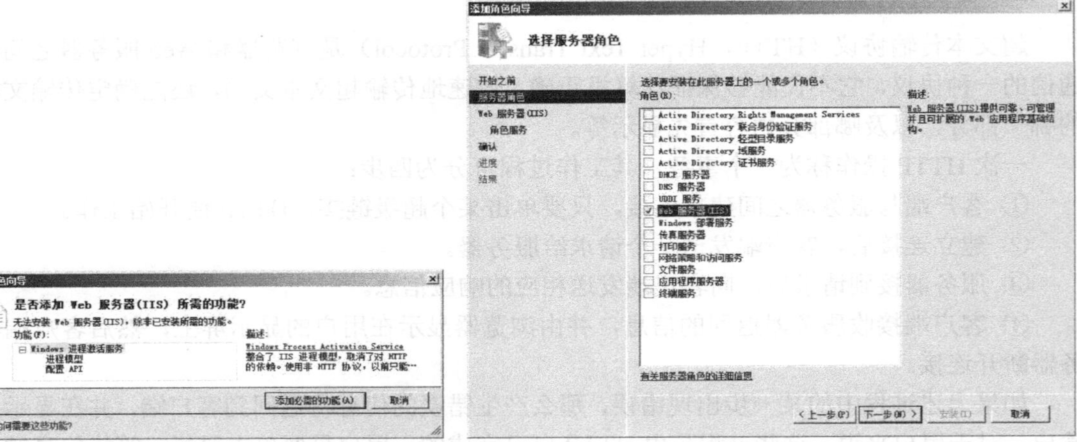

图 10-1　是否添加 Web 服务器所需功能　　　　图 10-2　选择服务器角色

④ 在“Web 服务器（IIS）”中显示 Web 服务器简介、证明事项等信息，单击“下一步”按钮。

⑤ 在“选择角色服务”中默认只选择安装 Web 服务所必需的组件，用户也可根据实际需要自行选择安装的组件，在此，因为学校的门户网站采用 ASP.NET 技术开发，因此，选择 ASP.NET 组件，如图 10-3 所示，单击“下一步”按钮。

⑥ 在“确认安装选择”中显示要安装的服务，如果选择错误，可以单击“上一步”按钮，返回重新选择，如果正确，单击“安装”按钮，开始安装 Web 服务。

⑦ 在“安装进度”中显示 Web 服务的安装过程，最后，在“安装结果”中显示 Web 服务已经安装，并列出安装的服务，单击“关闭”按钮，关闭“添加角色向导”对话框，完成 Web 服务的安装。

⑧ Web 服务安装后，用户可以通过“Internet 信息服务（IIS）管理器”来管理和配置 Web 服务。

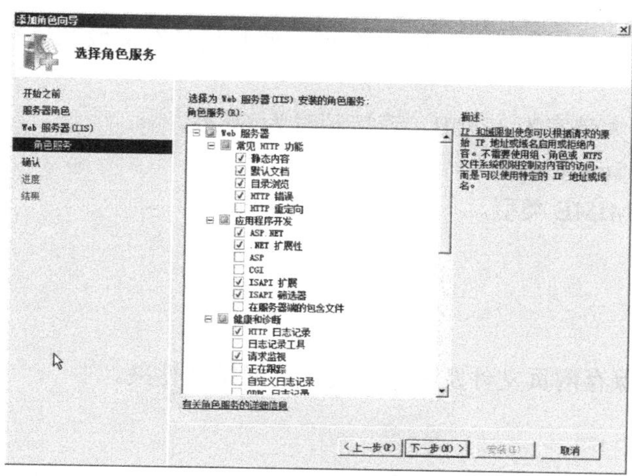

图 10-3　选择角色服务

3. Internet 信息服务（IIS）管理器

单击“开始”→“管理工具”→“Internet 信息服务（IIS）管理器”命令，打开“Internet 信息服务（IIS）管理器”窗口，如图 10-4 所示，系统默认已经创建一个名为“Default Web Site”的网站。

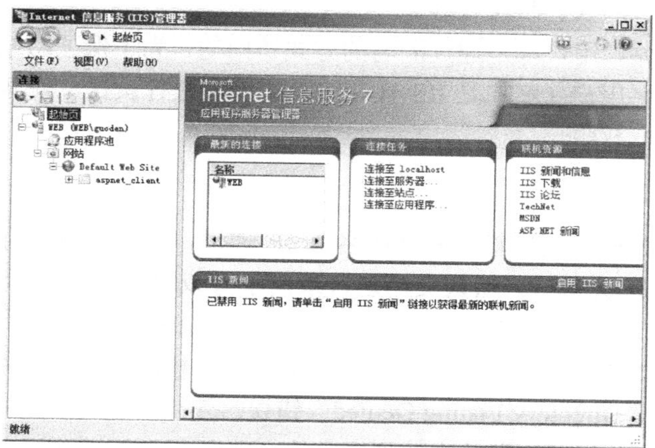

图 10-4　“Internet 信息服务（IIS）管理器”窗口

小经验

在域环境的网络中，建议第一台 DHCP 服务器最好是域成员服务器或域控制器，因为如果第一台是独立服务器，则一旦以后在域成员服务器上安装 DHCP 服务，并将其授权，那么同一个子网的独立服务器的 DHCP 服务将无法再启动。

任务 2　发布与配置网站

任务描述

在 Web 服务器上发布学校门户网站，并进行如下设置：

① 设置网站主目录的匿名账户 IIS_IUSRS，使其只具有读取和执行、列出文件夹目录和读取的权限。

② 设置网站的最大带宽为 1250B，连接超时为 60 秒。

③ 添加默认文档 index.aspx。

④ 添加 SWF 的 MIME 类型。

知识要点

1. 网站主目录

网站主目录就是保存网页文件及其相关文件的网站文件夹。

2. 端口

此处的端口是逻辑意义上的端口，是指 TCP/IP 协议中的端口，用于区分不同的网络服务，端口号的范围为 0～65535，例如，Web 服务的端口是 80， FTP 服务的端口是 20 和 21。

3. 目录访问权限

在 Windows Server 2008 中的每一个文件或目录都含有访问权限，访问权限决定了哪些用户可以访问和如何访问这些文件或目录。访问权限主要有完全控制、修改、读取和执行、列出文件夹目录、读取、写入、特殊权限。

一个对外的网站，用户都是通过匿名的方式访问的，为了保证网站的安全，需要在服务器上将网站主目录匿名用户（账户是 IIS_IUSRS）的权限进行设置，使其只具有读取和执行、列出文件夹目录、读取权限。

4. 网站默认文档

当用户访问网站时，通常输入网站域名或 IP 地址，就可以直接打开网站的主页文件，这是因为网站设置了默认文档。默认文档是目录的主页或包含网站文档目录列表的索引，一般 Web 网站至少设置一个默认文档。当用户输入网站域名或 IP 地址时，系统会从默认文档列表中自上而下匹配，如果网站主目录中有与默认文档名称相同的主页文件，则会传递给用户。如果没有，则会提示“Directory Listing Denied”错误。

使用 IIS 7.0 发布网站时，默认文档列表中的文件名有 5 个，分别为 Default.htm、Default.asp、index.htm、index.html 和 iisstart.htm，如果默认文档列表中没有网站主页文件的名称，可以依据网站主页文件的名称添加默认文档。

5. MIME

MIME（Multipurpose Internet Mail Extensions）是多功能 Internet 邮件扩充服务，能够保证非 ASCII 码文件在 Internet 上传播的一种标准。最早用于邮件系统传送非 ASCII 码的文件，现在也应用于浏览器。MIME 页中已经默认集成了很多的 MIME 类型，基本上能够满足用户需求。当然，用户也可以添加新的 MIME 类型。

任务实施

1. 创建网站主目录和主页文件

① 在 Web 服务器的 C 盘创建文件夹“Haibin_site”作为海滨高职校的网站主目录。

② 单击“开始”→“所有程序”→“附件”→“记事本”命令，打开记事本程序，在其中输入如图 10-5 所示的内容，并保存到 C:\Haibin_site 文件夹中，名称为 index.aspx，作为学校网站的主页文件。

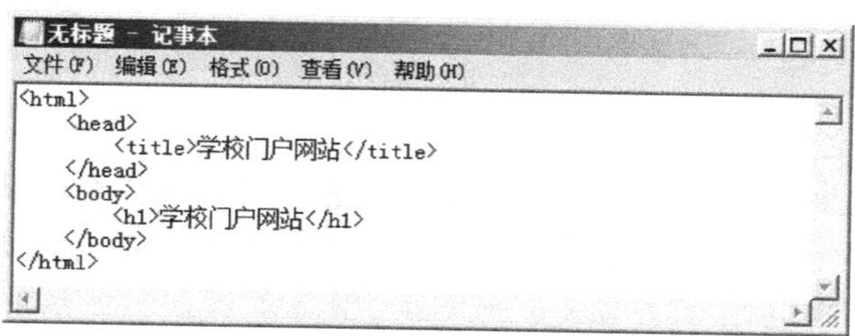

图 10-5　网页文件的内容

2．发布学校门户网站

① 单击“开始”→“管理工具”→“Internet 信息服务（IIS）管理器”命令，打开“Internet 信息服务（IIS）管理器”窗口。

② 在左侧导航树中展开“网站”，在“Default Web Site”上右击，选择“删除”命令，将默认的网站删除，默认网站通常不能满足用户的需要，因此将其删除。

③ 在导航树中选择“网站”，单击“操作”窗格中的“添加网站”链接，打开“添加网站”对话框。

④ 在“网站名称”中输入“学校门户网站”，物理路径输入“C:\Haibin_site”，或单击右侧的按钮，选择“C:\Haibin_site”文件夹，绑定类型选择“http”，IP 地址选择“202.101.101.12”，端口设为“80”，勾选“立即启动网站”复选框，如图 10-6 所示，单击“确定”按钮。

⑤ 在“Internet 信息服务（IIS）管理器”中可以看到创建的学校门户网站，如图 10-7 所示。

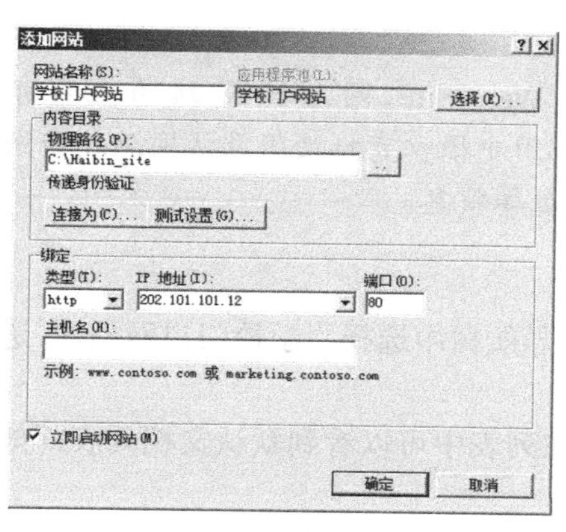

图 10-6　添加网站

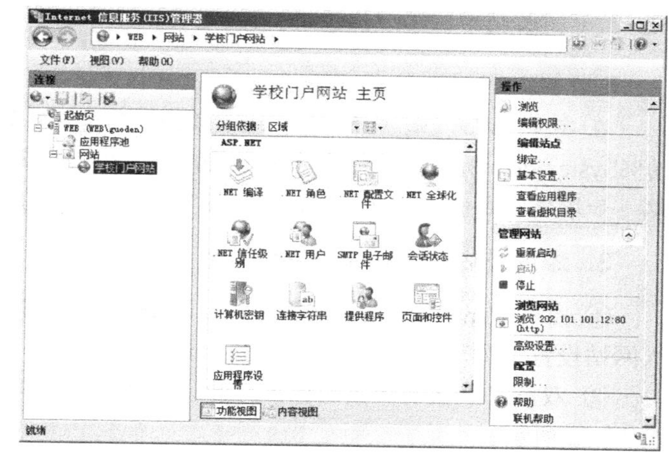

图 10-7 学校门户网站

小经验

如果创建网站后，网站显示不正常，如网站上出现“×”标志，如 学校门户网站，可以在网站上右击，选择“刷新”命令。

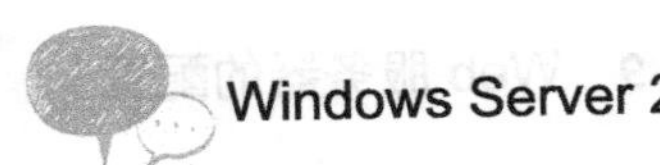

⑥ 打开浏览器，在地址栏中输入网址“http://202.101.101.12/”，回车，网站显示如图 10-8 所示的错误提示信息，是因为网站没有设置默认文档。

错误摘要
HTTP 错误 403.14 - Forbidden
Web 服务器被配置为不列出此目录的内容。

图 10-8 错误提示信息

说明：

（1）更改网站的主机名、IP 地址和端口

如果要对网站的主机名、IP 地址和端口重新设置，可以选择要设置的网站，单击“操作”窗格“编辑站点”中的“绑定”链接，如图 10-7 所示，打开“网站绑定”对话框，如图 10-9 所示。

① 默认情况下，“网站绑定”对话框只显示一条信息，如果一个网站有多个域名或多个 IP 地址，可以单击“添加”按钮增加新的条目。

② 如果要修改原有的条目，可以选择某一条目，单击“编辑”按钮修改。

③ 如果要删除原有的条目，可以选择某一条目，单击“删除”按钮删除。

（2）修改网站主目录

如果要对网站的主目录重新设置，需要先选择要重新设置的网站，然后单击“操作”窗格“编辑站点”中的“基本设置”链接，如图 10-7 所示，打开“编辑网站”对话框，如图 10-10 所示。单击“物理路径”中的 ... 按钮，可以重新设置网站的主目录。

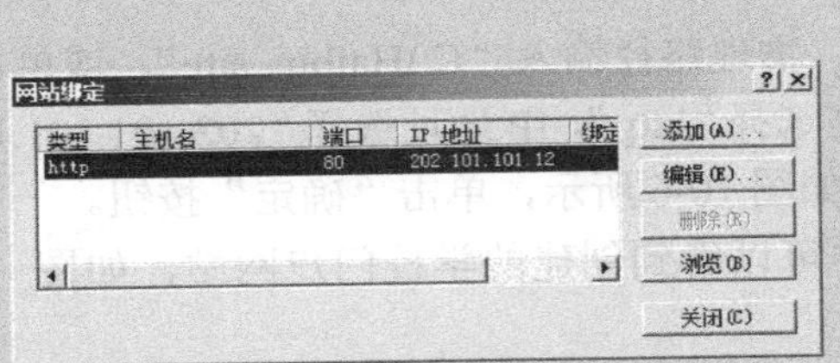

图 10-9 “网站绑定”对话框

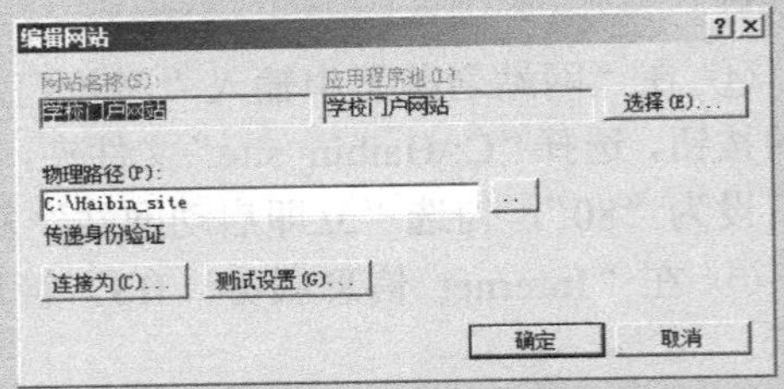

图 10-10 “编辑网站”对话框

（3）默认网站 Default Web Site

在安装 Web 服务时，系统会默认创建 Default Web Site 网站，网站的主目录为%Systemdrive%\Inetpub\wwwroot，端口为 80，在实际应用中很少直接使用默认网站发布网站，如果确实要使用，建议修改网站名称、主目录、IP 地址等信息。

3. 添加网站默认文档 index.aspx

① 打开“Internet 信息服务（IIS）管理器”窗口，在导航树中选择“学校门户网站”，进入网站设置主页，如图 10-11 所示。

② 双击“默认文档”图标，打开“默认文档”页，在列表中可以看到默认文档列表，如图 10-12 所示。

③ 单击“添加”按钮，打开“添加默认文档”对话框，输入文档名称 index.aspx，如图 10-13 所示，单击“确定”按钮，完成默认文档的添加。新添加的默认文档在最上方，如果要删除默认文档，单击“删除”链接即可。

④ 打开浏览器，在地址栏输入网址“http://202.101.101.12”，回车，网站显示主页信息，如图 10-14 所示。

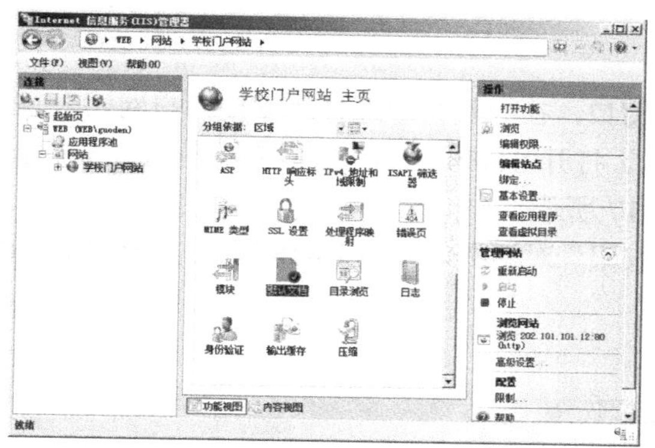

图 10-11　网站设置主页

图 10-12　默认文档列表

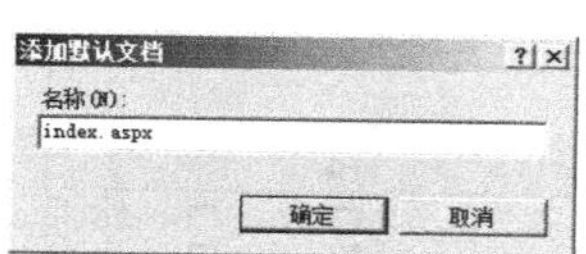

图 10-13　添加默认文档

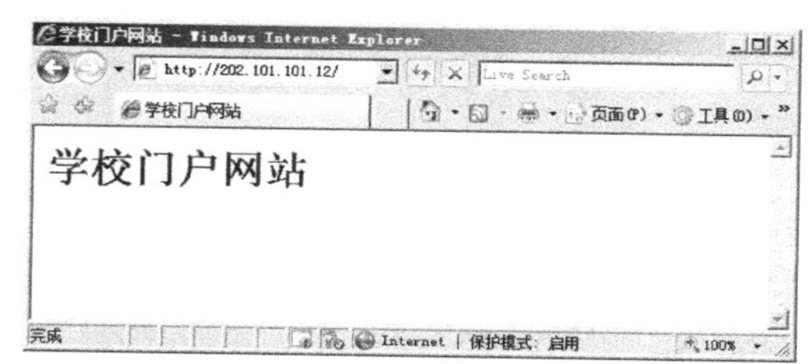

图 10-14　学校门户网站主页

说明：选择某一默认文档，单击“上移”、“下移”，可以根据需要调整默认文档的排列顺序。

⑤ 启动 DNS 服务器，打开 DNS 管理器，在正向查找区域 school.com 中已经创建主机别名资源记录 www.school.com，如图 10-15 所示。相关操作在前面的 DNS 服务器部分已经讲解，在此不再赘述。

4．客户端测试

① 启动 Windows 7 客户端，设置 IP 地址为 202.101.101.21，子网掩码为 255.255.255.0，默认网关为 202.101.101.254，首选 DNS 服务器为 202.101.101.11。

② 打开浏览器，在地址栏输入网址“http://www.school.com”，回车，显示学校主页信息，如图 10-16 所示。

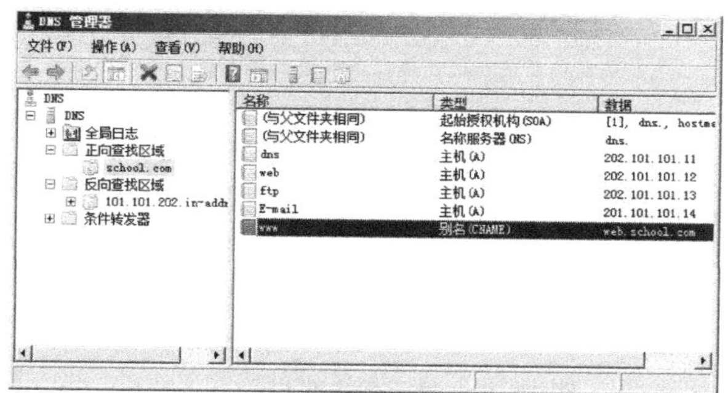

图 10-15　主机别名资源记录 www.school.com

图 10-16　通过域名访问学校门户网站

5. 设置主目录的访问权限

① 打开“Internet 信息服务（IIS）管理器”窗口，在导航树中选择“学校门户网站”，在“操作”窗格中单击“编辑权限”链接，如图 10-7 所示，打开“Haibin_site 属性”对话框，Haibin_site 为网站主目录，切换到“安全”选项卡，如图 10-17 所示。

② 单击“编辑”按钮，打开“Haibin_site 的权限”对话框，如图 10-18 所示，组或用户中没有 IIS_IUSRS 账户。

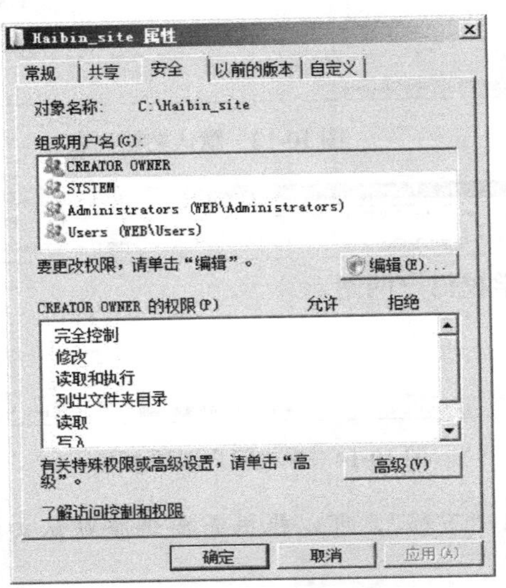

图 10-17 “Haibin_site 属性”对话框

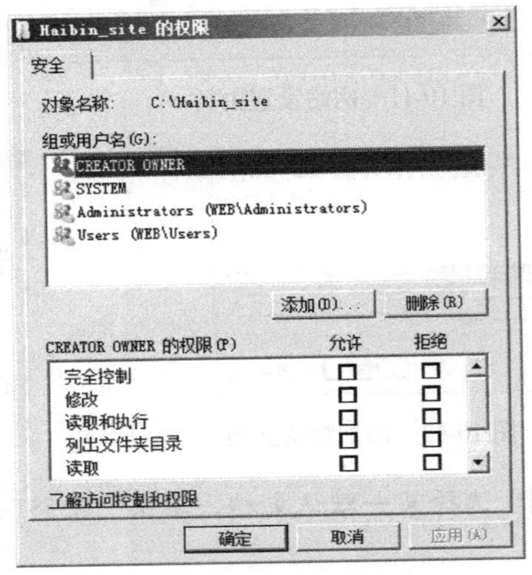

图 10-18 “Haibin_site 的权限”对话框

③ 单击“添加”按钮，打开“选择用户或组”对话框，如图 10-19 所示。单击“高级”按钮，打“选择用户或组”查找对话框，单击“立即查找”按钮，在“搜索结果”中列出所有的用户和组账户，选择“IIS_IUSRS 账户”，如图 10-20 所示。

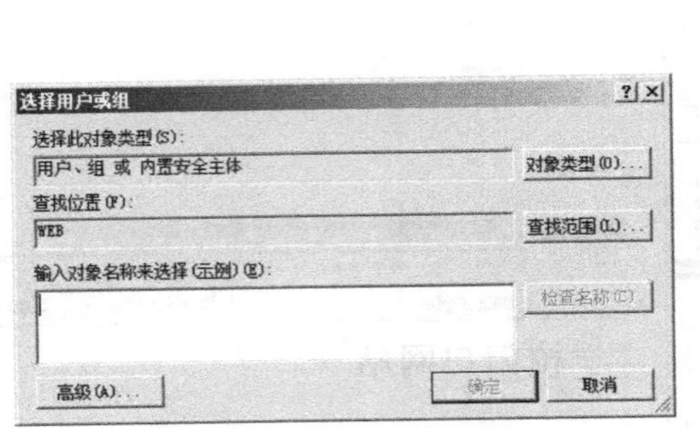

图 10-19 “选择用户或组”对话框

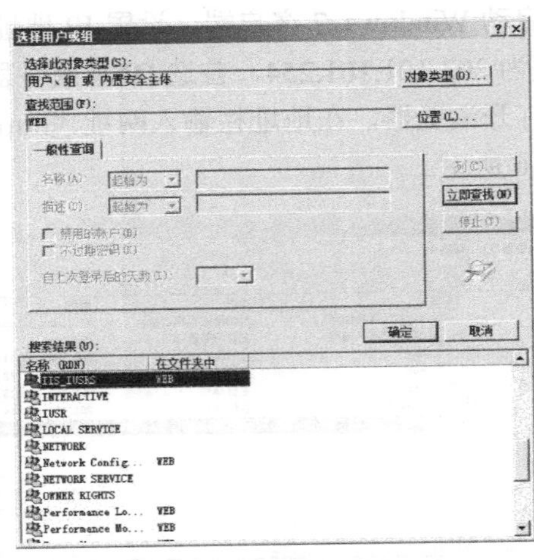

图 10-20 显示用户账户

④ 单击“确定”按钮，在“选择用户或组”中显示 IIS_IUSRS 账户，在“选择用户或组”对话框中单击“确定”按钮，可以看到在“Haibin_site 的权限”对话框中添加了 IIS_IUSRS 账

户，选择该账户，设置权限为“读取和执行”、“列出文件夹目录”和“读取”，如图 10-21 所示，单击“确定”按钮，最后，在“Haibin_site 属性”对话框中单击“确定”按钮，完成网站主目录权限的设置。

6. 设置网络限制

当某一网站的访问量过大时，服务器的带宽可能会被全部占用或导致服务器死机，为了保证用户正常访问，服务器正常运行，需要对服务器的带宽、连接数量进行限制。

① 打开“Internet 信息服务（IIS）管理器”窗口，在导航树中选择“学校门户网站”，在“操作”窗格中单击“限制”链接，如图 10-7 所示，打开“编辑网站限制”对话框。

② 勾选“限制带宽使用（字节）(B)”，输入“1250”，设置“连接超时（秒）”为 60，如图 10-22 所示。

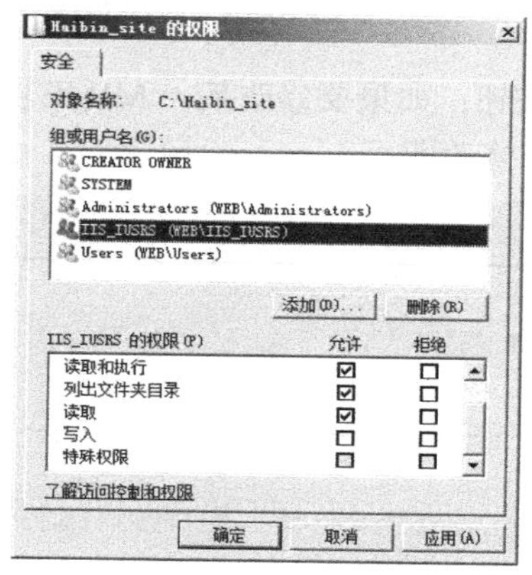

图 10-21　“Haibin_site 的权限”对话框

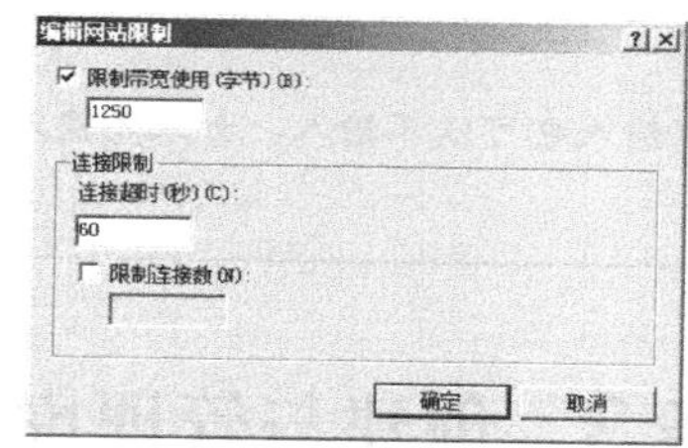

图 10-22　编辑网站限制

说明：

（1）限制带宽使用。将网站的带宽限制在一定范围内，能够保证其他的网站或服务获得一定的带宽，有利于服务器正常、稳定运行。当然，限制带宽，可能会降低服务器的响应速度。

（2）连接限制。当网站的并发连接数过大时，会导致 Web 服务器资源耗尽而死机，将连接限制在一定数量内，能够保证服务器正常运行，并且能够避免 Web 服务器的恶意攻击。

（3）连接超时。当某一连接超过设置的时间没有反应时，服务器会自动断开连接，释放被占用的系统资源和网络带宽，让给其他的客户端使用。连接超时默认为 120 秒。

7. 设置 MIME

① 打开“Internet 信息服务（IIS）管理器”窗口，在导航树中选择“学校门户网站”，进入网站设置主页，如图 10-11 所示，双击“MIME 类型”。

② 打开“MIME 类型”页，在列表中显示被 Web 服务器用作静态文件的文件扩展名和关联的内容类型，如图 10-23 所示。

③ 添加 SWF 的 MIME 类型。单击操作“窗格”中的“添加”链接，打开“添加 MIME 类型”对话框。在“文件扩展名”中输入“.swf”，在“MIME 类型”输入“application/x-shockwave-flash”，如图 10-24 所示，单击“确定”按钮即可。

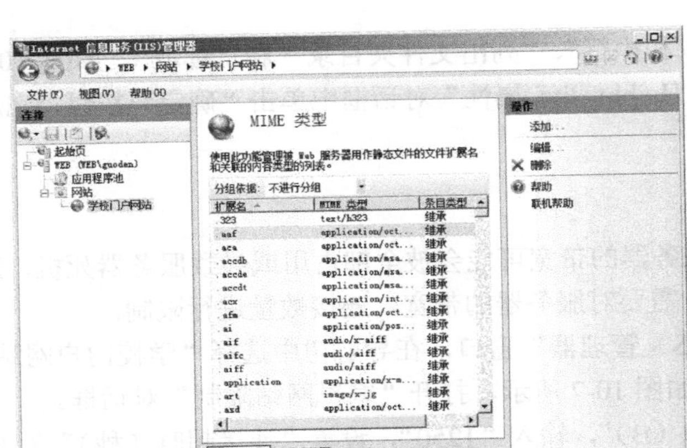

图 10-23 “MIME 类型”页

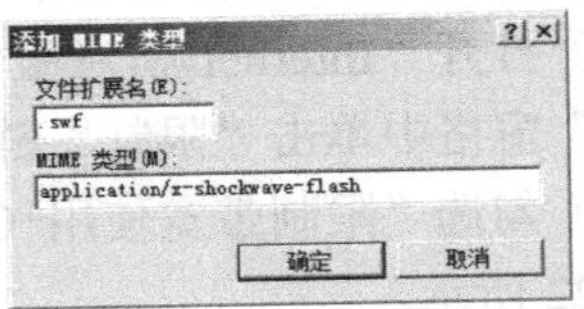

图 10-24 添加 MIME 类型

④ 如果要删除某一 MIME 类型，单击“删除”按钮；如果要修改某一 MIME 类型，单击“编辑”按钮，打开“编辑 MIMI 类型”对话框，进行修改即可。

证明

“.”可以输入也可以不输入，如果不输入，系统会自动添加“.”。

任务 3 创建与管理虚拟目录

任务描述

在 Web 服务器的 C 盘创建 Yinyue 目录，并在其中创建网页文件 index.htm。以 C:\Yinyue 作为物理路径，为“学校门户网站”创建虚拟目录 music，并在客户端测试。

知识要点

物理目录与虚拟目录

任何一个网站都有一个主目录，主目录中包含若干子目录，用来分门别类地保存网页文件及其他关联文件，这些子目录也称为物理目录。有时管理员会根据需要在主目录外创建物理目录，例如在 D 盘创建 video 目录，video 目录中的网页文件要发布，就必须在 Web 站点上创建虚拟目录。虚拟目录都会有一个别名，用户在浏览器通过别名访问虚拟目录中的网页文件时，会感觉虚拟目录就位于主目录中一样。使用别名还有其他好处，例如当物理目录的位置或名字发生变化时，无需更改别名，只要更改别名与物理目录实际位置的映射关系即可。

任务实施

1. 创建 Yinyue 目录与 index.htm 网页文件

① 在 Web 服务器的 C 盘创建文件夹“Yinyue”作为海滨高职校网站音乐部分的目录。

② 单击“开始”→“所有程序”→“附件”→“记事本”命令，打开记事本程序，在其中输入如图 10-25 所示的内容，并保存到 C:\Yinyue 中，名称为 index.htm，作为学校网站音乐部分的主页文件。

2．创建虚拟目录

① 单击“开始”→“管理工具”→“Internet 信息服务（IIS）管理器”命令，打开“Internet 信息服务（IIS）管理器”窗口。

② 在“学校门户网站”上右击，选择“添加虚拟目录”命令，打开“添加虚拟目录”对话框。在“别名”中输入“music”，在物理路径中单击右侧按钮，选择 C:\Yinyue，如图 10-26 所示。单击“确定”按钮。

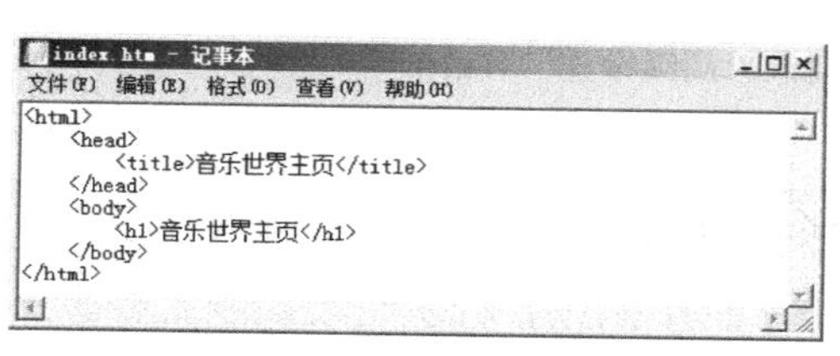

图 10-25　网页文件的内容

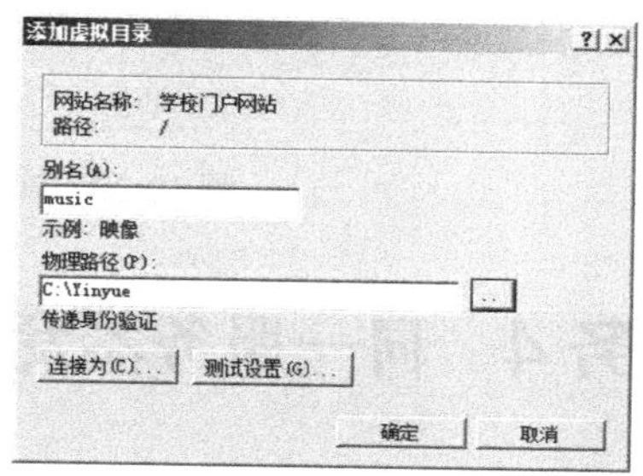

图 10-26　“添加虚拟目录”对话框

③ 虚拟目录添加完成后，展开“学校门户网站”，可以看到创建的“music”虚拟目录，在中间窗格底端单击“内容视图”，可以看到虚拟目录中的文件，如图 10-27 所示。

④ 选择“music”虚拟目录，单击“操作”窗格中的“编辑权限”，设置账户 IIS_IUSRS 只具有读取和执行、列出文件夹目录、读取和权限，方法前面已经讲过，在此不再赘述。

⑤ 打开浏览器，在地址栏中输入网址“http://202.101.101.12/music”，回车，网站显示主页信息，如图 10-28 所示。

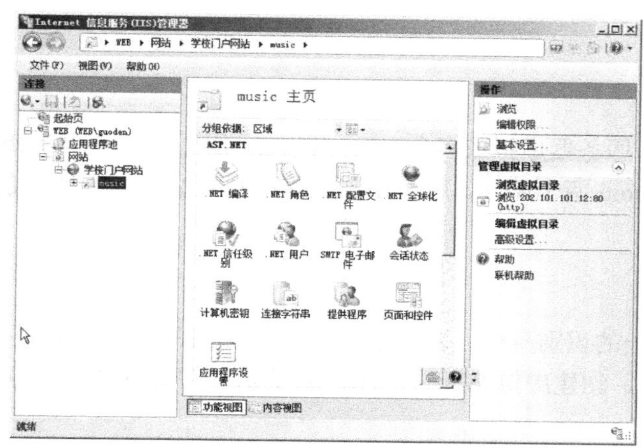

图 10-27　“music”虚拟目录

图 10-28　虚拟目录音乐世界主页

3．管理虚拟目录

创建虚拟目录后，当物理目录的位置或名称发生变化时，需要修改虚拟目录的设置，方法是选择要修改的虚拟目录，单击“操作”窗格中的“高级设置”链接，打开“高级设置”对话框，如图 10-29 所示，修改物理路径即可。

如果不再需要虚拟目录了，在虚拟目录上右击，选择“删除”即可。

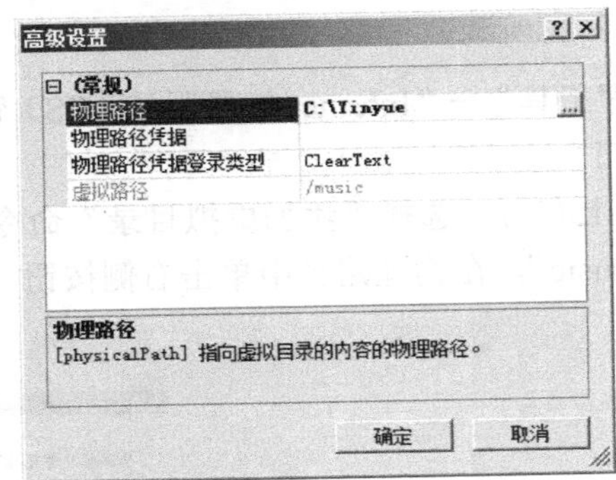

图 10-29　管理虚拟目录“高级设置”对话框

任务 4　同一服务器发布多个网站

 任务描述

① 为 Web 服务器的网卡绑定新的 IP 地址 202.101.101.16/24，使用此 IP 地址发布教学管理系统网站，要求用户能够通过网址 http://jwc.school.com 访问网站。

② 在 Web 服务器上使用主机名 www.student.com 发布学籍管理系统，要求用户能够通过网址 http://www.student.com 访问网站。

③ 在 Web 服务器上使用 IP 地址 202.101.101.12 和 8080 端口发布资产管理系统，要求用户能够通过网址 http://www.school.com:8080 访问网站。

知识要点

1. 什么是虚拟 Web 主机

虚拟 Web 主机是指将一台真实的 Web 服务器虚拟成多台 Web 服务器，用于发布多个 Web 网站，例如发布 www.bac.com 和 www.afc.com 两个网站，用户在浏览器打开网站时，感觉和访问真实的 Web 服务器的效果是一样的。

2. 创建虚拟 Web 主机的方式

发布网站时，每个站点必须有一个唯一的识别身份，以区分不同的站点，站点的识别信息包括 IP 地址、主机头名称和端口号，因此，创建虚拟 Web 主机有三种方式：IP 地址方式、主机头名称方式和端口方式。

(1) IP 地址方式

IP 地址方式是在 Web 服务器的网卡上绑定多个 IP 地址，每个 IP 地址对应一台虚拟机，用户访问虚拟主机时，可以使用虚拟主机的 IP 地址，也可以使用域名，当然域名需要在 DNS 服务器上预先设置好。

（2）主机头名称方式

采用主机头名称方式创建虚拟 Web 主机时，需要多个域名，每个域名对应着一台虚拟 Web 主机，但只需要一个 IP 地址，访问虚拟 Web 主机时只能通过域名访问，不能通过 IP 地址来访问。目前，这种创建虚拟 Web 主机的方式得到了广泛应用。

（3）端口方式

Web 服务默认的端口号为 80，通过设置不同的端口号，让每个虚拟 Web 主机拥有一个唯一的端口号，以区别其他的虚拟 Web 主机，访问基于端口创建的虚拟 Web 主机时，需要在域名后加上端口号，例如 http://www.abc.com:8080，这种方式需要访问者预先知道网站采用的是哪个端口。

3. 虚拟 Web 主机的特点

虚拟 Web 主机主要有如下特点：

① 节省硬件、软件成本。使用虚拟 Web 主机，用户可以在一台 Web 服务器上发布多个 Web 站点，而无需多台物理服务器和多个操作系统。

② 可管理、可配置。虚拟 Web 主机在管理和配置方面与 Web 服务器是一样的，同时，虚拟 Web 主机也可以使用 Web 方式进行远程管理，非常方便用户操作。

③ 数据安全性较好。利用虚拟 Web 主机可以将数据重要信息分离开来，从信息内容到站点管理都相互隔离，提高了数据的安全性。

④ 性能和带宽调节。当发布多个 Web 站点时，管理员可以为每一个 Web 虚拟主机设定性能和带宽，合理分配网络带宽和 CUP 的处理能力，保证服务器的稳定运行。

任务分析

1. 在 Web 服务器上发布教学管理系统

Web 服务器的网卡已经绑定了 IP 地址 202.101.101.12，发布了学校门户网站，再绑定另一 IP 地址 202.101.101.16，用于发布教学管理系统，在 DNS 服务器 school.com 正向查找区域添加主机资源记录 jwc.school.com，对应新绑定的 IP 地址，使用户可以通过网址 http://jwc.school.com 访问网站。

2. 在 Web 服务器上发布学籍管理系统

发布学籍管理系统时，使用 Web 服务器原有的 IP 地址 202.101.101.12 和默认端口 80，设置主机头名称为 www.student.com，在 DNS 服务器新建正向查找区域 student.com，并在其中创建主机资源记录 www.student.com，使网站可以通过网址 http://www.student.com 访问。

3. 在 Web 服务器上发布资产管理系统

发布资产管理系统时，使用 Web 服务器原有的 IP 地址 202.101.101.12，设置端口为 8080，使网站可以通过网址 http://www.school.com:8080 访问。

任务实施

1. 创建教学管理系统、学籍管理系统和资产管理系统的主目录、主页文件

① 在 Web 服务器的 C 盘创建“Jx_site”、“Xj_site”和“Zc_site”文件夹，分别作为教学管理系统、学籍管理系统和资产管理系统的主目录。

② 单击“开始”→“所有程序”→“附件”→“记事本”命令，打开记事本程序，在上述主目录中分别创建名称为 index.htm 的主页文件，内容分别如图 10-30～10-32 所示。

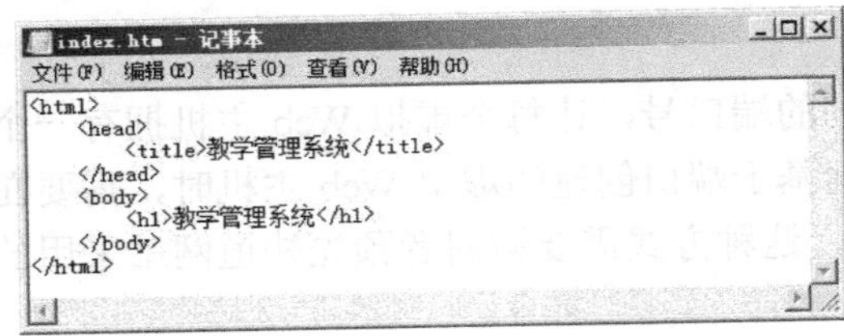

```
<html>
    <head>
        <title>教学管理系统</title>
    </head>
    <body>
        <h1>教学管理系统</h1>
    </body>
</html>
```

图 10-30　教学管理系统主页文件的内容

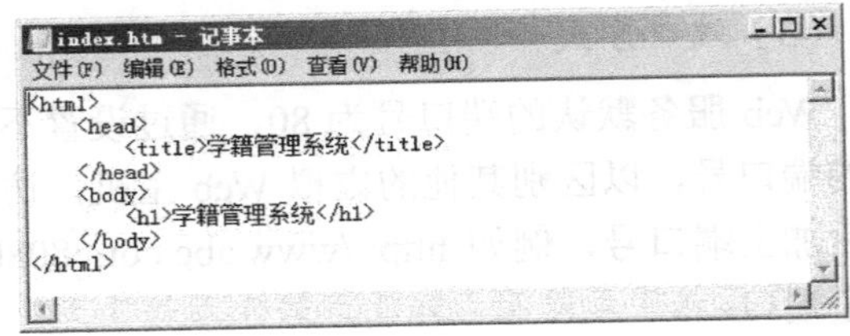

```
<html>
    <head>
        <title>学籍管理系统</title>
    </head>
    <body>
        <h1>学籍管理系统</h1>
    </body>
</html>
```

图 10-31　学籍管理系统主页文件的内容

2. 使用不同的 IP 地址在 Web 服务器上发布学籍管理系统。

① 为 Web 服务器的网卡绑定多个 IP 地址。打开“Internet 协议版本 4（TCP/IPv4）属性”对话框。单击“高级”按钮，打开“高级 TCP/IP 设置”对话框，可以看到，Web 服务器的网卡已经绑定了 IP 地址 202.101.101.12。如图 10-33 所示。

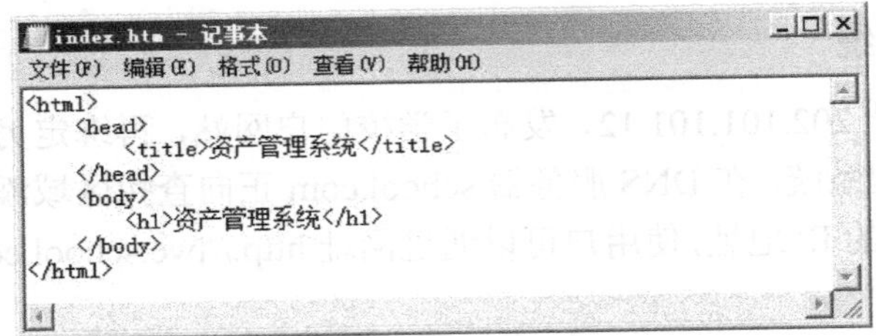

```
<html>
    <head>
        <title>资产管理系统</title>
    </head>
    <body>
        <h1>资产管理系统</h1>
    </body>
</html>
```

图 10-32　资产管理系统主页文件的内容

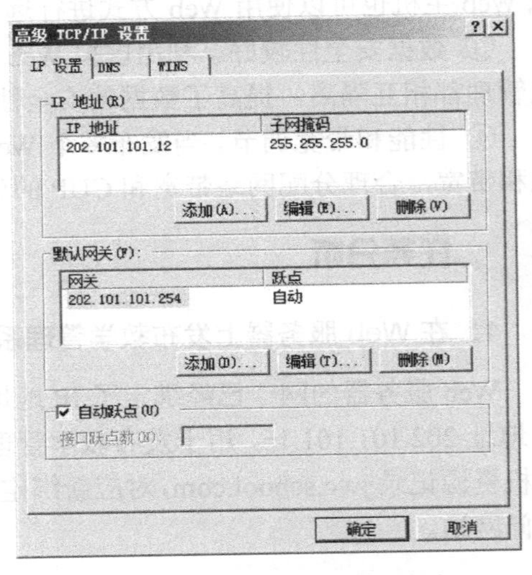

图 10-33　“高级 TCP/IP 设置”对话框

② 单击“添加”按钮，打开“TCP/IP 地址”对话框，输入 IP 地址 202.101.101.16，子网掩码 255.255.255.0，如图 10-34 所示。单击“添加”按钮，然后，两次单击“确定”按钮，为网卡绑定 IP 地址 202.101.101.16。

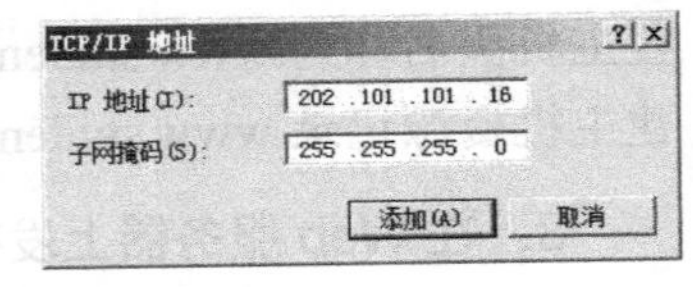

图 10-34　添加 IP 地址

③ 发布网站。单击“开始”→“管理工具”→“Internet 信息服务（IIS）管理器”命令，打开“Internet 信息服务（IIS）管理器”窗口。

④ 在导航树中选择“网站”，单击“操作”窗格中的“添加网站”链接，打开“添加网站”对话框。

⑤ 在“网站名称”中输入“教学管理系统”，单击“物理路径”右侧的按钮，选择“C:\Jx_site”

文件夹，绑定类型选择“http”，IP 地址选择“202.101.101.16”，端口设为“80”，勾选“立即启动网站”复选框，如图 10-35 所示，单击“确定”按钮。

⑥ 发布后的教学管理系统网站，如图 10-36 所示。

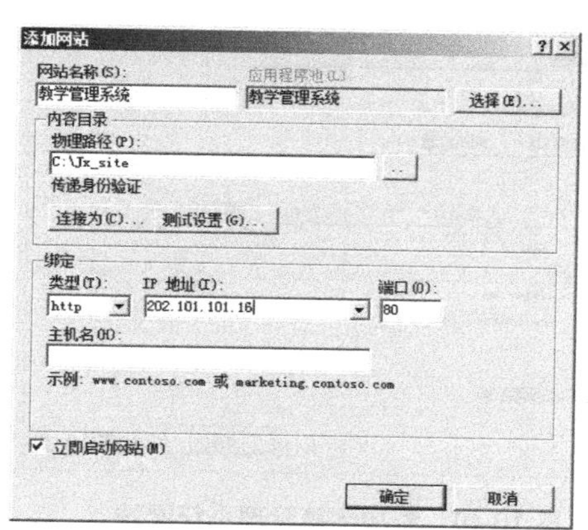

图 10-35　添加教学管理系统网站

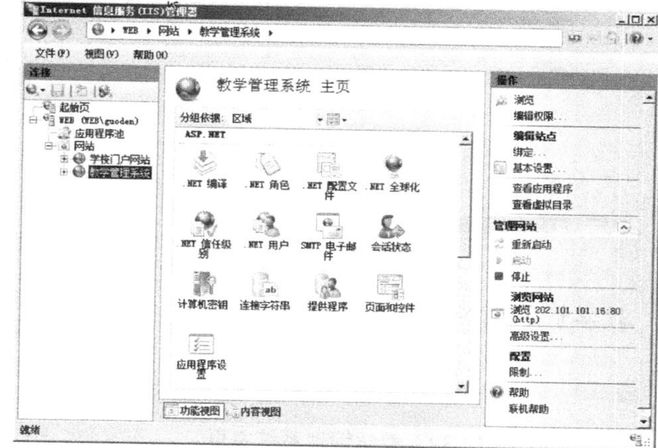

图 10-36　发布后的教学管理系统网站

⑦ 选择“教学管理系统”，单击“操作”窗格的“编辑权限”链接，设置主目录的账户 IIS_IUSRS 只具有读取和执行、列出文件夹目录、读取的权限，方法前面已经讲过，在此不再赘述。

⑧ 打开浏览器，在地址栏输入网址“http://202.101.101.16”，回车，显示教学管理系统主页，如图 10-37 所示。

⑨ 在 DNS 服务器的正向查找区域 school.com 创建主机资源记录 jwc.school.com，对应的 IP 地址为 202.101.101.16，如图 10-38 所示。操作方法前面已经讲过，在此不再赘述。

图 10-37　教学管理系统主页

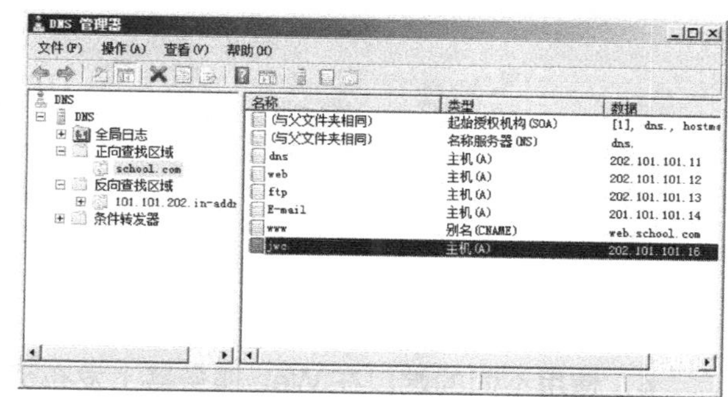

图 10-38　主机资源记录 jwc.school.com

⑩ 在 Windows 7 客户端打开浏览器，在地址栏输入网址“http://jwc.school.com”，回车，显示教学管理系统主页，如图 10-39 所示。

3．使用不同的主机头名称在 Web 服务器上发布学籍管理系统。

① 在导航树中选择“网站”，单击“操作”窗格中的“添加网站”链接，打开“添加网站”对话框。

② 在“网站名称”中输入“学籍管理系统”，单击“物理路径”右侧的按钮，选择“C:\Xj_site”

文件夹，绑定类型选择“http”，IP 地址选择“202.101.101.12”，端口设为“80”，主机名为 www.student.com，勾选“立即启动网站”复选框，如图 10-40 所示，单击“确定”按钮。

图 10-39 教学管理系统主页

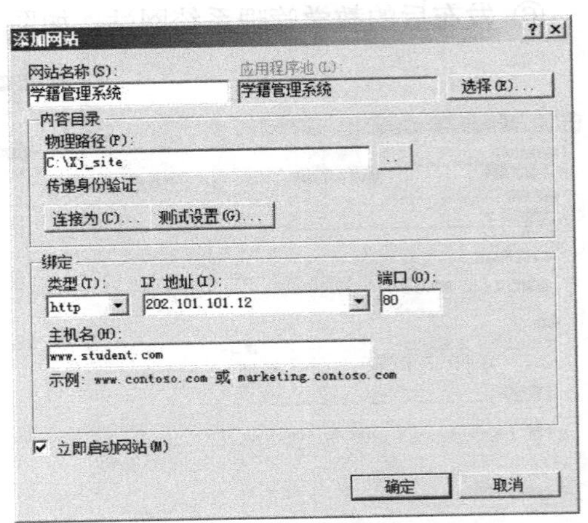

图 10-40 添加学籍管理系统网站

③ 选择“学籍管理系统”，单击“操作”窗格的“编辑权限”，设置主目录的账户 IIS_IUSRS 只具有读取和执行、列出文件夹目录、读取的权限。

④ 在 DNS 服务器新建正向查找区域 student.com，并在其中创建主机资源记录 www.student.com，对应的 IP 地址为 202.101.101.12，如图 10-41 所示。操作方法前面已经讲过，在此不再赘述。

⑤ 在 Windows 7 客户端打开浏览器，在地址栏输入网址“http://www.student.com”，回车，显示学籍管理系统主页，如图 10-42 所示。

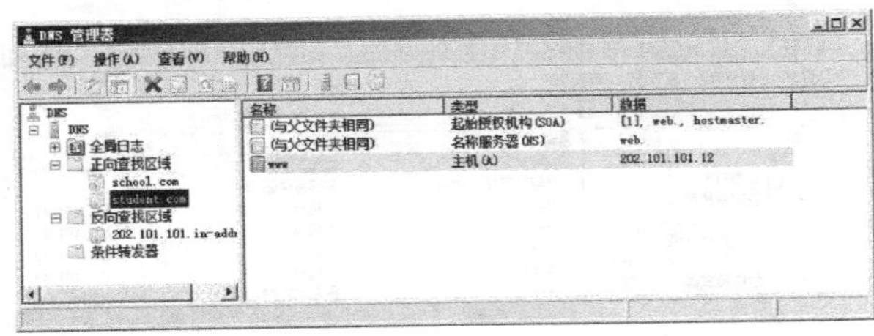

图 10-41 student.com 正向查找区域

图 10-42 学籍管理系统主页

4．使用不同的端口在 Web 服务器上发布资产管理系统网站。

① 在导航树中选择“网站”，单击“操作”窗格中的“添加网站”链接，打开“添加网站”对话框。

② 在“网站名称”中输入“资产管理系统”，单击“物理路径”右侧的按钮，选择“C:\Zc_site”文件夹，绑定类型选择“http”，IP 地址选择“202.101.101.12”，端口设为“8080”，主机名不填，勾选“立即启动网站”复选框，如图 10-43 所示，单击“确定”按钮。

③ 发布后的网站，如图 10-44 所示。

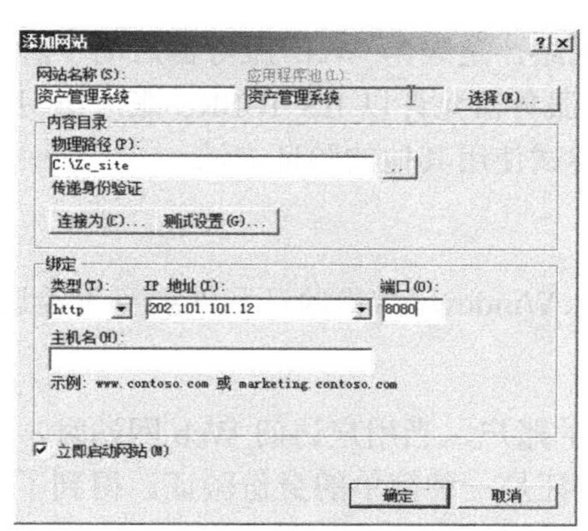

图 10-43　添加资产管理系统网站

图 10-44　创建后的资产管理系统网站

④ 选择“资产管理系统”网站，单击“操作”窗格的“编辑权限”，设置主目录的账户 IIS_IUSRS 只具有读取和执行、列出文件夹目录、读取的权限。

⑤ 在 Windows 7 客户端打开浏览器，在地址栏中输入网址“http://www.school.com:8080”，回车，显示资产管理系统主页，如图 10-45 所示。

图 10-45　资产管理系统主页

任务 5　管理网站网络安全

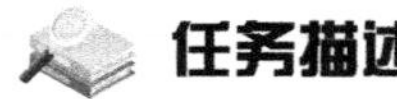

任务描述

设置教学管理系统网站，只有教务处人员可以访问；设置学籍管理系统网站，只有学生处的计算机可以访问。

任务分析

教学管理系统只允许教务处内部人员可以访问，因此，为教务处网站设置基本身份验证，用户访问时需要输入用户名和密码，保证网站的安全。

学籍管理系统只允许内网学生处的计算机访问，因此，对网站设置 IP 地址限制，只允许 IP 地址为 202.101.101.51～202.101.101.60（学生处的计算机）的计算机访问。

知识要点

Windows Server 2008 发布的网站默认允许所有用户访问，并且访问时，不要任何的账户。如果网站只允许特定的用户访问，就需要设置身份验证，只有拥有账户的用户才可以访问，这种方法每次访问网站时都需要输入账户，较为麻烦。如果网站仅允许局域网内的部分或全部用户访问，可以通过限制 IP 地址的方式设置。

1．匿名访问

通常我们访问网站时无需输入账户，可以直接访问网站，是因为 Web 服务器启动了匿名访问，用户默认以 IIS_IUSRS 账户自动登录。如果 Web 服务器允许以 IIS_IUSRS 账户访问，服务器会向用户返回网站主页，如果不允许访问，则会尝试使用其他的验证方法。

2．身份验证

Web 服务提供了三种身份验证的方式：基本身份验证、Windows 身份验证和摘要身份验证。

（1）基本身份验证

基本身份验证要求用户必须有 Web 服务器本地用户的账户，当用户访问 Web 网站时，系统会模仿一个本地用户登录到 Web 服务器。基本身份验证是一种简单的身份验证，得到了大多数浏览器的支持，但用户的密码是以明码的方式在网络上传输的，保密性较差。

（2）Windows 身份验证

Windows 身份验证也需要用户输入账户，密码在传输时会经过加密处理，是一种相对安全的验证方式。它优先于基本身份验证，但它并不先提示用户输入用户名和密码，只有验证失败后，服务器才提示用户输入用户名和密码。虽然 Windows 身份验证比较安全，但是在通过 HTTP 代理连接时，Windows 身份验证不起作用，无法在代理服务器或其他防火墙应用程序后使用。因此，Windows 身份验证更适用于企业 Intranet 环境。

（3）摘要身份验证

摘要身份验证同样要求用户输入账户，用户名和密码都会首先经过 MD5 加密处理，再传输给 Web 服务器。采用这种身份验证的 Web 服务器，必须是域成员服务器。

证明

在安装 Web 服务时，系统默认不安装这些身份验证组件，但管理员可以手动安装这些组件。

3．IP 地址限制网站的访问

IP 地址限制网站的访问是通过 Web 服务器检查每个来访者的 IP 地址，以此来判断哪些计算机是允许访问的，那些计算机是不允许访问的。

证明

IP 地址限制网站的访问使用 IP 和域限制组件，默认安装 Web 服务时不安装，需要管理员手动安装。

任务实施

1．安装身份验证组件与 IP 和域限制组件

① 启动 Web 服务器，打开“服务器管理”窗口，展开左侧导航树中“角色”，选择“Web 服务器（IIS）”，单击右侧的“添加角色服务”，如图 10-46 所示，打开“添加角色向导”对

话框。

② 选择“基本身份验证”、“Windows 身份验证”、“摘要式身份验证”和“IP 和域限制”组件，如图 10-47 所示。单击“下一步”按钮，显示安装确认信息。

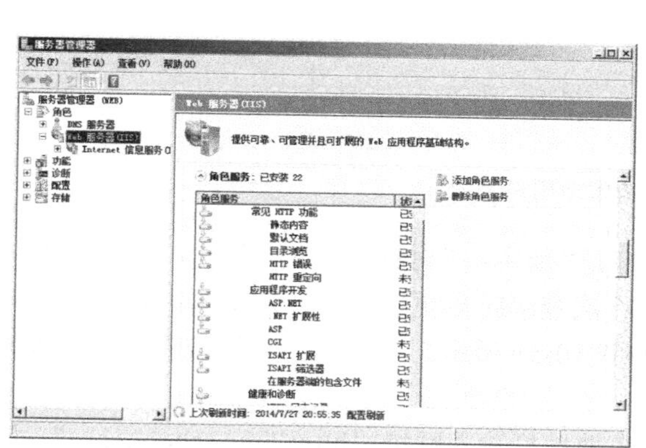

图 10-46　添加角色服务

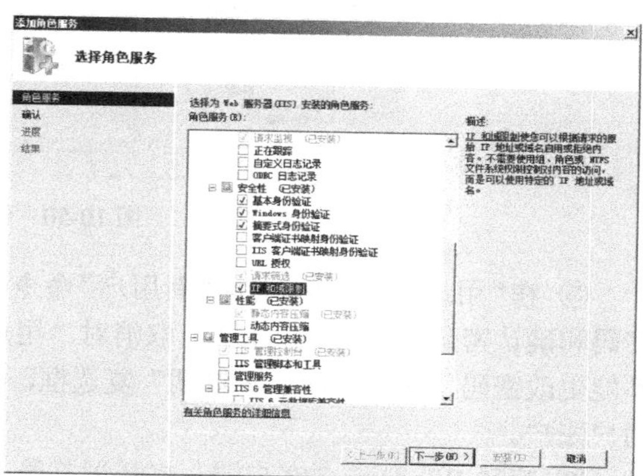

图 10-47　选择组件

③ 单击“安装”按钮，显示安装进度，安装完成后，单击“关闭”按钮，完成组件的安装。

2．为教学管理系统网站设置基本身份验证

① 打开“Internet 信息服务（IIS）管理器”，在导航树中选择“教学管理系统”，进入网站的设置主页，如图 10-48 所示，双击“身份验证”，打开“身份验证”页。

② 选择“匿名身份验证”，单击“操作”窗格中的“禁用”，禁用匿名身份验证，如图 10-49 所示。

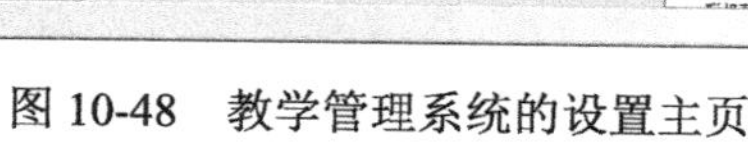

图 10-48　教学管理系统的设置主页

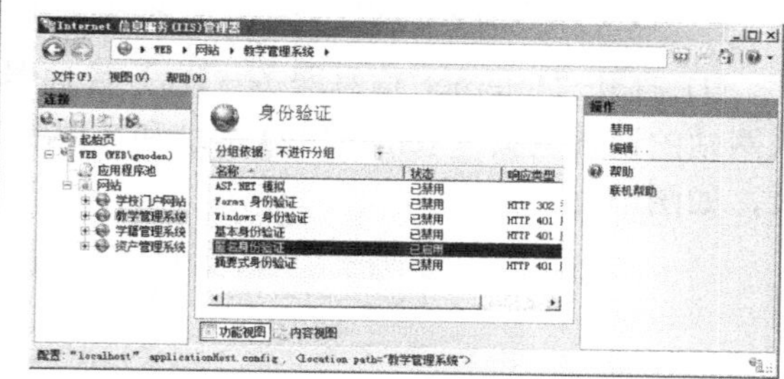

图 10-49　禁用匿名身份验证

③ 在“身份验证”页中选择“基本身份验证”，单击“操作”窗格中的“启动”链接，开启了基本身份验证。

④ 添加本地用户账户。打开“服务器管理器”窗口，在导航树中展开“配置”，展开“本地用户和组”，如图 10-50 所示。

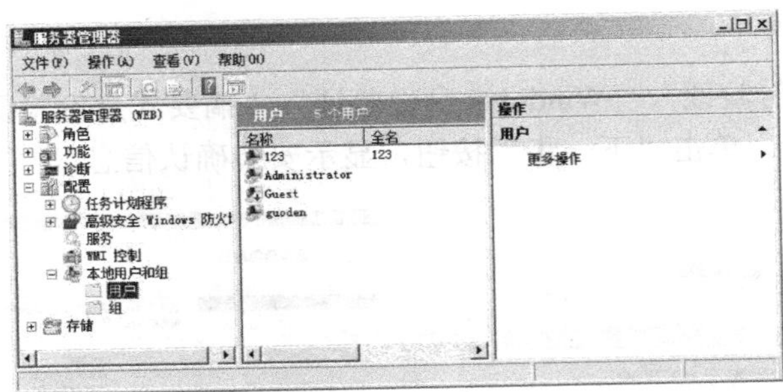

图 10-50　创建本地用户

⑤ 在“用户”上右击，选择“新用户”命令，打开“新用户”对话框，用户名输入“Jwc2014”，密码和确认密码输入“123abc!”，取消对“用户下次登录时需更改密码”的选择，选择“用户不能更改密码”和“密码永不过期”复选框，如图 10-51 所示。单击“创建”按钮，创建本地用户账户。

⑥ 启动 Windows 7 客户端，打开浏览器，在地址栏输入网址“http://jwc.school.com”，回车，在“连接到 jwc.school.com”窗口中，输入用户名和密码，如图 10-52 所示，单击“确定”按钮，显示教学管理系统的主页信息。

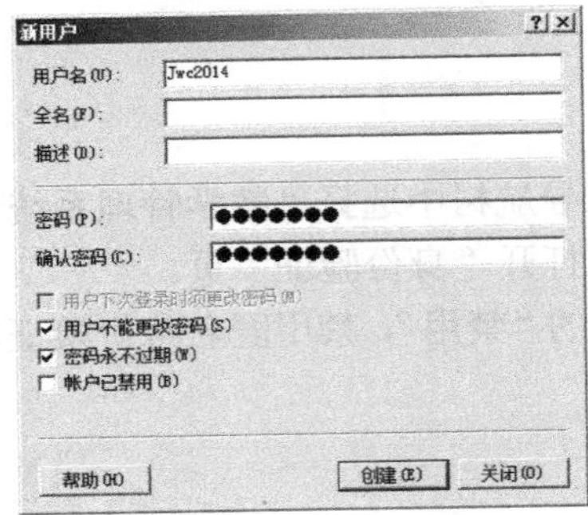

图 10-51　新建本地用户账户

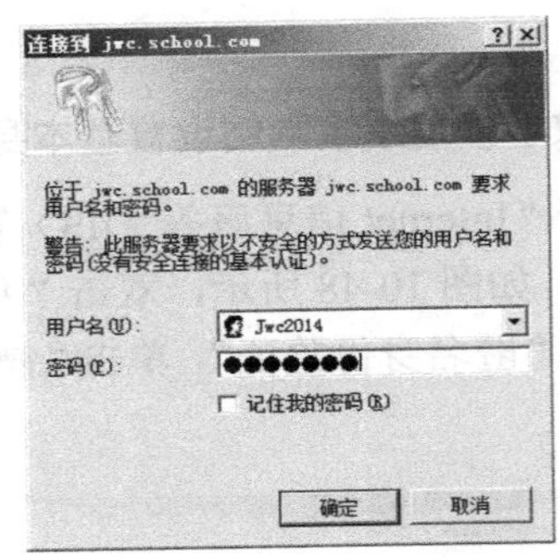

图 10-52　输入用户名和密码

3. 为学籍管理系统网站设置 IP 地址访问限制

① 打开“Internet 信息服务（IIS）管理器”，在导航树中选择“学籍管理系统”网站，进入网站的设置主页，双击“IPv4 地址和域限制”，如图 10-48 所示，打开“IPv4 地址和域限制”页，如图 10-53 所示。

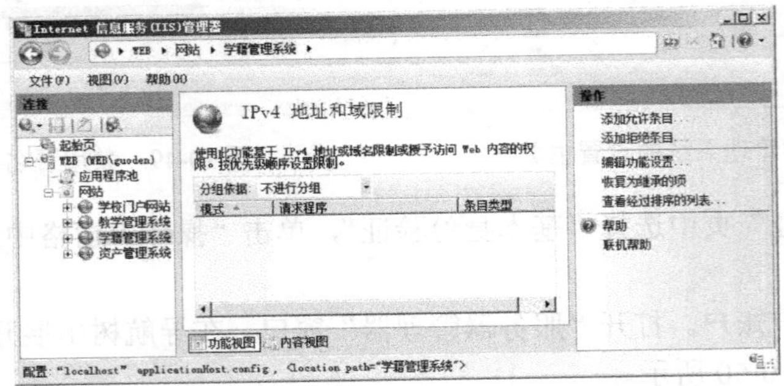

图 10-53　“IPv4 地址和域限制”页

② 单击“添加允许条目”，打开“添加允许限制规则”对话框，选择“特定 IPv4 地址”项，输入“202.101.101.51”，如图 10-54 所示，单击“确定”按钮，添加允许访问的 IP 地址 202.101.101.51。

说明：

设置允许访问的计算机

单击“添加允许条目”，打开“添加允许限制规则”对话框，如图 10-54 所示，如果选择“特定 IPv4 地址”，一次只能添加一个 IP 地址，如果选择“IPv4 地址范围”一次可以添加一组 IP 地址。例如允许 202.101.101.0 网络的所有主机访问学籍管理系统，可以输入 202.101.101.0，掩码为 255.255.255.0。

设置拒绝访问的计算机

单击“添加拒绝条目”，打开“添加拒绝限制规则”对话框，如图 10-55 所示，其设置方法与添加允许条目类似，在此不再赘述。

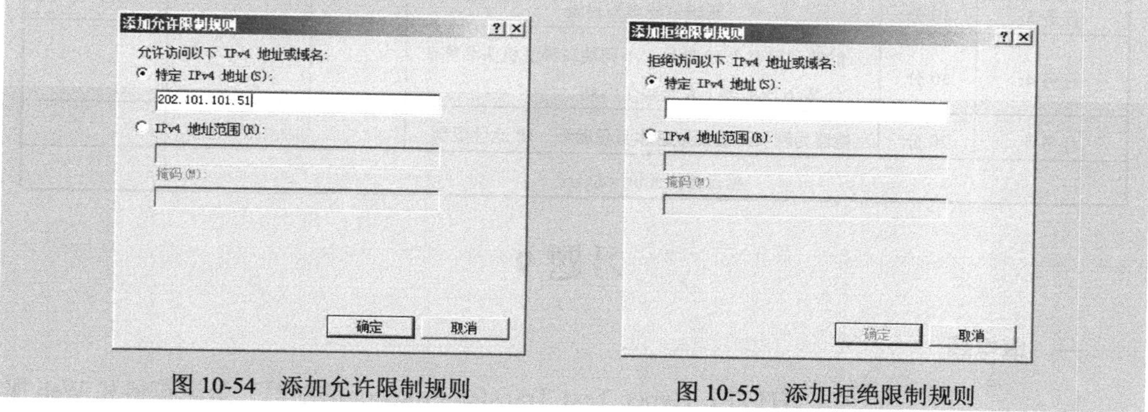

图 10-54　添加允许限制规则　　图 10-55　添加拒绝限制规则

③ 多次分别单击“添加允许条目”，依次添加 IP 地址 202.101.101.52～202.101.101.60，添加后的 IP 地址和域限制页如图 10-56 所示。

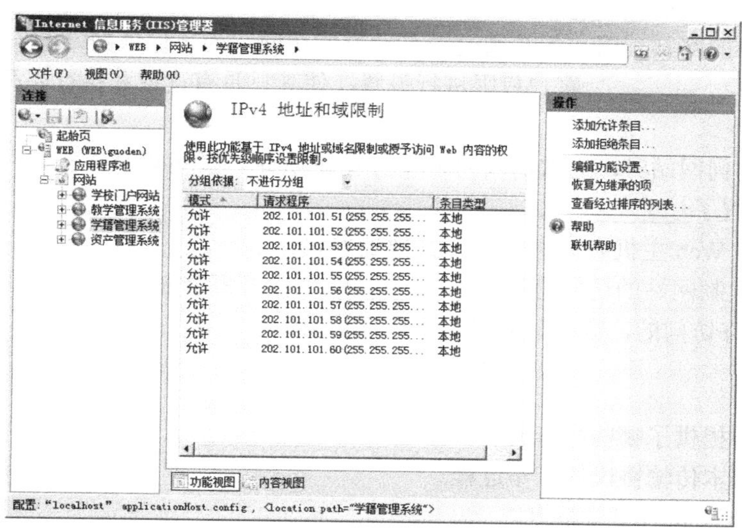

图 10-56　添加允许限制规则

④ 客户端测试。启动 Windows 7 客户端，打开浏览器，在地址栏输入学籍管理系统的网址“http://www.student.com”，回车，无法访问。将客户端的 IP 地址设为 202.101.101.51，再次访问学籍管理系统，可以正常访问。

项目评价

项目 9　分任务完成情况评价表

任务名称	配分	评分要点	自评	组长评价	教师评价
任务 1	10 分	正确安装 Web 服务			
任务 2	30 分	正确发布学校网站，正确配置 IIS_IUSRS 账户的权限、最大带宽，添加默认文档 index.asp、添加 SWF 的 MIME 类型			
任务 3	10 分	正确创建虚拟目录			
任务 4	30 分	能够利用多个 IP 地址、不同端口和主机头名称在一台 Web 服务器上发布多个网站			
任务 5	20 分	能够为网站正确配置基本身份验证、IP 地址限制			
项目总体评价（总分）					

习题 9

一、填空题

1. ________________（HTTP，Hyper Text Transfer Protocol 的缩写）是浏览器和 Web 服务器之间相互通信的一种协议。

2. Web 服务采用________________的工作模式，通信过程使用了 HTTP 协议（超文本传输协议），常用的端口是______。

3. 一个对外的网站，用户都是通过匿名的方式访问，为了保证网站的安全，需要在服务器上将网站主目录__________账户权限进行设置，使其只具有读取和执行、列出文件夹目录、读取权限。

4. 当用户访问网站时，通常输入网站域名或 IP 地址，就可以直接打开网站的主页文件，这是因为网站设置了__________。

5. 创建虚拟 Web 主机有三种方式：IP 地址方式、____________方式和_______方式。

6. IP 地址限制网站的访问是通过____________检查每个来访者的 IP 地址，以此来判断哪些计算机是允许访问的，哪些计算机是不允许访问的。

二、简答题

1. Web 服务提供了哪些身份验证的方式？
2. 简述超文本传输协议的工作过程。
3. 虚拟 Web 主机有哪些特点？

项目实践 9

某公司的域名为 qdkj.com，网络地址为 191.168.1.0/24，网关为 191.168.10.1，公司有四台服务器，分别为 DNS 服务器（FQDN 为 dns.qdkj.com，IP 地址为 191.168.1.12/24）、Web 服务器（FQDN 为 www.qdkj.com，IP 地址为 191.168.1.13/24）。

公司有一个门户网站采用 ASP.NET 技术开发，需要在 Web 服务器上发布，要求用户能够在外网通过网址 http://www. qdkj.com 访问，合理设置网络带宽，保证 Web 服务器稳定运行。另外，公司财务部门有一个 ASP.NET 技术开发的财务管理系统，只许财务部门内部人员（财务部门计算机的 IP 地址为 191.168.1.50～191.168.1.58）可以访问。请合理配置 Web 服务器，实现公司需求。

FTP 服务器的配置

教学目标

知识目标

- 掌握 FTP 的概念与工作原理；
- 掌握 FTP 服务器的访问方式；
- 了解 FTP 客户端有哪些软件；
- 掌握 FTP 站点属性各个参数的含义；
- 掌握 FTP 站点的三种模式。

技能目标

- 能够安装 FTP 服务；
- 能够创建不隔离用户模式的 FTP 站点；
- 能够创建隔离用户模式的 FTP 站点；
- 能够配置 FTP 站点的属性。

项目描述

海滨高职校的网络地址为 202.101.101.0，域名为 school.com，网关为 202.101.101.254，DNS 服务器（FQDN 为 dns.school.com）的 IP 地址为 202.101.101.11/24。为方便教工下载和使用学校资源，学校准备搭建一台 FTP 服务器，FTP 服务器（FQDN 为 ftp.school.com）的 IP 地址为 202.101.101.13/24，只允许网内的计算机访问，并且访问时需要身份验证。

项目分析

搭建 FTP 服务器，首先需要安装 FTP 服务，根据学校要求，可以为学校创建一个不隔离用户模式的 FTP 站点，为加强学校资源的安全，禁止匿名用户的访问，所有用户必须通过正式账户访问，并且设置只有允许 IP 地址的计算机可以访问 FTP 站点。

项目分任务

任务 1：安装 FTP 服务

任务 2：创建与配置 FTP 站点

项目准备

① 一台 FTP 服务器，安装 Windows Server 2008 操作系统。

② 一台 DNS 服务器，安装 Windows Server 2008 操作系统，DNS 配置请参照项目八：配置与管理 DNS 服务器。

③ 一台客户端，安装 Windows XP 操作系统。

项目分任务实施

任务 1 安装 FTP 服务

任务描述

为 FTP 服务器设置静态 IP 地址，安装 FTP 服务。

知识要点

1. 什么是 FTP

FTP（File Transfer Protocol，文件传输协议）是 TCP/IP 协议簇的应用协议之一，它定义了远程计算机系统之间传送文件数据的一种标准。如果已安装了 FTP 服务的服务器安装了 FTP 协议和服务器软件，计算机就可以通过 FTP 服务相互传送文件了。

2. FTP 的工作原理

FTP 工作在服务器/客户端模式下，服务器指的是 FTP 服务器，提供存储空间和 FTP 服务，客户端指的是安装了客户端软件的工作站，客户端软件如浏览器、FTP 下载工具等。客户端与 FTP 服务器建立连接后，可以从 FTP 服务器上下载文件，或将文件上传到 FTP 服务器，一台 FTP 服务器可以同时为多个客户端提供服务。

FTP 文件传输有两个过程，一个是控制连接，默认使用 21 端口；一个是数据传输，默认使用 20 端口。当客户端要和 FTP 服务器进行文件传输时，首先向服务器的 21 端口发送一个连接请求，FTP 服务器收到连接请求后，在服务器与客户端之间建立连接，传送控制信息，这种连接称为 FTP 控制连接；控制连接创建后，开始传输文件，传输文件的连接称为 FTP 数据连接，文件传输完成后，断开连接。

3. FTP 服务器的访问方式

FTP 服务器有两种访问方式，一种是使用授权账户访问，一种是匿名访问。使用授权账户访问服务器，用户需要有正式的账户，这种方式常用于企业内网用户；匿名访问是 FTP 服务器向用户提供的一种标准统一的访问方法，用户访问时使用 Anonymous 作为用户名，常用于 Internet。

4. FTP 客户端软件

目前使用的 FTP 客户端软件主要有 FTP 下载工具、浏览器和 FTP 命令行。

（1）FTP 下载工具

FTP 下载工具因为具有友好的用户界面、支持断点续传等优点，受到广大用户的青睐，如 WS-FTP、Cute FTP、Flash FXP 等，这些软件安装方便、使用简单。

（2）浏览器

大多数浏览器都支持 FTP 文件传输协议，用户只需要在地址栏输入 URL，就可以打开服务器 FTP 站点目录上传和下载文件。

（3）FTP 命令行

单击“开始”→“所有程序”→“附件”→“命令提示符”命令，打开“命令提示符”窗口，在提示符下输入 FTP 命令，可以上传和下载文件。

任务实施

1. 设置 FTP 服务器的 IP 地址与计算机名称

① 启动 FTP 服务器，将 IP 地址设为 202.101.101.13，子网掩码设为 255.255.255.0，网关设为 202.101.101.254，首选的 DNS 服务器设为 202.101.101.11。

② 将计算机名称改为“FTPServer”，并重启服务器。

小经验

FTP 服务器必须设置静态 IP 地址，不能通过 DHCP 服务器获取地址，否则，无法正常提供 FTP 服务。

2. 安装 FTP 服务

① 单击“开始”→“管理工具”→“服务器管理器”命令，打开“服务器管理器”窗口，在左侧导航树中单击“角色”，在“角色摘要”中单击“添加角色”项，打开“添加角色向导”对话框，显示向导使用说明，单击“下一步”按钮。

② 在“选择服务器角色”窗口中，选择“Web 服务器（IIS）”项，系统提示“是否添加 Web 服务器（IIS）所需的功能？”，单击“添加必需的功能”按钮，返回“选择服务器角色”对话框，此时，“Web 服务器（IIS）”项已经勾选，单击“下一步”按钮。

③ 在“Web 服务器（IIS）”中显示 Web 服务器简介、证明事项等信息，单击“下一步”按钮。

④ 打开“选择角色服务”向导，在角色服务列表中选择“FTP 发布服务”，此时，系统打

开“是否添加 FTP 发布服务 所需的角色服务？”对话框，如图 10-1 所示，提示必须安装所需的角色服务才能安装 FTP 发布服务，单击“添加必需的角色服务”按钮。

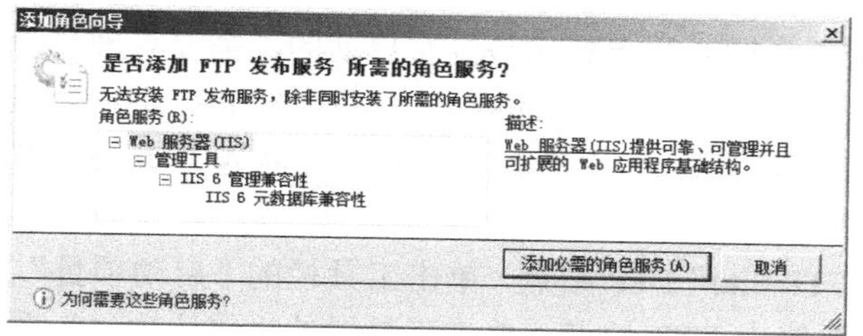

图 10-1 “是否添加 FTP 发布服务 所需的角色服务？”对话框

⑤ 在安装 FTP 服务时，系统会默认选择安装一些 Web 所必需的组件，如果服务器仅作为 FTP 服务器使用，可以取消对“Web 服务器（IIS）”角色服务的选择，其中“IIS 6 元数据库兼容性”是必选的，否则无法选中“FTP 发布服务”，如图 10-2 所示，单击“下一步”按钮。

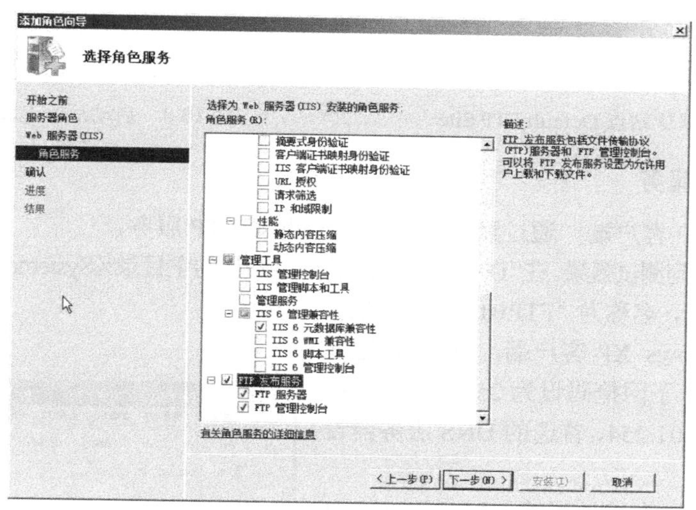

图 10-2 选择 FTP 组件

⑥ 在“确认安装选择”中显示安装的服务，如果选择错误，可以单击“上一步”按钮，返回重新选择，如果正确，单击“安装”按钮，开始安装 FTP 服务。

⑦ 在“安装进度”中显示服务器角色的安装过程，最后，在“安装结果”中显示 FTP 已经安装成功，并列出安装的服务，单击“关闭”按钮，关闭“添加角色向导”对话框。

⑧ FTP 服务安装后，管理员可以通过“Internet 信息服务（IIS）6.0 管理器”来管理和配置 FTP 服务。

说明：

1）FTP 服务安装时，系统会默认创建一个 FTP 站点，名称为“Default FTP Site”，主目录为%Systemdrive%\Inetpub\Ftproot。

2）在 Windows Server 2008 系统中，FTP 服务由 II6.0 提供，而不是 II7.0 提供，因此 FTP 服务完成后，用户使用 II6.0 管理器来配置和管理 FTP 服务。

3．FTP 服务的启动与停止

FTP 服务安装完成后，FTP 站点默认是没有启动的，需要管理员手动启动。

① 单击“开始”→“管理工具”→“Internet 信息服务（IIS）6.0 管理器”命令，打开“Internet 信息服务（IIS）6.0 管理器”窗口，系统默认创建一个名为“Default FTP Site”FTP 站点，并且是停止的，如图 10-3 所示。

② 选择“Default FTP Site”FTP 站点，单击工具栏的“启动项目”图标▶，启动 FTP 站点，如图 10-4 所示。如果要停止 FTP 站点，单击工具栏的“停止项目”图标■，如果要暂停 FTP 站点，单击工具栏的“暂停项目”图标Ⅱ。

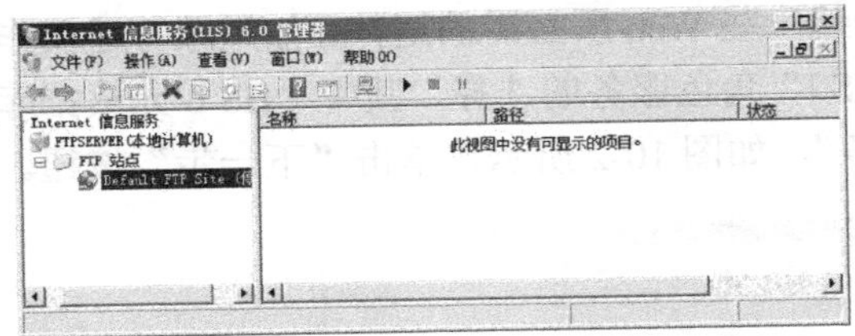

图 10-3　默认站点 Default FTP Site

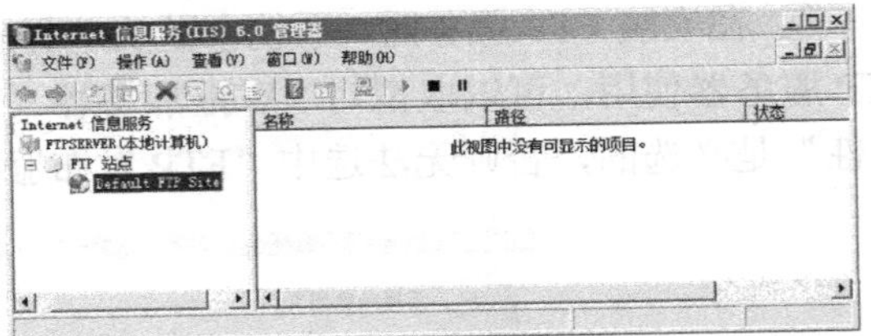

图 10-4　启动后的 FTP 服务

4．测试 FTP 服务

在 Windows XP 客户端，通过默认的 FTP 站点测试 FTP 服务。

① 为了能够看到测试效果，在“Default FTP Site”站点默认的主目录%Systemdrive%\Inetpub\Ftproot 中创建一个文本文档，名称为“FTP.txt”，内容自定。

② 启动 Windows XP 客户端，设置 IP 地址为 202.101.101.21，子网掩码设为 255.255.255.0，网关设为 202.101.101.254，首选的 DNS 服务器设为 202.101.101.11。

③ 打开浏览器，在地址栏输入“ftp:// 202.101.101.13”，回车，可以打开“Default FTP Site”站点的主目录。如图 10-5 所示。此时，可以通过拖拽的方式下载文件，但不能上传文件，表示 FTP 服务安装成功。

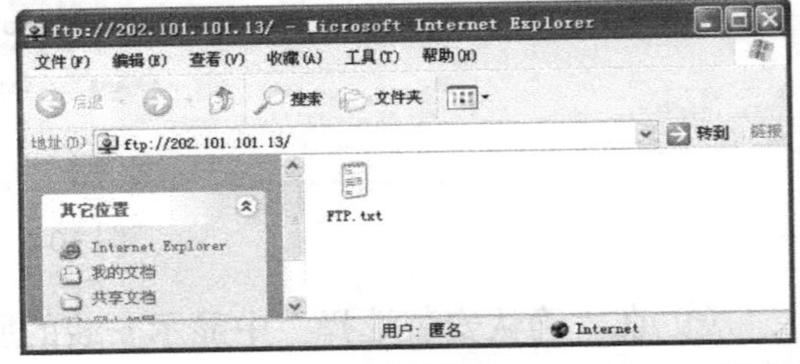

图 10-5　测试 FTP 服务

任务 2　创建与配置 FTP 站点

任务描述

学校要创建一个 FTP 站点，供学校教工下载学校的各种资源，下载资源时要求身份验证，并且只有内网的计算机可以下载。为保证学校 FTP 服务器的稳定运行，合理设置连接限制，为站点创建虚拟目录“shipin”，用于存放视频文件，供教工下载。

任务分析

为学校创建“学校资源”FTP 站点，以 C:\school_source 文件夹作为站点主目录，使用 IP 地址 202.101.101.13 和默认端口 21，站点为不隔离用户模式。因为只供教工下载资源，因此，将站点主目录的权限设为读取。其他设置分析如下：

① 为保证学校 FTP 服务器的稳定运行，根据学校网络情况将连接限制为 2000，连接超时为 60 秒。

② 禁止用户使用匿名账户（Anonymous）登录，而使用正式账户（用户名为“ftp_2014”，密码“abc_123”）登录。

③ 为站点设置横幅、欢迎词、欢送词和最大连接数提示信息。

④ 站点只允许内网计算机访问，因此，设置授权访问的网络标识为 202.101.101.0，子网掩码为 255.255.255.0。

⑤ 创建虚拟目录“shipin”，物理目录为 C:\Video，权限为读取。

任务实施

1．创建“学校资源”FTP 站点

① 在 FTP 服务器的 C 盘创建文件夹“school_source”，作为“学校资源”站点的主目录。

② 打开“Internet 信息服务（IIS）6.0 管理器”窗口，在“Default FTP Site”站点上右击，选择“删除”命令，然后在“FTP 站点”上右击，选择“新建”→“FTP 站点”命令，如图 10-6 所示。

③ 打开“FTP 站点创建向导”对话框，显示欢迎界面，单击“下一步”按钮，在“FTP 站点描述”中输入文字“学校资源”，单击“下一步”按钮。

④ 在“IP 地址和端口设置”中设置“输入此 FTP 站点使用的 IP 地址”为“202.101.101.13”，“输入此 FTP 站点的 TCP 端口”为 21，如图 10-7 所示，单击“下一步”按钮。

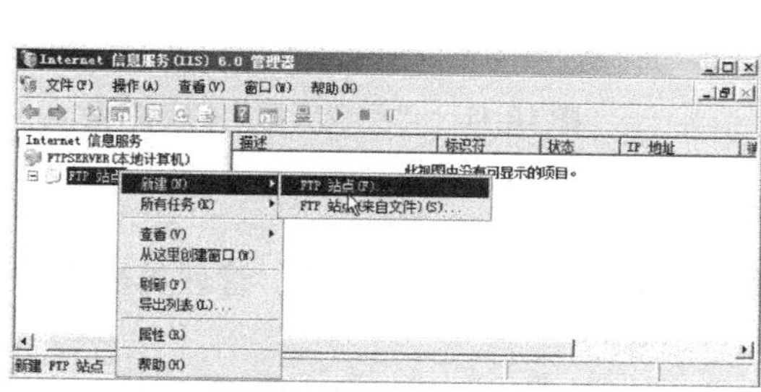

图 10-6　新建 FTP 站点

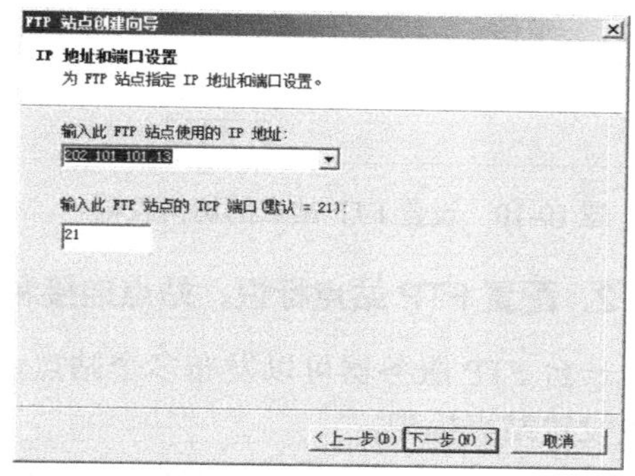

图 10-7　设置 IP 地址和端口

⑤ 在“FTP 用户隔离”中选择“不隔离用户”模式，如图 10-8 所示，单击“下一步”按钮。

说明：“不隔离用户”模式下，用户只能访问 FTP 站点的主目录，安全性较低，“隔离用户”模式和“用 Active Directory 隔离用户”模式将在后面讲解。

⑥ 在“FTP 站点主目录”中输入主目录的路径为“C:\school_source”，或者单击“浏览”

按钮，选择主目录，如图 10-9 所示，单击“下一步”按钮。

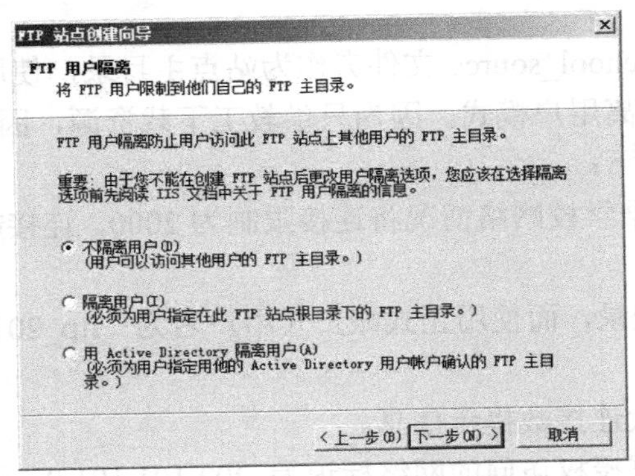
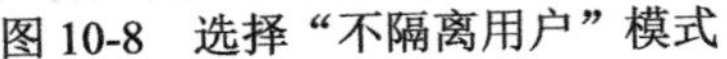

图 10-8 选择“不隔离用户”模式

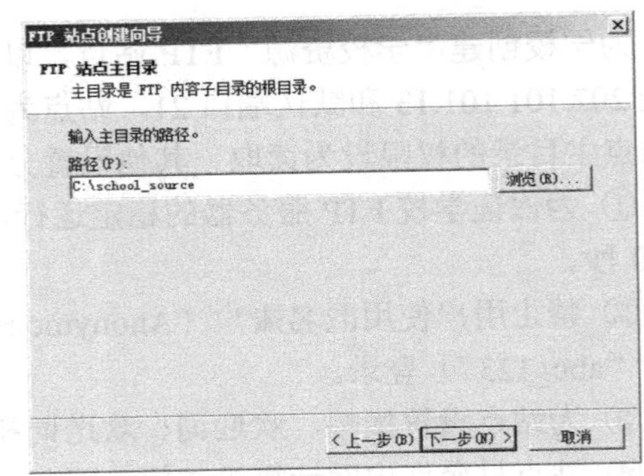

图 10-9 设置 FTP 站点主目录

⑦ 在“FTP 站点访问权限”中勾选“允许下列权限”项中的“读取”复选框，如图 10-10 所示，单击“下一步”按钮。最后，单击“完成”按钮，完成“学校资源”FTP 站点的创建。

读取：用户可以查看和下载主目录的文件或文件夹。

写入：用户可以向主目录中上传文件或文件夹，也可以修改、删除主目录中的文件或文件夹。

⑧ 创建后的“学校资源”FTP 站点，如图 10-11 所示。

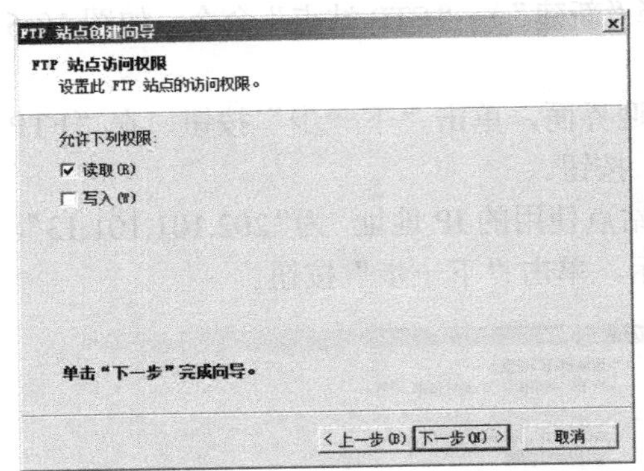

图 10-10 设置 FTP 站点的访问权限

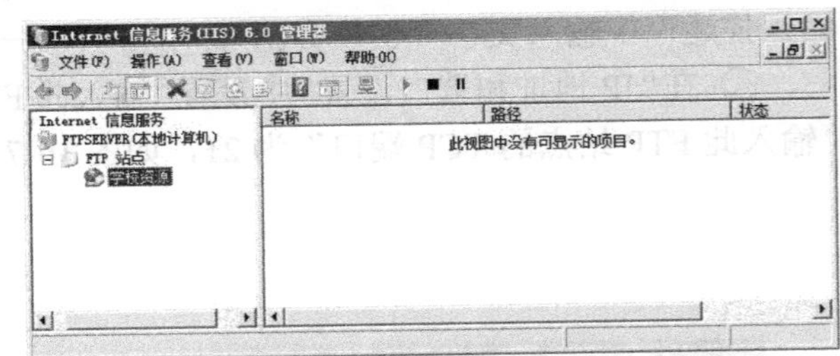

图 10-11 “学校资源”FTP 站点

2. 配置 FTP 站点标识、站点连接和日志记录

一台 FTP 服务器可以发布多个站点，不同的站点用站点标识加以区别，管理员需要为每个站点设置站点标识。

① 在“学校资源”FTP 站点上右击，选择“属性”命令，打开“学校资源 属性”对话框，可以设置“FTP 站点标识”中的站点描述、IP 地址和 TCP 端口，当然，这些已经在创建 FTP 站点时设置过了，如图 10-12 所示。

描述：指 FTP 站点的名称，显示在“Internet 信息服务（IIS）6.0 管理器”窗口中。

IP 地址：指当前 FTP 站点使用的 IP 地址。Windows Server 2008 操作系统允许每块网卡绑定多个 IP 地址，FTP 站点可以根据需要选择。

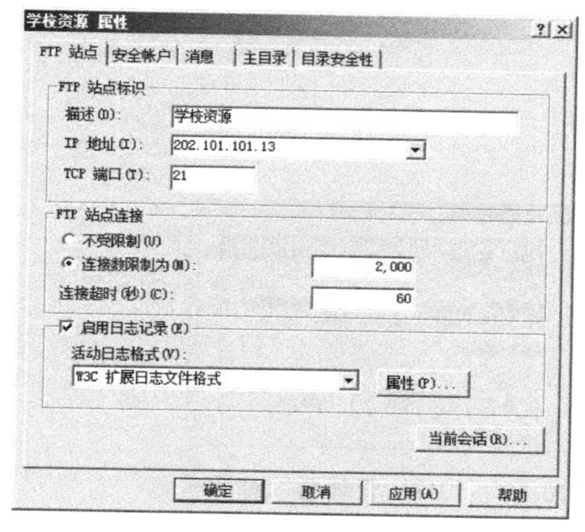

图 10-12　设置 FTP 站点

TCP 端口：指当前 FTP 站点使用的端口，默认端口为 21，管理员可以任意指定端口，但如果使用其他端口，客户端在访问 FTP 站点时需要在 URL 后面加上端口号，否则无法访问 FTP 站点。

② 设置“FTP 站点连接”中的“连接数限制为”为 2000，“连接超时”为 60 秒，勾选“启用日志记录”复选框。如图 10-12 所示，单击“确定”按钮，保存设置。

不受限制：允许并发的连接数不受任何限制，当并发的连接数过大时，会导致服务器资源耗尽而死机，且易受到攻击，不推荐使用该项。

连接数限制为：将并发连接数限制在某个数值内，当超过这个数值时，用户将不能连接到 FTP 站点。这种限制虽有一定的缺陷，但有利于保障服务器的稳定运行。

连接超时（秒）：如果 FTP 连接在一段时间内没有反应时，服务器会自动断开该连接，释放被占用的系统资源和网络带宽，供其他用户使用。

2. 设置安全账户

FTP 站点有两种验证方式，匿名验证和基本验证，默认情况下，用户通过匿名账户 Anonymous（密码为任意一个电子邮件地址）登录 FTP 站点，为增强 FTP 站点的安全性，也可以要求匿名用户使用正式的账户登录。

① 新建本地用户账户，用户名为“ftp_2014”，密码“abc_123”。打开“服务器管理器”窗口，在导航树中展开“配置”，展开“本地用户和组”，如图 10-13 所示。

② 在“用户”上右击，选择“新用户”命令，打开“新用户”对话框，用户名输入“ftp_2014”，密码和确认密码输入“abc_123”，取消对“用户下次登录时需更改密码”的选择，选择“用户不能更改密码”和“密码永不过期”项，单击“创建”按钮，创建本地用户账户。如图 10-13 所示。

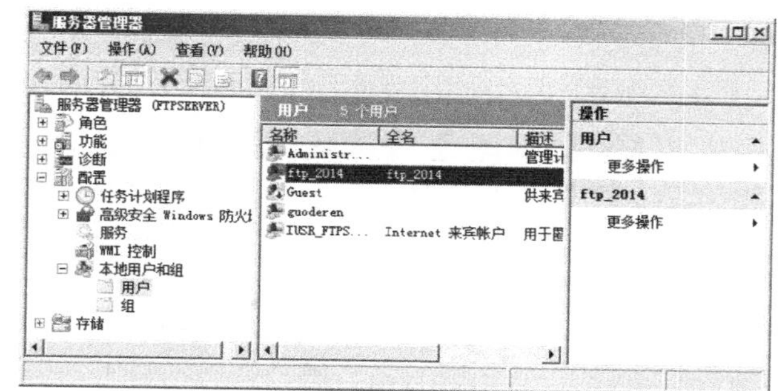

图 10-13　创建本地用户账户

③ 在“学校资源”站点上右击，选择“属性”命令，打开“学校资源 属性”对话框，切换到“安全账户”选项卡。

④ 单击“浏览”按钮，打开“选择用户”对话框，单击“高级”按钮，打开高级“选择用户”对话框，单击“立即查找”按钮，选择账户“ftp_2014”，单击“确定”按钮，在“选择用户”对话框中，单击“确定”按钮，返回“安全账户”选项卡，设置密码为“abc_123”。如图 10-14 所示。

⑤ 取消对“允许匿名连接”复选框的选择，出现“IIS6 管理器”提示对话框，如图 10-15 所示，单击“是”按钮，返回“安全账户”选项卡。

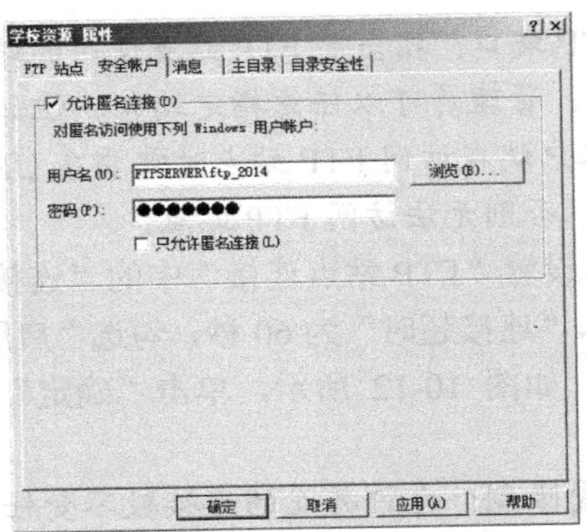

图 10-14 设置 FTP 站点的安全账户

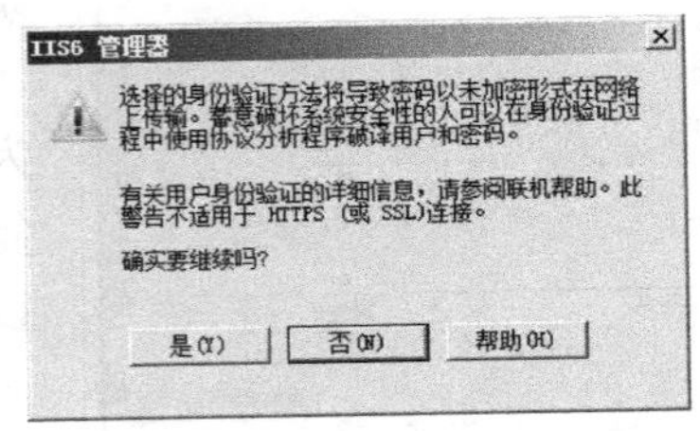

图 10-15 “IIS6 管理器”对话框

⑥ 单击“应用”按钮，保存设置，匿名账户 Anonymous 将无法再登录 FTP 站点，客户端通过浏览器访问该 FTP 站点时，将自动打开“登录身份”对话框，用户必须正确输入用户名和密码，才能登录 FTP 站点，如图 10-16 所示。为以后登录方便，用户可以在“登录身份”窗口中，勾选“保存密码”复选框，这样下次登录时，不用再输入用户名和密码。

3．设置消息

消息是用户在访问 FTP 站点过程中连接、登录、退出和超过最大连接数时显示的提示信息，使用户访问 FTP 站点时享受更人性化的服务。

① 切换到“消息”选项卡，在“横幅”中输入“海滨高职校公共资源！”，在“欢迎”中输入“欢迎来到海滨高职校 FTP 站点！”，在“退出”中输入“再见，希望我们的资源对您有所帮助！”。

② 在“最大连接数”中输入“本 FTP 的连接已经达到最大数量，请稍后访问！”，如图 10-17 所示。单击“应用”按钮，保存设置。

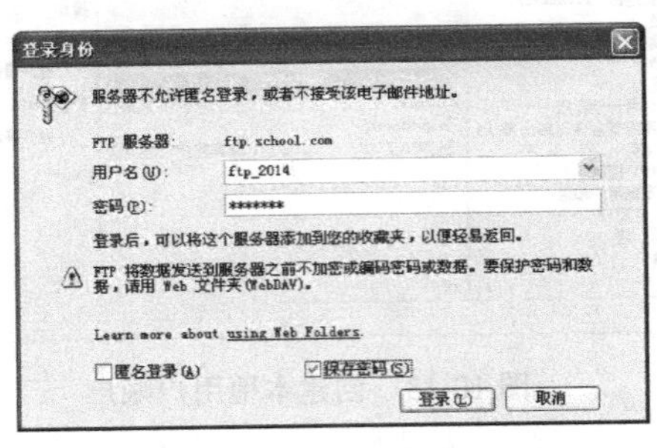

图 10-16 “登录身份”对话框

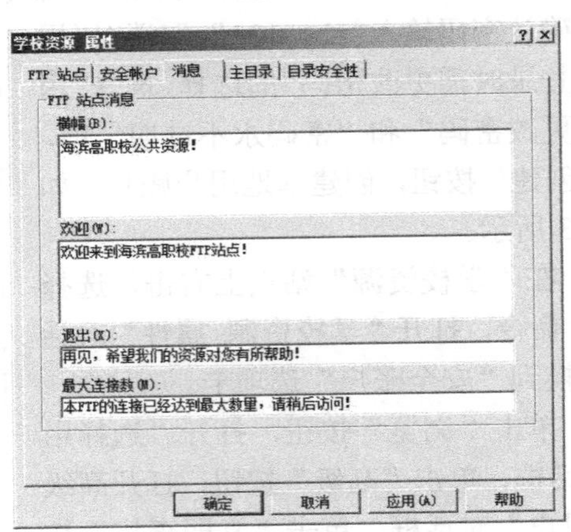

图 10-17 设置 FTP 站点的消息

横幅：用户访问 FTP 站点时，首先显示的 FTP 站点说明性文字。

欢迎：用户登录成功后，显示的欢迎词以及使用 FTP 站点应证明的事项等。

退出：用户退出时显示的欢送词。

最大连接数：当 FTP 站点的连接数达到了连接限制数时，当再有用户请求连接时，FTP

站点发送给客户端的信息。

4. 设置主目录

用户可以设置 FTP 站点主目录的位置、访问权限和目录列表样式。

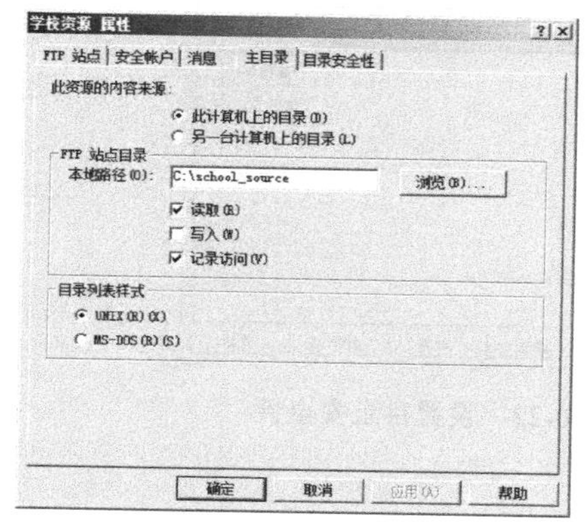

图 10-18 设置 FTP 站点的主目录

① 切换到“主目录”选项卡，“此资源的内容来源”选择“此计算机上的目录”，在“FTP 站点目录”的“本地路径”中输入“C:\school_source”，或单击“浏览”按钮，选择“C:\school_source”，如图 10-18 所示。

此计算机上的目录：选择此项时，需要在“本地路径”中设置 FTP 站点主目录的路径，目录位于 FTP 服务器。

另一台计算机上的目录：选择此项时，FTP 站点的主目录指向另一台计算机上的共享文件夹，格式如“\\服务器\共享名”。

② 勾选“读取”和“记录访问”复选框，“目录列表样式”选择“UNIX”，如图 10-18 所示。单击“应用”按钮，保存设置。

FTP 站点主目录的权限

读取：用户可以查看、下载主目录中的文件和子文件夹。

写入：用户可以添加、更改和删除主目录中的文件和子文件夹。

访问记录：将连接到 FTP 站点的行为记录到日志文件中。

目录列表样式

UNIX：类似于在 UNIX/Linux 下执行 ls 命令显示文件列表的样式，如图 10-19 所示。

MS-DOS：类似于在 DOS 下执行 Dir 命令显示文件列表的样式，如图 10-20 所示，这种样式是系统默认的列表样式。

```
-r-xr-xr-x   1 owner    group            357 Aug  4 16:43 ABC.txt
-r-xr-xr-x   1 owner    group             25 Aug  4 16:26 ftp.txt
```

图 10-19 UNIX 目录列表样式

```
08-04-14  04:43PM                 357 ABC.txt
08-04-14  04:26PM                  25 ftp.txt
```

图 10-20 MS-DOS 目录列表样式

5. 设置目录安全性

对 FTP 站点设置 IP 地址访问限制，可以允许或禁止特定的计算机访问 FTP 站点，有利于避免外界的攻击。

① 切换到“目录安全性”选项卡，在“TCP/IP 地址访问限制”中选择“拒绝访问”项，单击“添加”按钮，打开“授权访问”对话框，选择“一组计算机”，在“网络标识”中输入“202.101.101.0”，在“子网掩码”中输入“255.255.255.0”，如图 10-21 所示。最后，单击“确定”按钮。

② 设置完成后如图 10-22 所示。表示默认情况下，除了网络标识为 202.101.101.0，子网掩码为 255.255.255.0 的计算机（即内网所有的计算机）外，所有的计算机都将被拒绝访问，单

击“确定”按钮，保存设置。

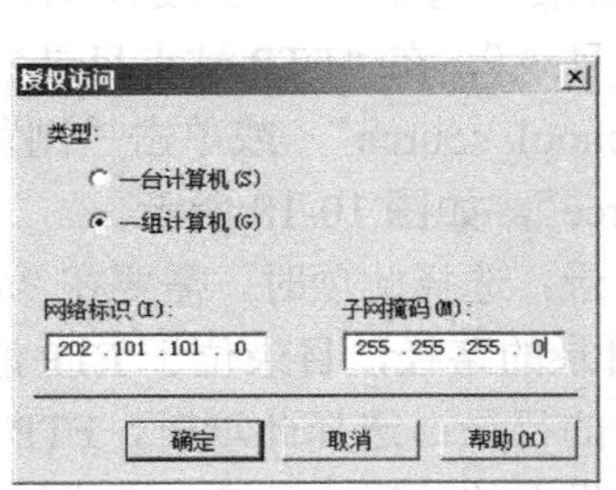
图 10-21 “授权访问”对话框

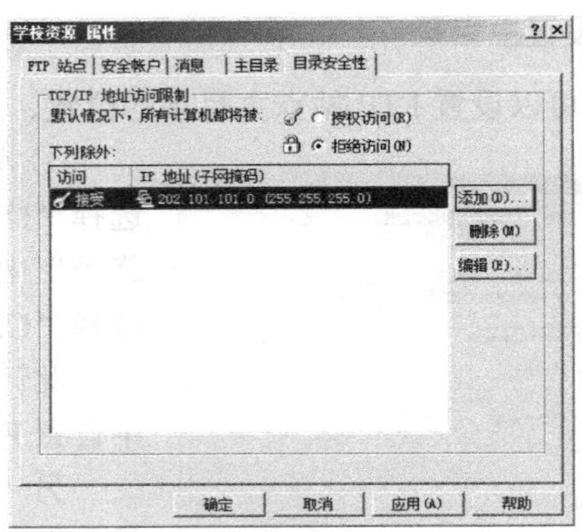
图 10-22 设置目录安全性

IP 地址访问限制有两种方式，授权访问和拒绝访问。

授权访问：指除了列表中 IP 地址的计算机不能访问外，其他的计算机都可以访问。

拒绝访问：指除了列表中 IP 地址的计算机可以访问外，其他的计算机都不能访问。这种方式主要用于局域网，可以防止外部计算机访问或攻击 FTP 服务器。

6．在 FTP 站点上创建虚拟目录“shipin”

① 在 FTP 服务器的 C 盘创建文件夹“Video”，作为“学校资源”站点的虚拟目录，并向其中复制“视频 1.rmvb”。

② 在“学校资源”站点上右击，选择“新建”→“虚拟目录”命令，如图 10-23 所示。打开“创建虚拟目录向导”对话框，显示欢迎界面，单击“下一步”按钮。

③ 在“虚拟目录别名”中的“别名”中输入“shipin”，如图 10-24 所示。单击“下一步”按钮。

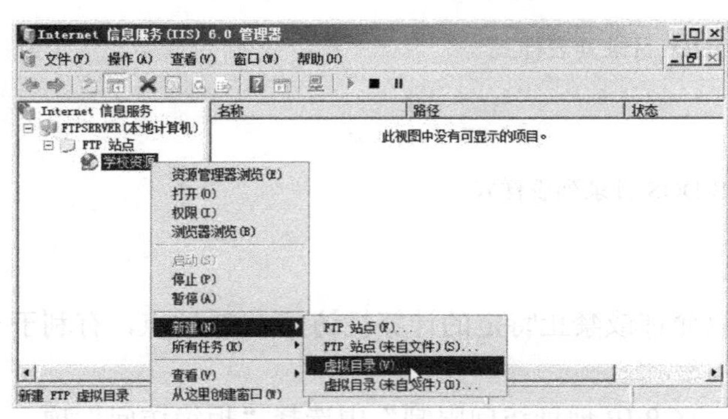
图 10-23 新建虚拟目录

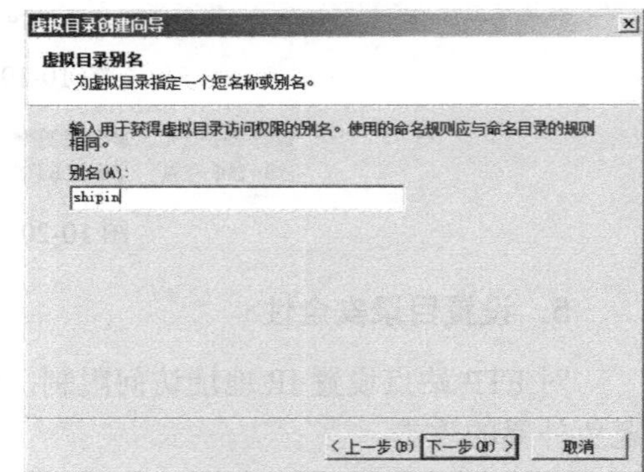
图 10-24 设置虚拟目录的别名

④ 在“FTP 站点内容目录”的路径中输入主目录的路径为“C:\Video”，或者单击“浏览”按钮，选择“C:\Video”，如图 10-25 所示，单击“下一步”按钮。

⑤ 在“虚拟目录访问权限”中选择“读取”项，用户只能下载文件，不能上传文件。如图 10-26 所示，单击“下一步”按钮。

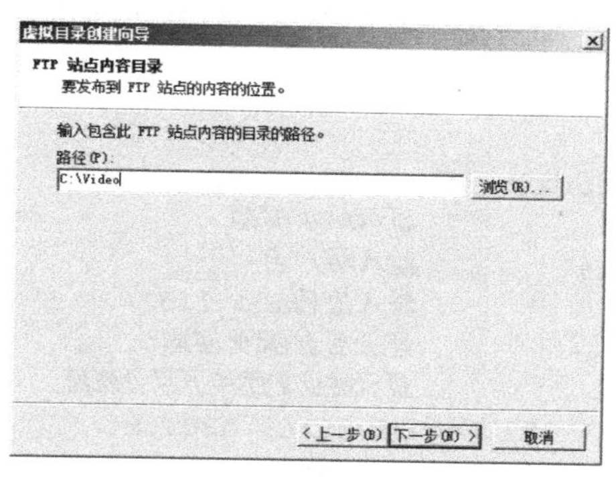

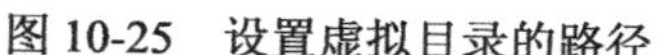
图 10-25　设置虚拟目录的路径

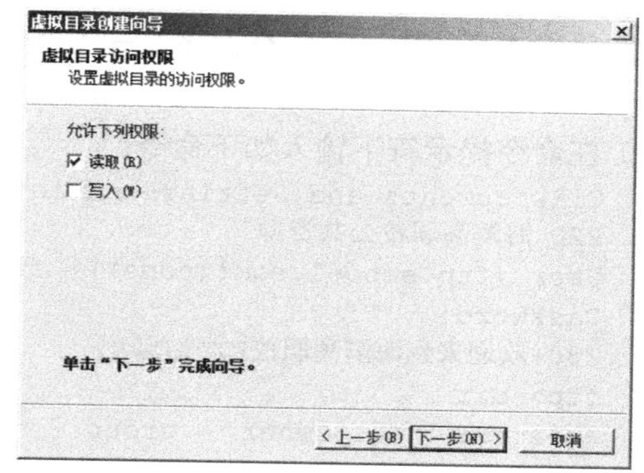

图 10-26　设置虚拟目录的权限

⑥ 最后，在“已成功完成虚拟目录创建向导”中单击“完成”按钮。完成虚拟目录的创建，创建后的虚拟目录如图 10-27 所示。

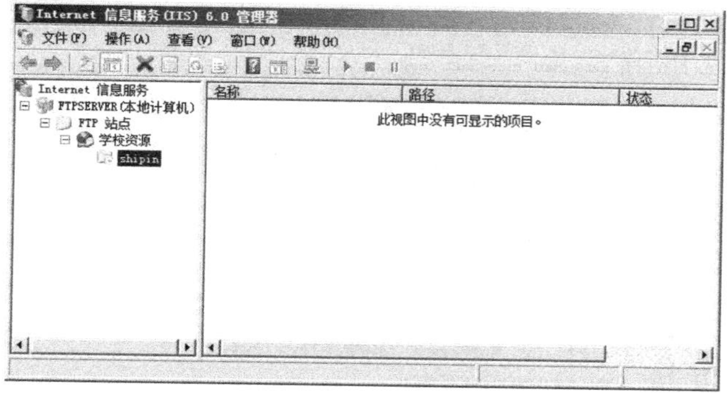

图 10-27　“学校资源”站点的虚拟目录

7．启动 DNS 服务器

首先配置正向查找区域 school.com，然后创建主机资源记录 ftp.school.com，对应的 IP 地址为 202.101.101.13，如图 10-28 所示。关于 DNS 服务器的配置在前面的内容中已经讲过，并且这些配置在前面已经操作过，在此不再赘述。

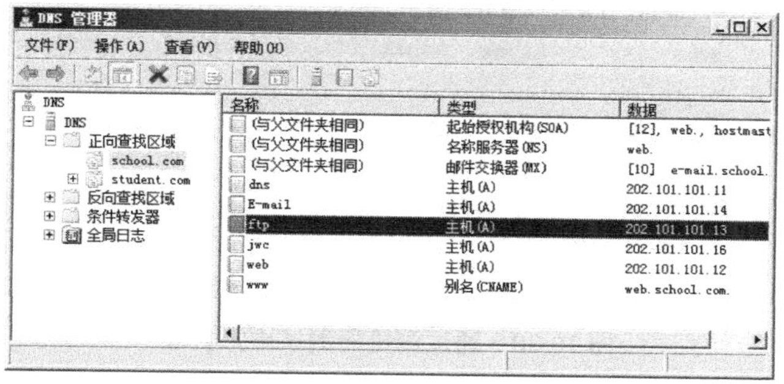

图 10-28　创建主机资源记录 ftp.school.com

8．客户端测试

在 Windows XP 操作系统上通过 DOS 命令行测试。

① 单击“开始”→“所有程序”→“附件”→“命令提示符”命令，打开“命令提示符”窗口。

② 在命令提示符下输入如下命令：

```
C:\Documents and Settings\Administrator>ftp ftp.school.com
220 海滨高职校公共资源！                                    显示站点横幅
User (ftp.school.com:(none)): ftp_2014                      输入用户名
Password:                                                    输入密码abc_123
230-欢迎来到海滨高职校FTP站点！                             登录后显示欢迎词
ftp> dir                                                     显示站点文件和子目录列表
-r-xr-xr-x   1 owner    group                 357 Aug  4 16:43 ABC.txt
-r-xr-xr-x   1 owner    group                  25 Aug  4 16:26 ftp.txt
226 Transfer complete.
ftp> bye                                                     结束并退出FTP
221 再见，希望我们的资源对您有所帮助！                       退出时显示欢送词
```

具体如图 10-29 所示。

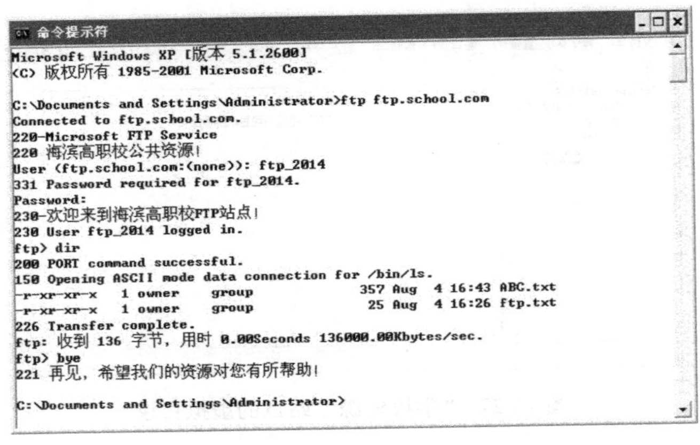

图 10-29　通过 DOS 命令行测试“学校资源”FTP 站点

③ 测试虚拟目录。打开浏览器，在地址栏输入“ftp://ftp.school.com/shipin”，回车，可看到“shipin”虚拟目录中的文件，如图 10-30 所示。

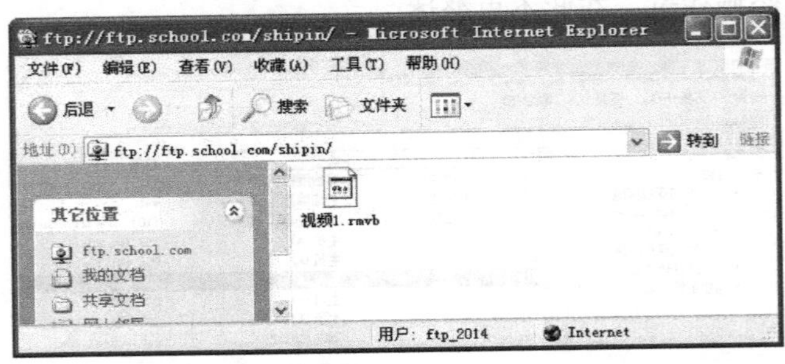

图 10-30　通过浏览器测试虚拟目录

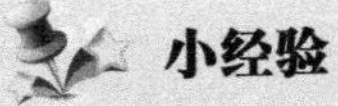

小经验

FTP 服务器每次重启时，FTP 站点默认是停止的，要手动启动。

项目拓展

在上述项目中，“学校资源”FTP 站点仅具有提供资源下载的功能，如果既要为学校用户提供资源下载的功能，又要为每一个用户创建一个主目录供用户使用，该如何解决？这需要通过创建隔离用户模式 FTP 站点来解决。

项目拓展分析

创建隔离用户模式的 FTP 站点，首先需要在 FTP 服务器上为每一个用户创建本地账户，然后规划站点的目录结构，为每一个用户创建一个主目录，并设置主目录的权限为用户完全控制，最后，创建并配置 FTP 站点。

知识要点

FTP 站点的模式

Windows Server 2008 的 FTP 站点有三种模式：不隔离用户模式、隔离用户模式和用 Active Directory 隔离用户模式。

（1）不隔离用户模式

此模式下，用户只能访问 FTP 站点的主目录，安全性较低，适用于共享数据下载或对数据保护要求不高的 FTP 站点。

（2）隔离用户模式

此模式下，首先需要为用户创建本地账户，然后在特定的目录结构下为用户创建以账户用户名命名的目录。用户可以访问自己的主目录和公共目录。

（3）用 Active Directory 隔离用户模式

用 Active Directory 隔离用户模式与隔离用户模式类似，只不过用户账户是在 Active Directory 中，通过 Active Directory 限制用户访问除了自身 FTP 主目录外的其他内容。

任务实施

1. 创建用户账户

① 打开“服务器管理器”窗口，在导航树中展开“配置”，再展开“本地用户和组”。

② 在“用户”上右击，选择“新用户”命令，打开“新用户”对话框，用户名输入“Zhangsan”，密码和确认密码输入“abc_123”，取消对“用户下次登录时需更改密码”的选择，选择“用户不能更改密码”和“密码永不过期”，单击“创建”按钮。同理，创建用户名为“Lisi”，密码为“abc_123”的账户。如图 10-31 所示。

2. 规划 FTP 站点的目录结构

① 隔离用户模式的 FTP 站点目录的名称和结构必须符合要求，否则不能创建成功。首先在 C 盘创建一个文件夹“School_ftp”，作为站点主目录，然后在“School_ftp”中创建子文件夹“LocalUser”，再在“LocalUser”文件夹中创建子文件夹“Public”，作为匿名用户的主目录，最后，在“LocalUser” 文件夹中创建与账户的用户名一致的子文件夹“Zhangsan”、“Lisi”，

分别作为用户的主目录。如图10-32所示。

证明

站点主目录“School_ftp”的名称是任意取的，但子文件夹“LocalUser”和“Public”的名称是固定的，用户的主目录必须与账户的用户名一致。

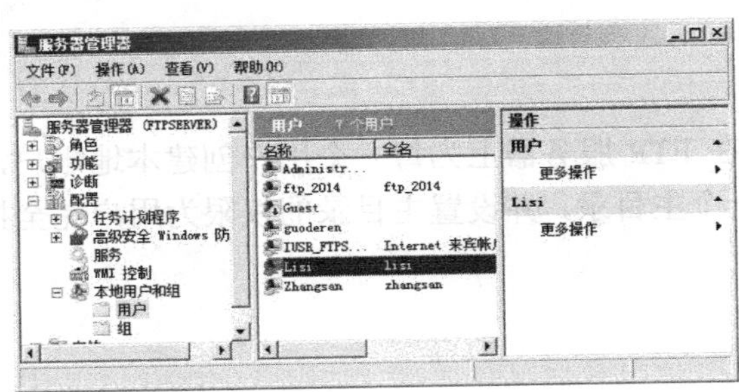

图10-31 创建本地账户“Zhangsan”和“Lisi”

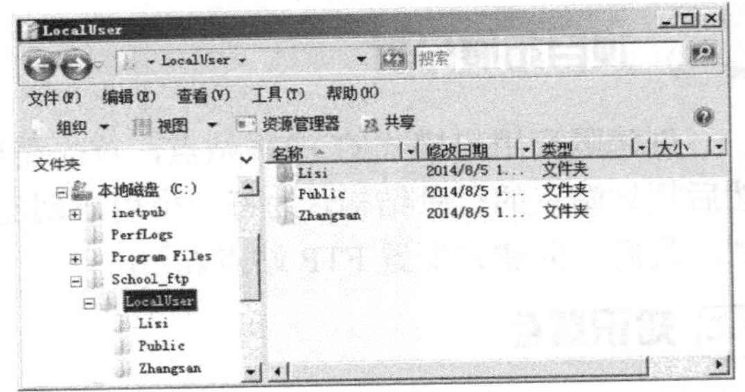

图10-32 FTP站点目录的名称和结构

② 在文件夹“Zhangsan”中创建文本文档“Zhangsan-paper.txt”；在文件夹“Lishi”中创建文本文档“Lisi-paper.txt”；在文件夹“Public”中创建文本文档“Public-paper.txt”，以标识不同的目录。

小经验

隔离用户模式的FTP站点创建目录的分区必须是NTFS格式，否则无法设置用户的访问权限。

3．修改用户主目录的权限

① 修改“Zhangsan”用户主目录的权限。在“Zhangsan”文件夹上右击，选择“属性”命令，切换到“安全”选项卡。

② 单击“编辑”按钮，打开“Zhangsan的权限”对话框，单击“添加”按钮，打开“选择用户或组”对话框。

③ 单击“高级”按钮，打开“选择用户或组”查找对话框，单击“立即查找”按钮，在“搜索结果”中列出所有的用户或组账户，选择“Zhangsan”账户，单击“确定”按钮，在“选择用户或组”中显示“Zhangsan”账户，单击“确定”按钮。

④ 可以看到在“Zhangsan的权限”对话框中添加了“Zhangsan”账户，选择该账户，设置权限为“完全控制”，如图10-33所示，单击“确定”按钮，最后，在“Zhangsan属性”对话框中单击“确定”按钮，完成“Zhangsan”主目录的权限设置。

⑤ 同样，修改“Lisi”用户主目录的权限为完全控制。

4．创建FTP站点

① 打开“Internet信息服务（IIS）6.0管理器”窗口，选择“学校资源”站点，单击工具栏的“停止项目”图标■，将“学校资源”站点停止，如果不停止，本站点将不能使用IP地址202.101.101.13或端口21。

② 在“FTP站点”上右击，选择“新建”→“FTP站点”命令，如图10-34所示，打开“FTP站点创建向导”对话框，显示欢迎界面，单击“下一步”按钮。

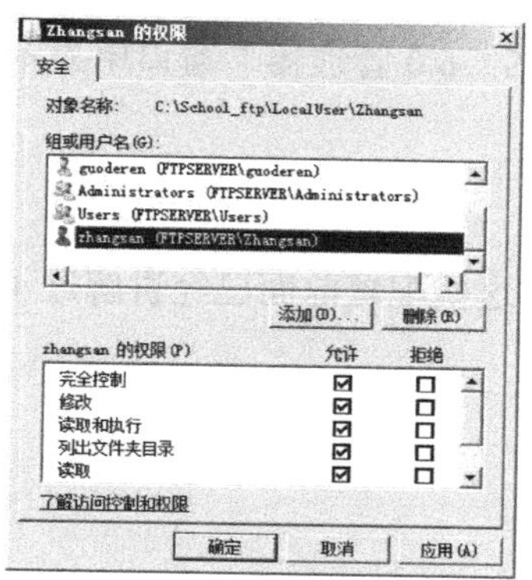

图 10-33　设置“Zhangsan”文件夹的权限

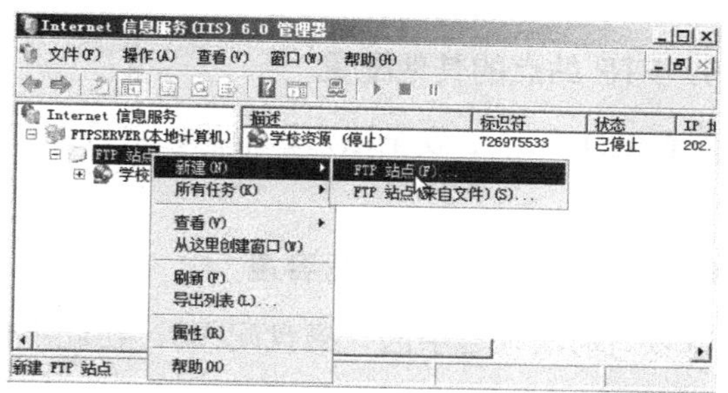

图 10-34　新建 FTP 站点

③ 在“FTP 站点描述”中输入“学校 FTP 站点”，如图 10-35 所示，单击“下一步”按钮。

④ 在“IP 地址和端口设置”中设置“输入此 FTP 站点使用的 IP 地址”为“202.101.101.13”，“输入此 FTP 站点的 TCP 端口”为 21，单击“下一步”按钮。

⑤ 在“FTP 用户隔离”中选择“隔离用户”，如图 10-36 所示，单击“下一步”按钮。

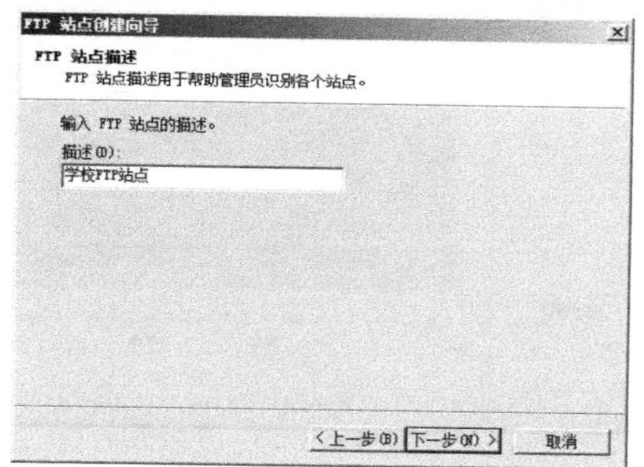

图 10-35　FTP 站点的描述

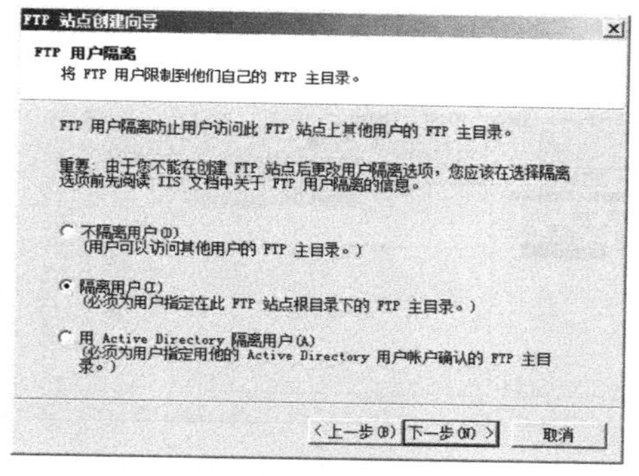

图 10-36　FTP 站点的三种模式

⑥ 在“FTP 站点主目录”中输入主目录的路径为“C:\School_ftp”，或者单击“浏览”按钮，选择主目录，如图 10-37 所示，单击“下一步”按钮。

⑦ 在“FTP 站点访问权限”中的“允许下列权限”项选中“读取”和“写入”复选框，如图 10-38 所示，单击“下一步”按钮。最后，单击“完成”按钮，完成“学校 FTP 站点”站点的创建。

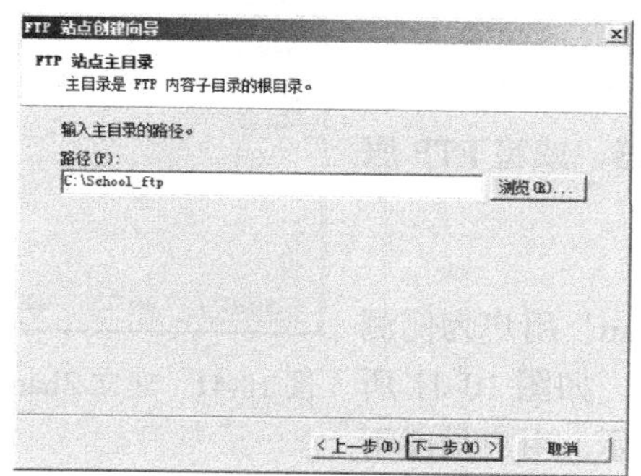

图 10-37　设置站点主目录的路径

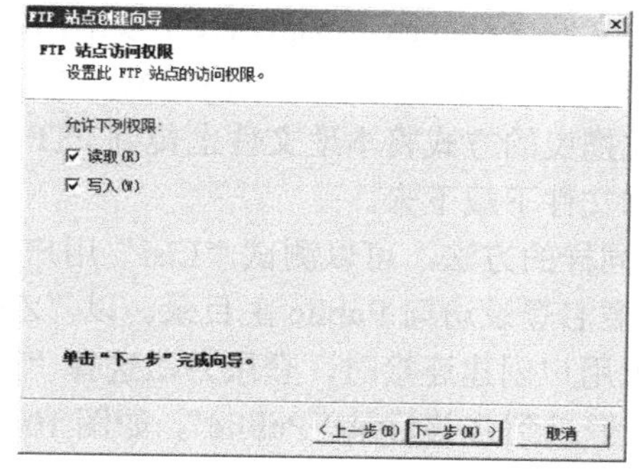

图 10-38　设置站点的访问权限

⑧ 创建后的“学校 FTP 站点”在“Internet 信息服务（IIS）6.0 管理器”窗口中显示，如图 10-39 所示。

5. FTP 站点的其他配置

配置 FTP 站点、安全账户、消息、主目录和目录安全性，这些配置前面已经讲解过了，在此不再赘述。

6. 限制用户使用的磁盘容量

请参考前面项目中的“磁盘配额”，在此不再赘述。

7. 客户端测试

在 Windows XP 操作系统上安装 CuteFTP 9.0 软件，测试上述配置。

① 在 Windows XP 操作系统上安装 CuteFTP 9.0 软件并打开，如图 10-40 所示。

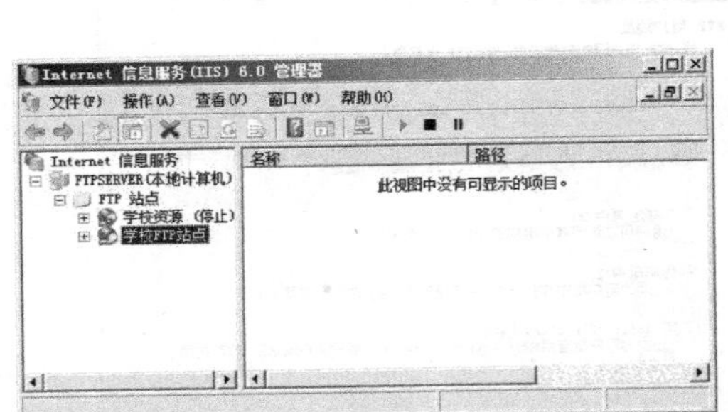

图 10-39 创建后的“学校 FTP 站点”

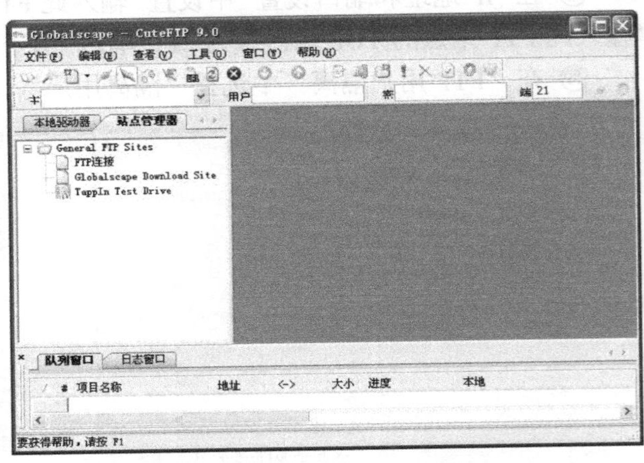

图 10-40 CuteFTP 软件

② 单击 CuteFTP 软件中的“文件”→“新建”→“FTP 站点”菜单命令，打开“此对象的站点属性”对话框，在“标签”中输入“Zhangsan-连接”，“主机地址”输入“202.101.101.13”，“用户名”输入“Zhangsan”，“密码”输入“abc_123”，“登录方法”选择“普通”，如图 10-41 所示。

③ 单击“连接”按钮，在“站点管理器”中会自动创建“Zhangsan-连接”，并登录到“Zhangsan”用户的主目录，可以看到其中的文件“Zhangsan-paper.txt”，如图 10-42 所示。

④ 将 CuteFTP 软件左侧窗格切换到“本地驱动器”选项卡，可以通过拖曳的方式将本地文件上传到 FTP 服务器，或将 FTP 服务器上的文件下载下来。

⑤ 同样的方法，可以测试“Lisi”用户。

⑥ 匿名登录访问 Public 主目录。以“Zhangsan”用户为例测试，如果用户创建连接时，登录方法选择“匿名”，如图 10-41 所示，则会登录到公共目录“Public”，如图 10-43 所示。用户只能下载文件，不能上传文件。

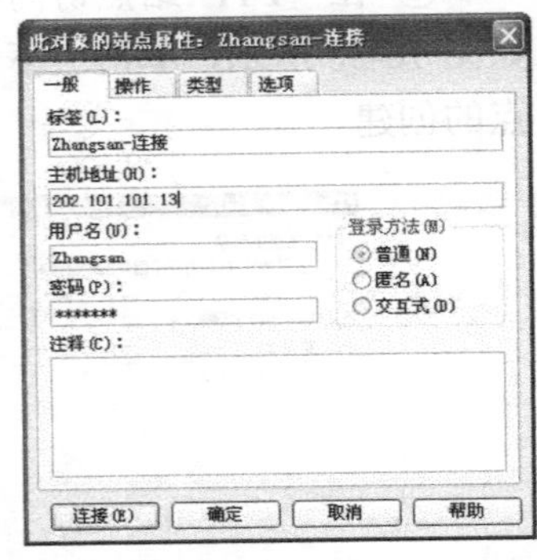

图 10-41 建立 Zhangsan-连接

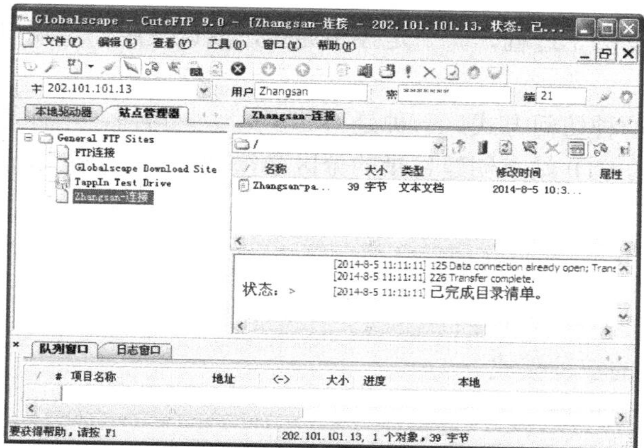

图 10-42　登录到“Zhangsan”用户的主目录

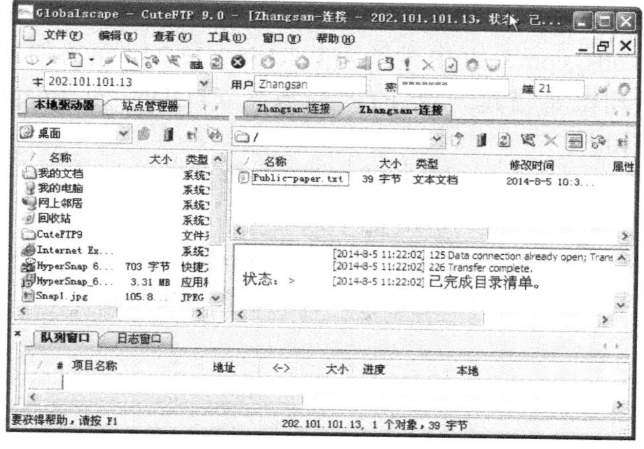

图 10-43　登录到公共目录“Public”

项目评价

项目 10　分任务完成情况评价表

任务名称	配分	评分要点	自评	组长评价	教师评价
任务 1	20 分	成功安装 FTP 服务			
任务 2	50 分	正确创建与配置 FTP 站点			
项目拓展	30 分	正确创建、配置与测试隔离用户模式 FTP 站点			
项目总体评价（总分）					

习题 10

一、填空题

1. __________是 TCP/IP 协议簇的应用协议之一，它定义了远程计算机系统之间传送文件数据的一种标准。

2. FTP 文件传输有两个过程，一个是控制连接，默认使用____端口；一个是_________，默认使用 20 端口。

3. FTP 服务器有两种访问方式，一种是___________访问，一种是匿名访问。

4. 隔离用户模式的 FTP 站点创建目录的分区必须是_______格式，否则无法设置用户的访问权限。

二、简答题

1. FTP 客户端主要有哪些软件？

2. 简述 FTP 站点的三种模式。

3. 简述 FTP 的工作过程。

项目实践 10

某公司的域名为 qdkj.com，网络地址为 191.168.1.0/24，网关为 191.168.10.1，公司的 DNS 服务器（FQDN 为 dns.qdkj.com）的 IP 地址为 191.168.1.12/24，为方便公司员工查看文件通知和保存个人文件，公司准备搭建一台 FTP 服务器（FQDN 为 ftp.qdkj.com），IP 地址为 191.168.1.14/24。要求如下：

（1）员工能够查看和下载公司发布的通知、公告等文件。

（2）员工在 FTP 服务器上拥有 10GB 的个人空间，用于保存个人文件。

（3）创建虚拟目录“公司资源”，用于存放公司资源文件，供教工下载使用。

（4）为保证公司 FTP 服务器的稳定运行，合理设置连接限制。

终端服务的配置

知识目标

- 掌握终端服务的概念、组成和优点；
- 掌握终端服务的角色类型。

技能目标

- 能够配置远程桌面；
- 能够配置远程桌面客户端的工具；
- 能够安装与配置终端服务；
- 能够布置终端服务应用程序；
- 掌握终端服务管理工具的使用。

项目描述

海滨高职校的网络地址为 202.101.101.0，域名为 school.com，网关为 202.101.101.254，FTP 服务器（FQDN 为 ftp.school.com）的 IP 地址为 202.101.101.13/24，为方便管理和维护 FTP 服务器，请为管理员创建账号，使管理员能够通过远程桌面登录 FTP 服务器。

项目分析

登录远程服务器有两种方案，一是配置终端服务；二是直接在远程服务器启用远程桌面连接。

1. 配置终端服务

将 FTP 服务器作为终端服务器，创建登录账号，安装并配置终端服务器，使用户能够通过账号登录 FTP 服务器。

2. 在远程服务器启用远程桌面连接

在 FTP 服务器创建登录账号，然后开启服务器的远程桌面连接，添加登录到本服务器的账号即可。

项目分任务

任务 1：安装与配置终端服务
任务 2：启用远程桌面连接

项目准备

为保证本项目顺利完成，需要准备以下设备：
① 一台 FTP 服务器（终端服务器），安装 Windows Server 2008 操作系统，安装 FTP 服务。
② 一台客户端，安装 Windows XP 操作系统。

项目分任务实施

任务 1　安装与配置终端服务

任务描述

为海滨高职校的 FTP 服务器（终端服务器）新建两个账号，安装并配置终端服务，使用户能够通过远程桌面登录 FTP 服务器，管理 FTP 服务。

知识要点

1. 什么是终端服务

终端服务是 Windows Server 2008 系统内置的一种远程管理功能，通过终端服务管理员可以对远程服务器进行管理和维护，具有管理方便、维护成本低、效率高等优点，已经成网络管理必备的工具之一。

2. 终端服务的组成

Windows 终端服务是自 Windows Server 2000 开始出现的一种标准服务，并且得到逐步完善，其组成如下：

（1）终端服务服务器

终端服务服务器是指安装了终端服务，能够管理终端服务客户端的服务器。通常终端服务器的硬件配置要求较高，否则可能会影响到客户端的访问。

（2）终端服务客户端

终端服务客户端是指安装了服务客户端程序的计算机，自 Windows XP 操作系统开始，服务客户端程序在安装系统时默认安装，用户无需再安装。

（3）远程桌面协议

远程桌面协议以 TCP/IP 协议为基础，主要负责服务器与客户端的通信，安装系统时默认安装，用户无需再安装。

3. Windows Server 2008 终端服务角色类型

Windows Server 2008 终端服务在以往版本的基础上做了大量的改进，功能不断完善，而且增加了多个新的角色服务，满足了不同用户的需求。

（1）终端服务器

安装了终端服务器，用户就可以通过终端服务远程应用程序或远程桌面连接与终端服务服务器建立连接。终端服务器为远程用户提供了完整的 Windows 桌面或应用程序运行界面。

（2）TS 授权

TS 授权管理连接到终端服务器所需的终端服务客户端访问许可证，可以使用 TS 授权来安装、颁发和监视终端服务客户端访问许可证的可用性。

（3）TS 会话 Broker

TS 会话 Broker 支持终端服务器间的会话负载平衡。并支持与终端服务器上的现有会话之间的重新连接。

（4）TS 网关

TS 网关使授权用户能够通过 Internet 连接到企业网络上的终端服务和远程桌面。

（5）TS Web 访问

TS Web 访问为用户提供通过 Web 浏览器访问终端服务器的功能。

任务实施

1. 设置终端服务服务器的地址与计算机名称

① 启动终端服务服务器(FTP 服务器)，以管理员身份登录，将 IP 地址设为 202.101.101.13，子网掩码设为 255.255.255.0，网关设为 202.101.101.254，首选的 DNS 服务器设为 202.101.101.11。

② 将计算机名称改为“FTPServer”，并重启服务器。

2. 创建用户账户

① 打开“服务器管理器”窗口，在导航树中展开“配置”，展开“本地用户和组”。

② 在“用户”上右击，选择“新用户”命令，新建两个账户，用户名为“ftp01”和“ftp02”，密码为“abc_123”，并设置为“用户不能更改密码”和“密码永不过期”，如图 11-1 所示。

3. 安装终端服务

① 以管理员身份登录服务器，单击“开始”→“管理工具”→“服务器管理”，打开“服

务器管理”窗口，在左侧导航树中单击“角色”，在“角色摘要”中单击“添加角色”，打开“添加角色向导”对话框，显示向导使用说明，单击“下一步”按钮。

② 在“选择服务器角色”对话框中选择“终端服务”，如图 11-2 所示，单击“下一步”按钮。显示“终端服务”简介和证明事项等信息，单击“下一步”按钮。

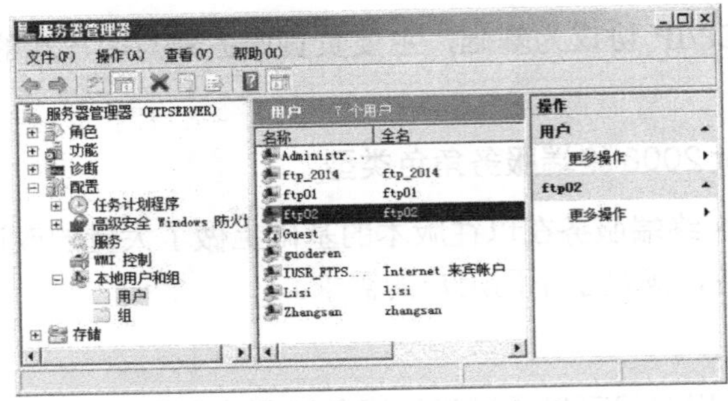

图 11-1 创建用户账号

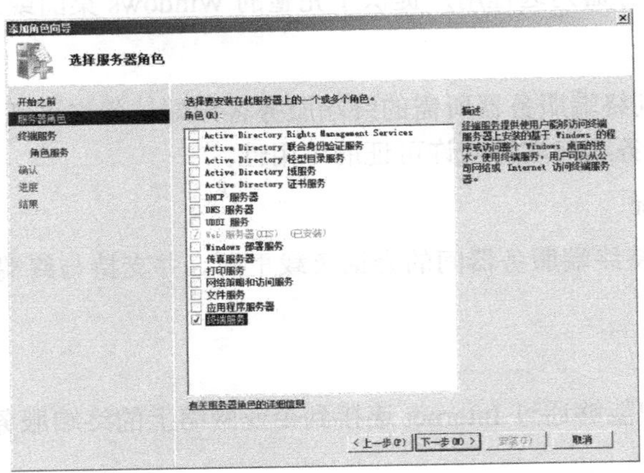

图 11-2 选择服务器角色

③ 在“选择角色服务”对话框中，选择“终端服务器”，如图 11-3 所示。单击“下一步”按钮。

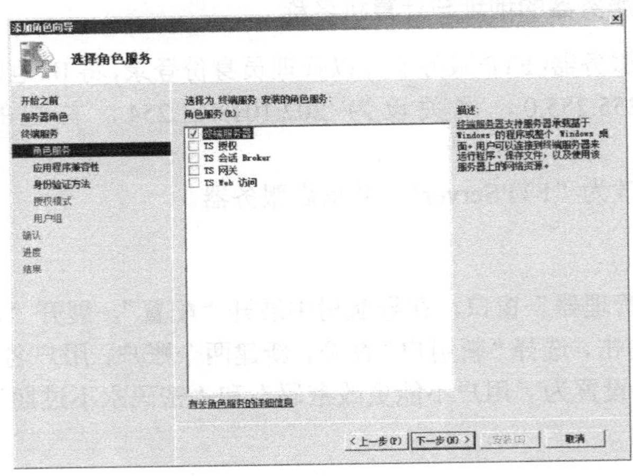

图 11-3 选择角色服务

④ 在“卸载并重新安装兼容的应用程序”对话框中，单击“下一步”按钮。

⑤ 在“指定终端服务器的身份验证方法”对话框中，选择“不需要网络级身份验证”选项，如图 11-4 所示，单击“下一步”按钮。

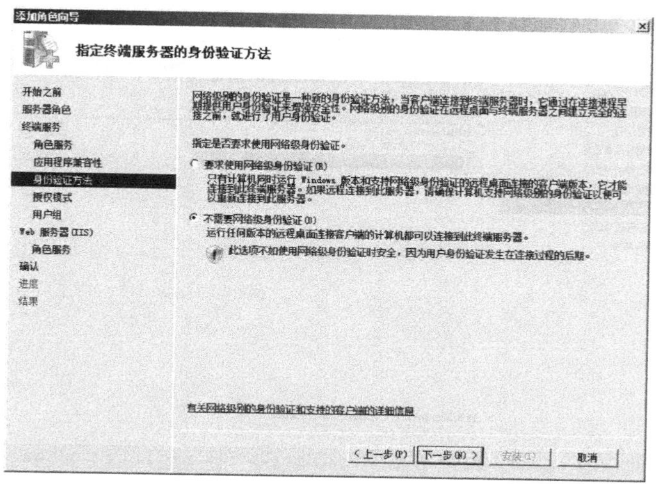

图 11-4　指定终端服务器的身份验证方法

网络级身份验证

网络级身份验证要求客户端必须同时运行 Windows 版本和支持网络级身份验证，虽然安全性较好，但对客户端硬件和操作系统版本有一定的要求。

不需要网络级身份验证

不需要网络级身份验证虽然安全性较网络级验证要低一些，但适用于任何的远程桌面连接客户端，具有更广泛应用，当客户端的操作系统并非全是 Windows 版本，且硬件性能较差时，建议选择该项。

⑥ 在“指定授权模式”对话框中，选择“以后配置”选项，如图 11-5 所示，单击“下一步”按钮。

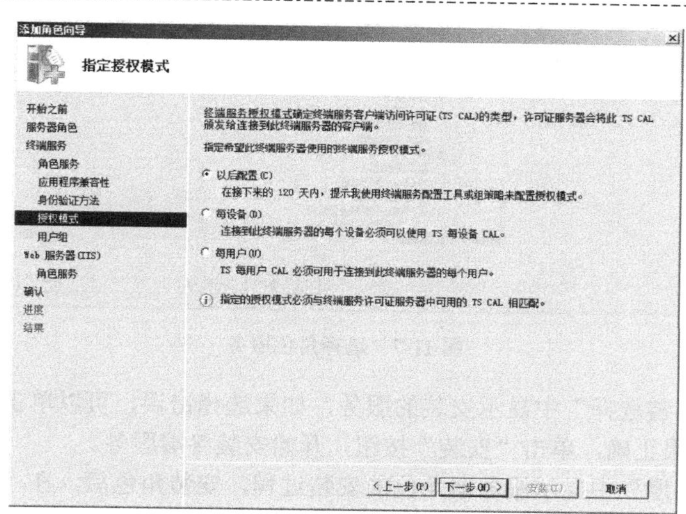

图 11-5　指定授权模式

⑦ 在“选择允许访问此终端服务器的用户组”对话框中，单击“添加”按钮，然后选择允许访问这个终端服务器的用户或用户组，如图 11-6 所示，单击“下一步”按钮。

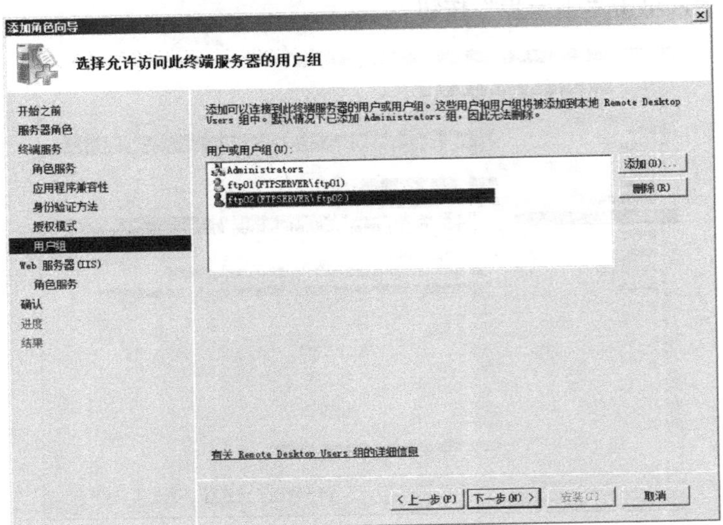

图 11-6　选择允许访问此终端服务器的用户组

⑧ 在“Web 服务器（IIS）”中显示 Web 服务器简介和证明事项，单击“下一步”按钮。

⑨ 在“选择角色服务”中显示默认选择 Web 服务器的角色，在此接受默认设置，如图 11-7 所示，单击“下一步”按钮。

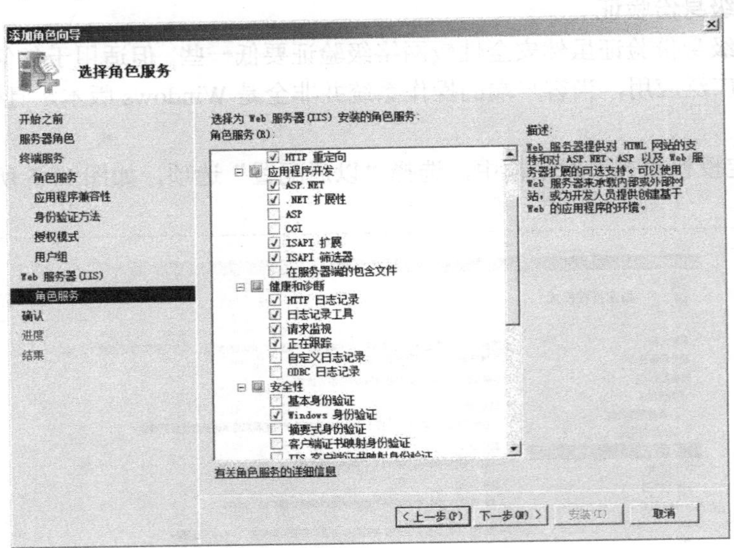

图 11-7　选择角色服务

⑩ 在“确认安装选择”中显示安装的服务，如果选择错误，可以单击“上一步”按钮，返回重新选择，如果正确，单击“安装”按钮，开始安装终端服务。

⑪ 在“安装进度”中显示服务器角色的安装过程，安装角色后，在“安装结果”中显示安装的角色，单击“关闭”按钮，出现提示对话框“是否希望立即重新启动”，单击“是”按

钮，系统自动关闭“添加角色向导”对话框，并重启服务器。

⑫ 服务器重启完成后，在“安装结果”中显示已安装成功的角色、角色服务或功能，单击“关闭”按钮，终端服务安装结束。

4．终端服务的管理

在安装完终端服务后，需要对终端服务进行设置，才能使其正常安全运行。

（1）用户权限设置

① 单击“开始”→“管理工具”→“终端服务”→“终端服务配置”命令，打开“终端服务配置”窗口，如图 11-8 所示。

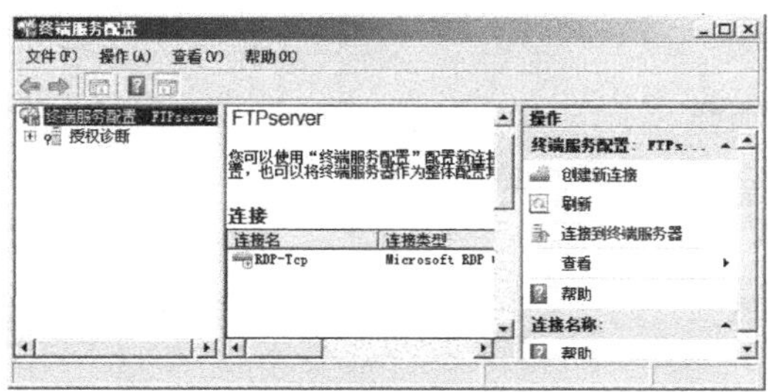

图 11-8　终端服务配置

② 在左侧窗格中选择“终端服务配置：FTPserver”，然后，在中间窗格中的“RDP-Tcp”上右击，选择“属性”命令，打开“RDP-Tcp 属性”对话框，切换到“安全”选项卡，此时，会弹出“终端服务配置”提示对话框，如图 11-9 所示。

③ 单击“确定”按钮，切换到“安全”选项卡，如图 11-10 所示，选择“Remote Desktop Users（FTPSERVER\Remote Desktop Users）”，用户组，在“Remote Desktop Users 设置权限”列表框中可修改用户组的权限。

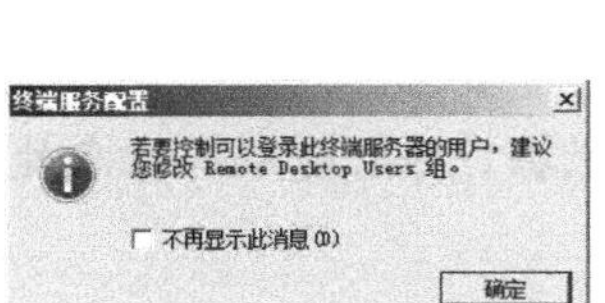

图 11-9　“终端服务配置”提示对话框

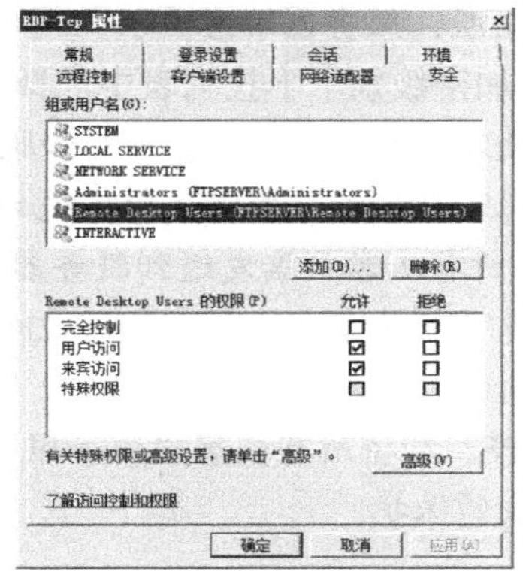

图 11-10　“RDP-Tcp 属性”对话框

证明

只有终端服务的配置“Remote Desktop Users”用户组内的用户才能够使用终端服务访问该服务器。

④ 单击“高级”按钮，可以进行更详细的设置，如图 11-11 所示。在“权限项目”列表中显示了所有的用户。

⑤ 选择某一用户，单击“编辑”按钮，可以设置用户的权限；单击“删除”按钮，可以删除选定的用户；单击“添加”按钮，可以添加允许使用终端服务的用户或组，单击“应用”按钮，保存设置。

（2）安全设置

① 切换到“常规”选项卡，在“安全”项的“安全层”下拉列表中选择要使用的安全层设置。如图 11-12 所示。

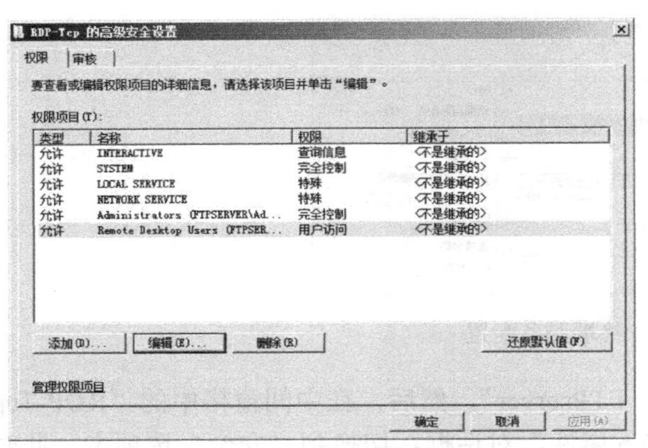

图 11-11 “RDP-Tcp 的高级安全设置”对话框

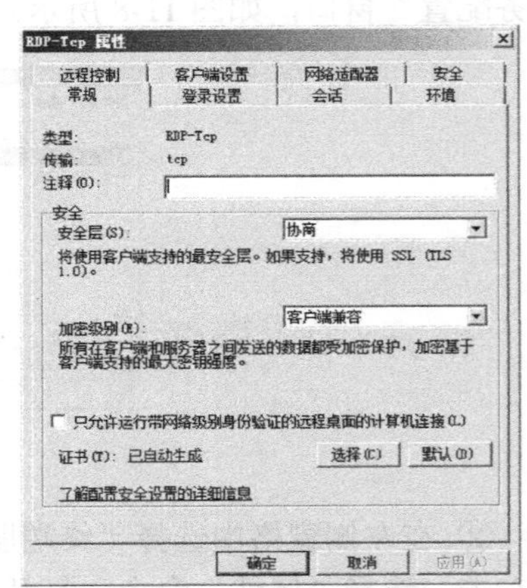

图 11-12 “常规”选项卡

协商：使用客户端支持的最安全层。

SSL（TLS 1.0）：将用于服务器身份验证，并用于加密服务器和客户端之间传输的所有数据。

RDP 安全层：服务器和客户端之间的通信将使用本地 RDP 加密。

② 在“加密级别”下拉列表中选择合适的级别。单击“应用”按钮，保存设置。

客户端兼容：加密所有在客户端和服务器之间发送的数据，并且以客户端所支持的最大密钥强度来加密客户端和服务器之间发送的数据。

低：加密所有从客户端发送到服务器的数据，并且以客户端所支持的最大密钥强度来加密。

高：加密所有在客户端和服务器之间发送的数据，加密基于服务器的最大密钥强度。不支持此加密级别的客户端无法连接。

符合 FIPS：加密所有在客户端和服务器之间发送的数据，并且受联邦信息处理标准 140-1 验证加密方法的保护。

（3）登录设置

① 切换到“登录设置”选项卡，选择“始终使用以下登录信息”单选按钮，在“用户名”中输入允许自动登录的用户名“ftp01”，“密码”和“确认密码”中输入“abc_123”。如图 11-13 所示。当客户端打开远程桌面连接时，系统始终自动使用用户名“ftp01”登录。

② 如果勾选“始终提示密码”复选框，则该用户在登录到服务器之前始终要被提示输入密码。单击“应用”按钮，保存设置。

（4）会话设置

① 切换到“会话”选项卡，勾选“改写用户设置”复选框，设置“结束已断开的会话”为“1 分钟”，设置“活动会话限制”为“30 分钟”，设置“空闲会话限制”为“5 分钟”。如图 11-14 所示。

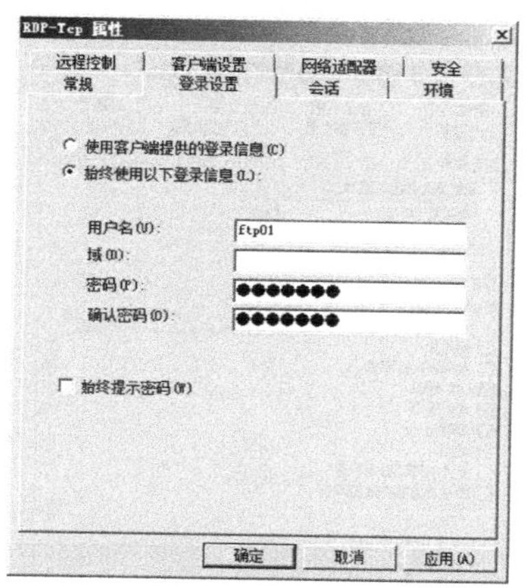

图 11-13　“登录设置”选项卡

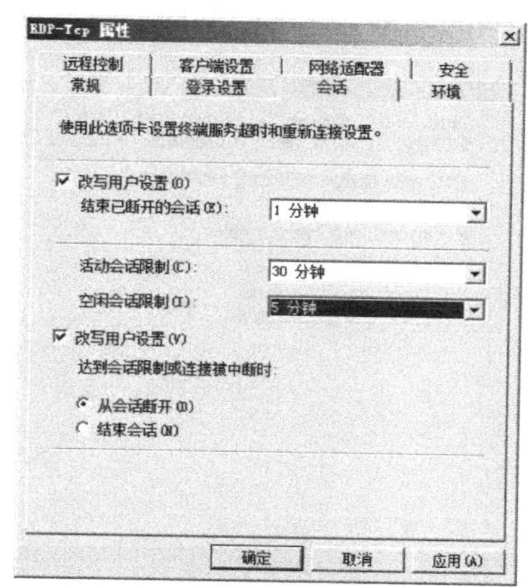

图 11-14　“会话”选项卡

结束已断开的会话：指断开连接的会话会留在服务器上的最长时间，最长时间为 5 天，当达到时间限制时，就会结束断开连接的会话。如果选择“从不”选项，允许断开连接会话永久地留在服务器上。

活动会话限制：指用户会话留在服务器上的最长时间，当达到时间限制时，将断开或结束用户会话，会话结束后会永久地从服务器上删除该会话。如果选择“从不”选项，会话会永久地继续下去。

空闲会话限制：指空闲的会话继续留在服务器上的最长时间。当达到时间限制时，将断开或结束用户会话，会话结束后会永久地从服务器上删除该会话。如果选择“从不”选项，允许空闲会话永久地继续下去。

② 勾选“改写用户设置”复选框，将“达到会话限制或连接被中断时”设置为“从会话断开”。单击“应用”按钮，保存设置。

从会话断开：从会话中断开连接，允许该会话重新连接。

结束会话：达到会话限制或者连接被中断时用户结束会话，会话结束后会永久地从服务器中删除该会话。需要证明的是，任何运行的应用程序都会被强制关闭，这可能会导致客户端的数据丢失。

（5）管理远程控制

① 切换到“远程控制”选项卡，可以远程控制或查看用户会话。选择“使用具有默认用户设置的远程控制”，可以使用默认用户设置的远程控制，如图 11-15 所示。

使用具有默认用户设置的远程控制：指可以使用默认用户设置的远程控制；

不允许远程控制：不允许任何形式的远程控制；

使用具有下列设置的远程控制：如果勾选“需要用户权限”复选框，指要在客户端上显示询问是否有查看或加入该会话权限的消息；在“控制级别”中选择“查看会话”项，则用户的会话只能查看；选择“与会话交互”项，用户的会话可随时使用键盘和鼠标进行控制。

② 单击“应用”按钮，保存设置。

（6）管理客户端设置

① 切换到“客户端设置”选项卡，勾选“限制最大颜色深度”复选框，从下拉列表中选择“每像素 32 位”。

② 在“禁用下列项目”中选择“LPT 端口”、“COM 端口”和“音频”。表示禁用这些项目在客户端的映射。如图 11-16 所示。单击“应用”按钮，保存设置。

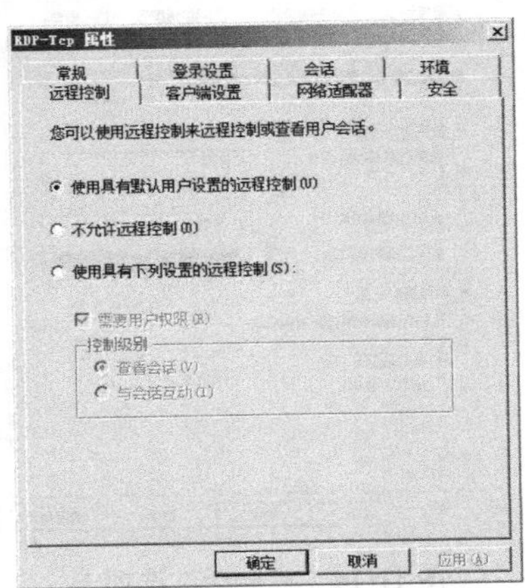

图 11-15 “远程控制”选项卡

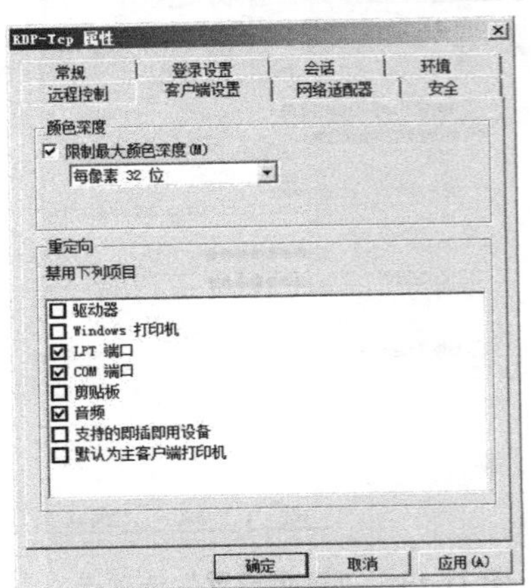

图 11-16 “客户端设置”选项卡

（7）配置网络适配器

① 切换到“网络适配器”选项卡，如果有两块以上的网卡，在“网络适配器”中选择允许终端服务器使用的网络，否则选择“所有用这个协议配置的网络适配器”。

② 为保证服务器性能，选择“最大连接数”选项，并设置最大连接数为 5，表示同时连接到服务器的客户端不超过 5 个，如图 11-17 所示。单击“应用”按钮，保存设置。

（8）配置环境

① 切换到“环境”选项卡，在“初始程序”中选择“用户登录时启动下列程序”选项。在“程序路径和文件名”中输入“InetMgr6.exe”，在“起始于”中输入“C:\windows\system32\inetsrv”，如图 11-18 所示。这样，在用户登录后，会自动打开 Internet 信息服务（IIS）6.0 程序。

② 单击“确定”按钮，保存设置。

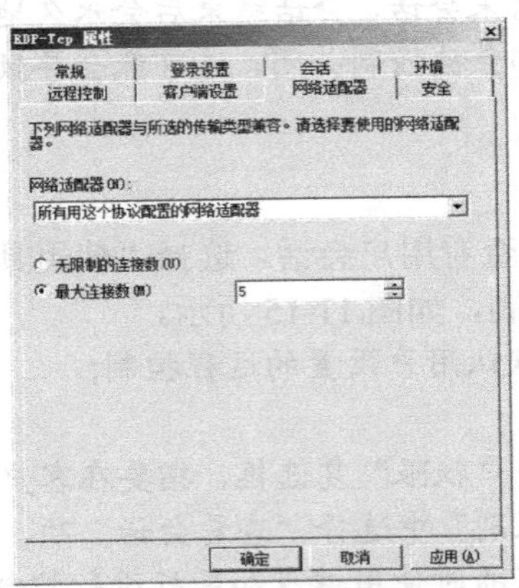

图 11-17 “网络适配器”选项卡

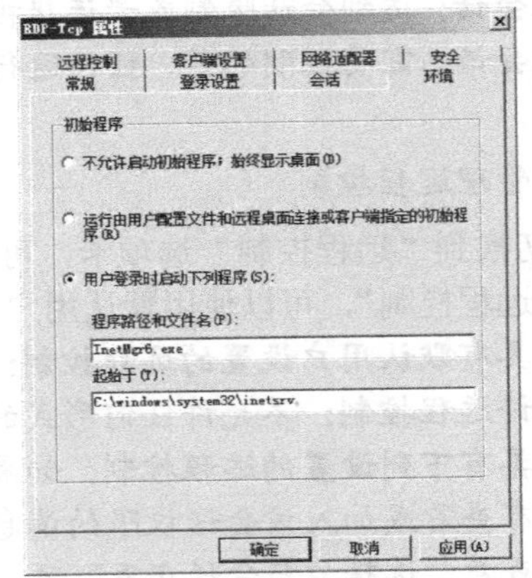

图 11-18 “环境”选项卡

不允许启动初始程序，始终显示桌面：指用户登录时，显示服务器的桌面，而不自动打开其他程序。

运行由用户和远程桌面连接或客户端指定的初始程序：指用户登录时，自动启动由用户和远程桌面连接或客户端指定的初始程序。

用户登录时启动下列程序：指用户登录时，自动启动某一程序。“程序路径和文件名”中设置要运行的可执行文件的完全限定的路径和文件名。“起始于”设置程序起始目录的完全限定的路径。如果将“起始于”保留为空白，程序将以默认的工作目录运行。

5. 客户端测试

在 Windows XP 客户端，对终端服务器进行测试。

① 启动 Windows XP 客户端，设置 IP 地址为 202.101.101.22，子网掩码为 255.255.255.0，默认网关为 202.101.101.254，首选 DNS 服务器为 202.101.101.11。

② 单击“开始”→“所有程序”→“附件”→“远程桌面连接”命令，打开“远程桌面连接”窗口，如图 11-19 所示。单击“连接”按钮。

③ 用户 ftp01 自动登录终端服务器（即 FTP 服务器），系统自动打开“Internet 信息服务（IIS）6.0 管理器”。

④ 此时，客户端始终以“ftp01”账户登录，如果要以其他账户“ftp02”账户登录，需要在“登录设置”选项卡中选择“使用客户端提供的登录信息”，如图 11-13 所示。

⑤ 在终端服务服务器单击“开始”→“管理工具”→“终端服务”→“终端服务管理器”命令，打开“终端服务管理器”窗口，如图 11-20 所示。如果要对用户进行管理，可以选择用户，然后在右侧的操作栏中选择相应的操作，如断开、注销、发送短消息等。

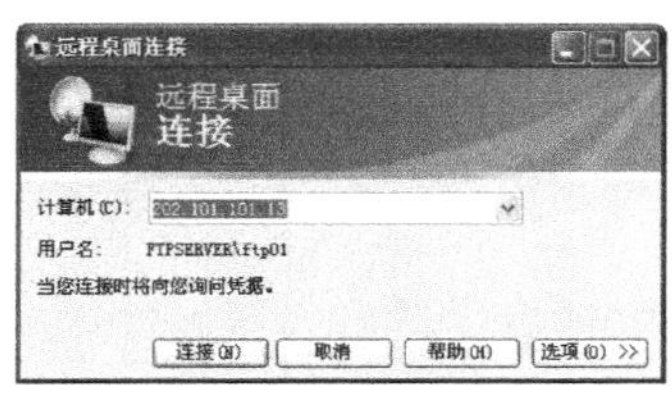

图 11-19　“远程桌面连接”窗口

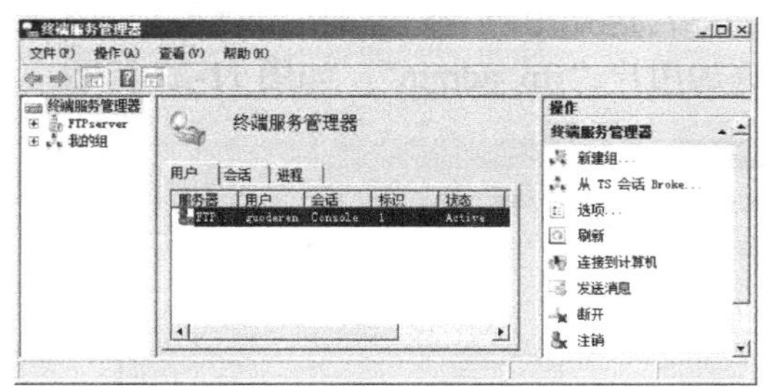

图 11-20　终端服务管理器

⑥ 在“用户”选项卡中，可以看到当前远程连接的用户信息，包括服务器名称、用户名、从哪个终端建立的会话、标识、连接状态等。

配置终端服务服务器能够限制和管理远程登录用户，是解决远程登录很好的方案。也可以直接启用服务器端的远程桌面，实现远程登录，具体请学习下一任务。

任务 2　创建与配置 FTP 站点

任务描述

启动 FTP 服务器的远程桌面连接，创建账户 ftp_admin，使用户能够通过 ftp_admin 账户登

录 FTP 服务器。

知识要点

远程桌面连接

远程桌面连接是 Windows Server 2008 默认安装的一个组件，当需要远程桌面连接时，手动启动它即可。

任务实施

1. 设置 FTP 服务器的 IP 地址与计算机名称

设置方法同任务 1，在此不再赘述。

2. 创建“ftp_admin”账户

① 打开“服务器管理器”窗口，在导航树中展开“配置”，展开“本地用户和组”。

② 在“用户”上右击，选择“新用户”命令，新建两个账户，用户名为“ftp_admin”，密码为“abc_123”，并设置为“用户不能更改密码”和“密码永不过期”。

3. 启动远程桌面连接

① 单击“开始”，在“计算机”上右击，选择“属性”命令，打开“系统”窗口，单击“改变设置”按钮，打开“系统属性”对话框，选择“远程”选项卡。

② 在“远程桌面”中选择“只允许运行带网络级身份验证的远程桌面的计算机连接”，如图 11-21 所示。

③ 单击“选择用户”按钮，打开“远程桌面用户”对话框，单击“添加”按钮，找到“ftp_admin”用户，添加用户“ftp_admin”，如图 11-22 所示。

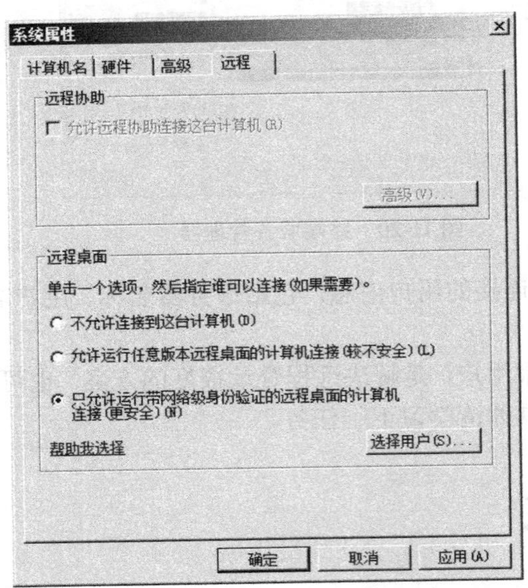

图 11-21 “远程”选项卡

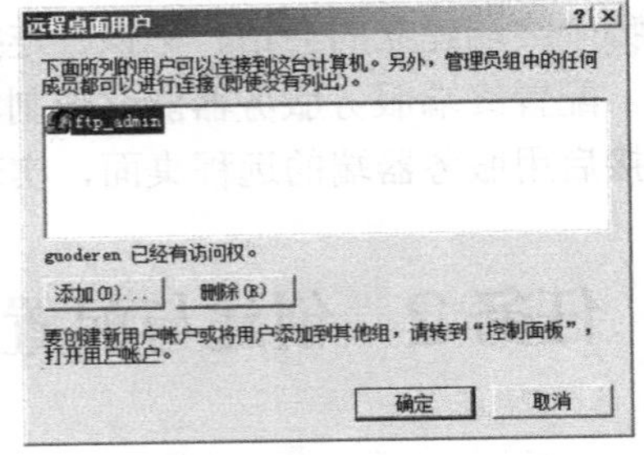

图 11-22 添加用户

4．客户端远程登录

① 在 Windows XP 客户端，打开“远程桌面连接”窗口，单击“选项”按钮，展开“远程桌面连接”窗口，单击“常规”选项卡。

② 在“计算机”中输入 IP 地址“202.101.101.13”，用户名中输入“ftp_admin”，如图 11-23 所示，勾选“允许我保存凭据”复选框，这样，下次用户登录时，不用输入密码。

③ 设置“显示”选项。设置远程桌面大小为“全屏”显示。设置颜色为“最高质量（32 位）”，全屏显示时显示连接栏，如图 11-24 所示。

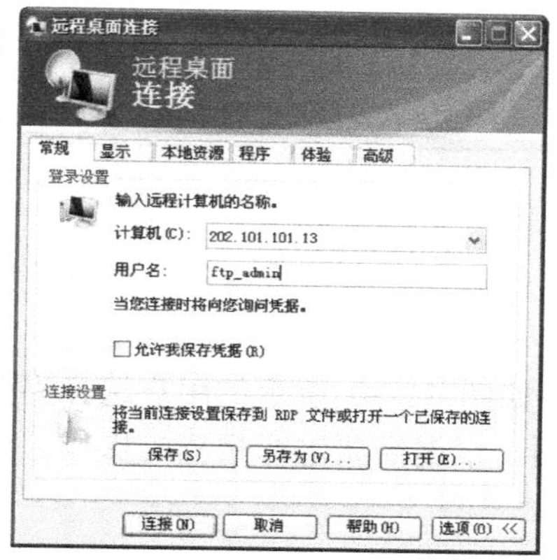

图 11-23　“常规”选项卡

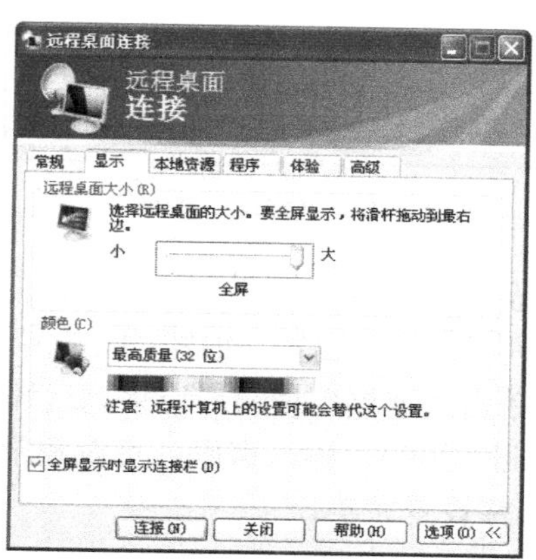

图 11-24　“显示”选项卡

④ 设置“本地资源”选项卡。设置“远程计算机声音”为“带到这台计算机”，这样远程计算机的声音，在本地可以听到。设置“键盘”为“只用全屏模式”。在“本地设置和资源”中勾选“剪贴板”，如图 11-25 所示，然后，单击“详细信息”按钮，打开“本地设备和资源”对话框，选择“D:”盘，如图 11-26 所示，这样本地的剪贴板和 D 盘可以在服务上使用。

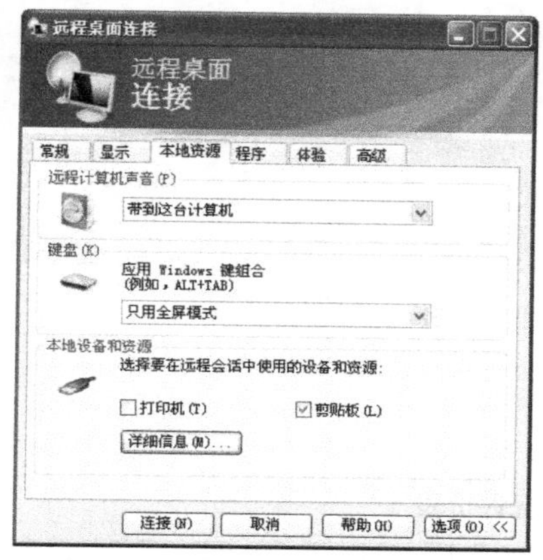

图 11-25　“本地资源”选项卡

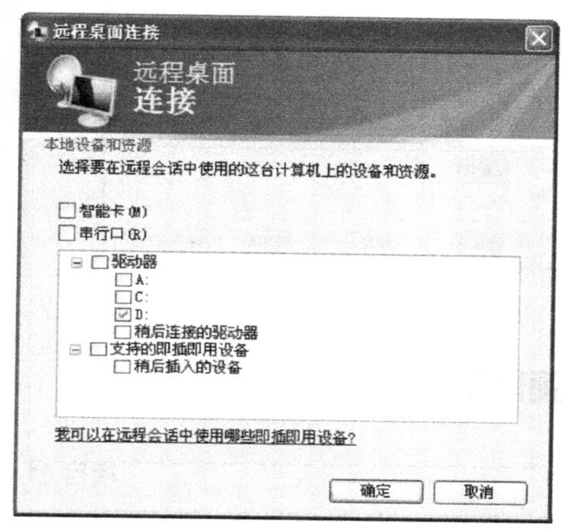

图 11-26　“本地设备和资源”对话框

⑤ 设置“程序”选项卡。在“程序”选项卡中，可以设置客户端连接到终端服务器时可以运行的程序以及程序的路径，如图 11-27 所示。

⑥ 设置“体验”选项卡。可以进行连接速度、桌面背景、字体平滑、拖拉时的显示、菜单和动画、主题以及位图缓存等设置，如图 11-28 所示。

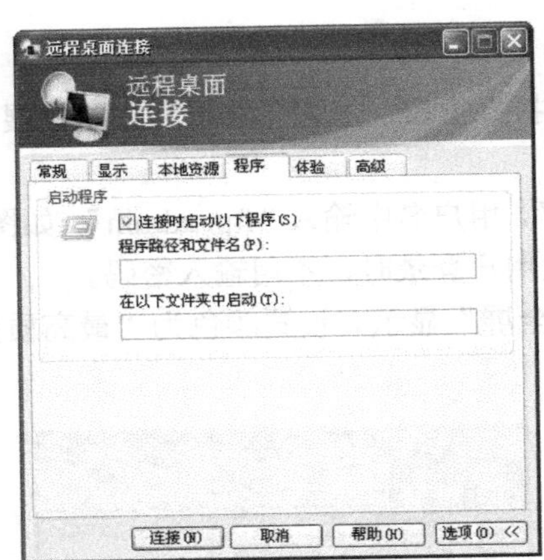

图 11-27 “程序”选项卡

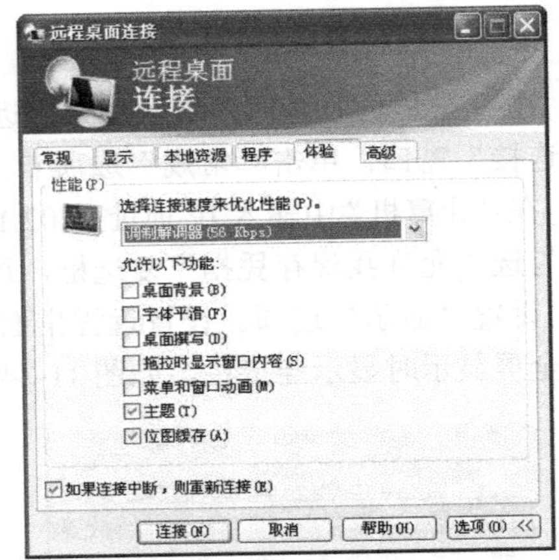

图 11-28 “体验”选项卡

⑦ 设置“高级”选项卡。在“高级”选项卡中，可以进行服务器身份验证以及如何通过 TS 网关进行连接等设置，如图 11-29 所示。

⑧ 单击“连接”按钮。连接到远程服务器，出现如图 11-30 所示的用户选择界面，选择“ftp_admin”用户，输入密码，可以登录到远程服务器，根据需要进行相应的操作。至此，远程桌面连接设置完毕。

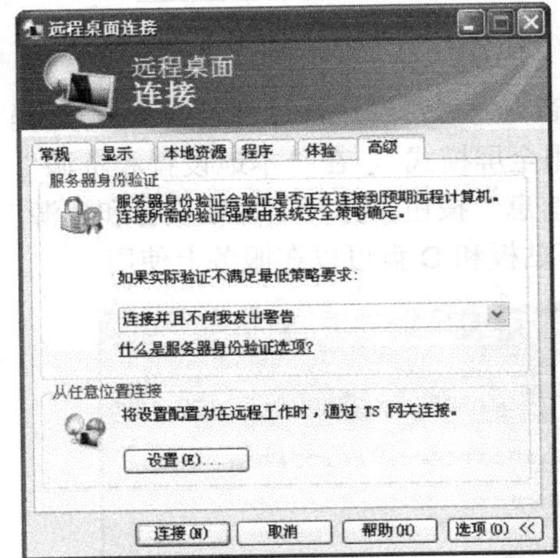

图 11-29 “高级”选项卡

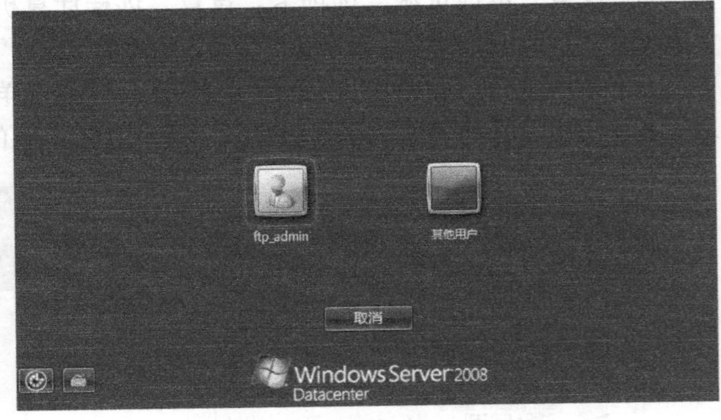

图 11-30 远程桌面登录

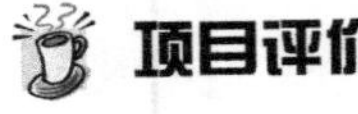

项目评价

项目 11 分任务完成情况评价表

任务名称	配分	评分要点	自评	组长评价	教师评价
任务 1	70 分	正确安装与配置终端服务，客户端测试成功			
任务 2	30 分	启用远程桌面连接，客户端测试成功			
项目总体评价（总分）					

习题 11

一、填空题

1. ____________是 Windows Server 2008 系统内置的一种远程管理功能，通过终端服务管理员可以对远程服务器进行管理和维护。

2. Windows 终端服务是自 Windows Server 2000 开始出现的一种标准服务，其组成包括终端服务服务器、终端服务客户端和____________。

3. 安装了____________用户就可以通过终端服务远程应用程序或远程桌面连接与终端服务服务器建立连接。

4. 启动远程桌面连接时，要在 Windows Server 2008 操作系统的“系统属性”对话框中选项卡中启用。

二、简答题

1. Windows Server 2008 终端服务角色有哪些类型？
2. 在 Windows Server 2008 中启动远程桌面连接的方法是什么？

项目实践 11

某公司的域名为 qdkj.com，网络地址为 191.168.1.0/24，网关为 191.168.1.254，公司的文件服务器（FQDN 为 File.qdkj.com）的 IP 地址为 191.168.1.14/24，为方便管理和维护文件服务器，请为管理员创建账号，使管理员能够通过远程桌面登录文件服务器。

故障的诊断与恢复

知识目标

- 掌握备份与恢复的概念；
- 掌握 Windows Server Backup 的使用方法。

技能目标

- 能够使用事件查看器查看事件；
- 能够使用可靠性和性能监视器对资源使用情况进行实时监控；
- 能够使用内存诊断工具判断内存故障；
- 能够使用网络故障的诊断与修复工具诊断与修复网络；
- 能够使用 Windows Server Backup 备份数据；
- 能够使用 Windows Server Backup 恢复数据。

项目描述

在服务器上查看用户登录事件；监控处理器运行情况；诊断系统故障是否与内存有关；处理服务器不能连接 Internet 的问题。

在服务器上，每天定时将系统卷 C 备份到卷 F，并将卷 E 的数据手动备份到卷 G。模拟卷 E 的数据受到破坏，将 E 盘数据恢复。

项目分析

在服务器上通过事件查看器查看登录事件；通过可靠性和性能监视器对处理器的使用情况进行实时监控；使用内存诊断工具诊断系统故障是否与内存有关；使用网络故障的诊断与修复工具处理服务器不能连接 Internet 的问题。

通过 Windows Server Backup 对数据备份和恢复。

项目分任务

任务 1：性能监控与故障诊断

任务 2：数据备份

任务 3：数据恢复

项目准备

为保证本项目顺利完成，需要准备以下设备：

一台服务器，安装 Windows Server 2008 操作系统，D 盘为光驱，添加两块硬盘，第一块硬盘有 E 盘（4GB）和 F 盘（6GB），大小也可自定，后一个盘的磁盘空间要大于前一个盘的磁盘容量，第二块硬盘为操作系统盘的 1.5 倍，为 G 盘。

项目分任务实施

任务 1 性能监控与故障诊断

任务描述

在服务器上使用事件查看器查看登录事件；通过可靠性和性能监视器对处理器使用情况进行实时监控；使用内存诊断工具诊断系统故障是否与内存有关；使用网络故障诊断与修复工具处理服务器不能连接 Internet 的问题。

知识要点

1. 事件查看器

事件查看器是一个用于查看和管理事件日志的工具，通过它可以对系统日志、安全日志和应用程序进行查看和管理。Windows Server 2008 在运行后，很多重要事件被记录下来，当应用程序、服务或系统出现异常时，可以通过查找事件来发现问题。

2. 可靠性和性能监视器

可靠性和性能监视器是一个用于实时监视计算机各项性能指标的工具，能够对容易形成瓶颈的磁盘、内存、处理器和网络四个部分的资源使用情况进行实时显示，并可以针对影响系统性能和可靠性的各个部分进行数据的实时收集和诊断。

3. 内存诊断工具

在 Windows Server 2008 中内置了一个 Windows 内存诊断工具，运行这个工具可以帮助管理员判断当前内存的兼容情况，以及一些系统故障是否与内存有关。内存诊断时会重启计算机，诊断完成，可以进入系统查看检测报告，以判断内存是否存在问题。

4. 网络故障诊断与修复

在 Windows server 2008 中内置了一个网络故障的诊断与修复工具，当网络出现问题时，可以进行诊断和修复，如果无法修复，会给出可能的问题和解决方案。

任务实施

1. 事件查看器的使用

（1）使用事件查看器

① 启动服务器，以管理员身份登录，单击“开始”→“管理工具”→“事件查看器”命令，打开“事件查看器”窗口，如图 12-1 所示。

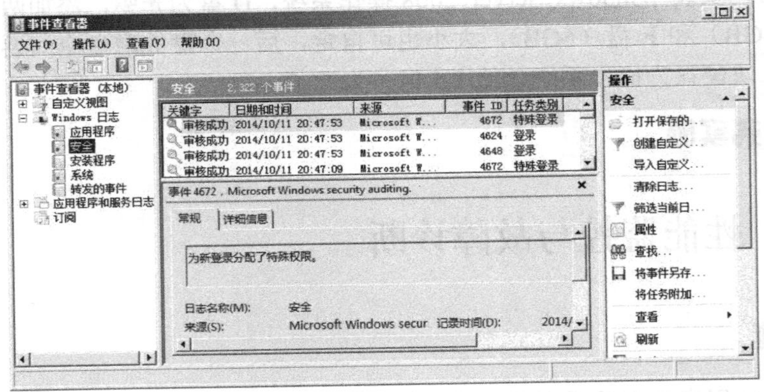

图 12-1 “事件查看器”窗口

② 单击“Windows 日志”前面的加号，展开“Windows 日志”，选择“安全”项，可以看到一系列用户登录事件。

说明： 每一个事件都包括“级别（或关键字）”、“日期和时间”、“来源”、“事件 ID”、“任务类别”。

“级别（或关键字）”是指发生事件的级别，包括：信息、警告、错误、成功审核和审核失败等类型。

“日期和时间”是指事件发生的日期和时间。

“来源”是指引发该事件的程序或组件名称。

“事件 ID”是指事件的编号，每个事件都有唯一的编号。

“任务类别”是指事件的类别。

③ 当要详细查看某一事件的信息时，可以双击该事件，或在事件上右击，选择“事件属性”命令，打开“事件属性”对话框，如图 12-2 所示，可以查看事件的详细信息。

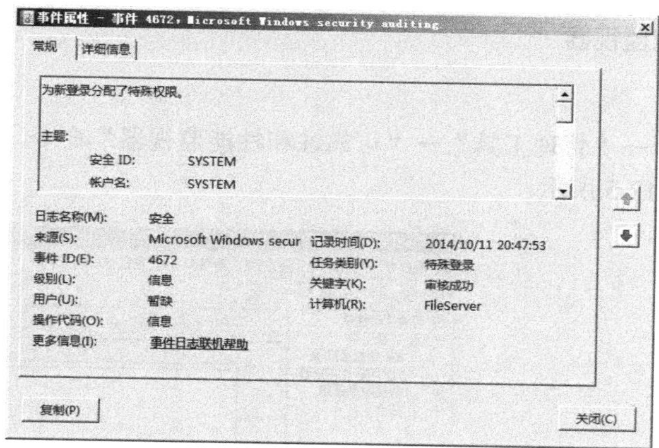

图 12-2　“事件属性”对话框

（2）筛选事件与查找事件

当要查看某一个或某一部分事件时，通过筛选和查找可以提高效率。

① 单击“操作”窗格中的“筛选当前日志”链接，打开“筛选当前日志”对话框，如图 12-3 所示。

筛选当前日志
筛选器
XML
记录时间(G):
过去的 24 小时
事件级别:
关键(L)
警告(W)
详细(B)
错误(R)
信息(I)
按日志(O)
事件日志(E):
安全
按源(S)
事件来源(V):
包括/排除事件 ID: 输入 ID 号和/或 ID 范围，使用逗号分隔。若要排除条件，请先键入减号。例如 1,3,5-99,-76(N)
任务类别(T):
关键字(K):
用户(U):
<所有用户>
计算机(P):
<所有计算机>
清除(A)
确定
取消

图 12-3　“筛选当前日志”对话框

② 在对话框中可以通过设置记录时间、事件级别、任务类别、关键字等进行筛选。例如，筛选“过去的 24 小时”所有警告级别的事件，单击“确定”按钮，会在“事件查看器”窗口中列出符合条件的事件。

③ 单击“操作”窗格中的“查找”链接，打开“查找”对话框，如图 12-4 所示，例如，在查找内容中输入“特殊登录”，单击“查找下一个”按钮，在“事件查看器”窗口中会跳转到相应的事件。

2. 可靠性和性能监视器

（1）性能监视器

① 单击“开始”→“管理工具”→“可靠性和性能监视器”命令，打开“可靠性和性能监视器”窗口，如图 12-5 所示。

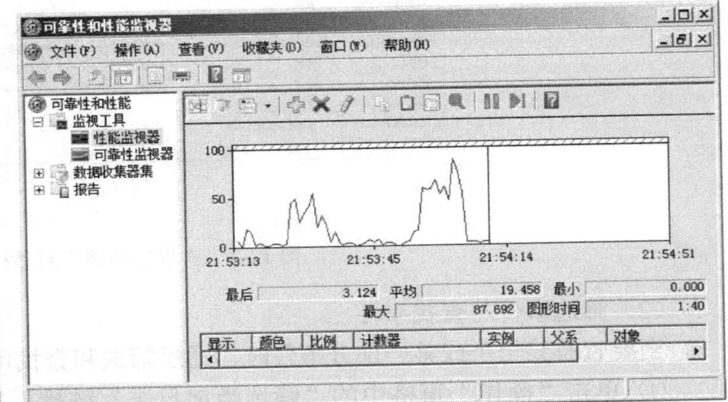

图 12-4 “查找”对话框

图 12-5 “可靠性和性能监视器”窗口

说明： 可靠性和性能监视器主要包含三个部分：

监视工具： 由性能监视器和可靠性监视器组成，可以根据要监视的内容添加性能计数器，实时观察性能数据的变化，通过可靠性监视器可以分析出系统稳定性信息及可靠性走势。

数据收集器集： 用于收集与系统性能和可靠性相关的数据信息。可自定义数据收集器，对需要统计的性能计数器、配置数据或来自跟踪提供程序的数据进行收集，并存入日志以便分析或诊断系统的工作性能。

报告： 查看系统性能和可靠性方面的诊断报告可为故障排除和系统优化提供数据支撑。

② 在左侧窗格中，单击“监视工具”，选择“性能监视器”，在右窗格，可以看到%Processor Time 的计数器。

说明： 右窗格功能按钮，从左至右分别为查看当前活动、查看日志数据、更改图形类型、添加、删除、突出显示、复制属性、粘贴计数器列表、属性、缩放、冻结显示、更新数据、帮助，如图 12-6 所示。

图 12-6 功能按钮

③ 添加性能组件与计数器。单击工具栏中的“添加”按钮，打开“添加计数器”对话框。如图 12-7 所示。

④ 在“从计算机选择计数器”中选择“本地计算机”项，在其下方找到组件“Processor”，单击右侧的加号，展开组件，选择“%Processor”，单击“添加”按钮，将其添加到右侧的“添加的计数器”中。

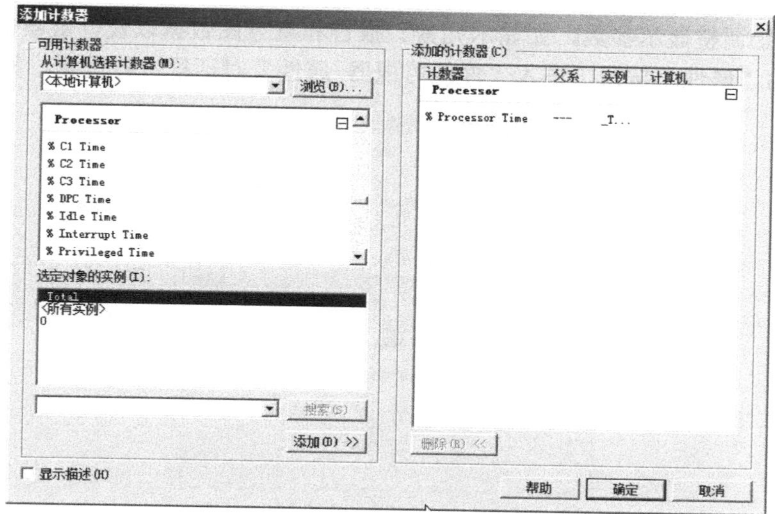

图 12-7　“添加计数器”对话框

⑤ 同时，将“%User Time”添加到右侧的“添加的计数器”中，单击“确定”按钮。在“可靠性和性能监视器”窗口中会看两条不同颜色的线，如图 12-8 所示，代表两个计数器的性能信息。

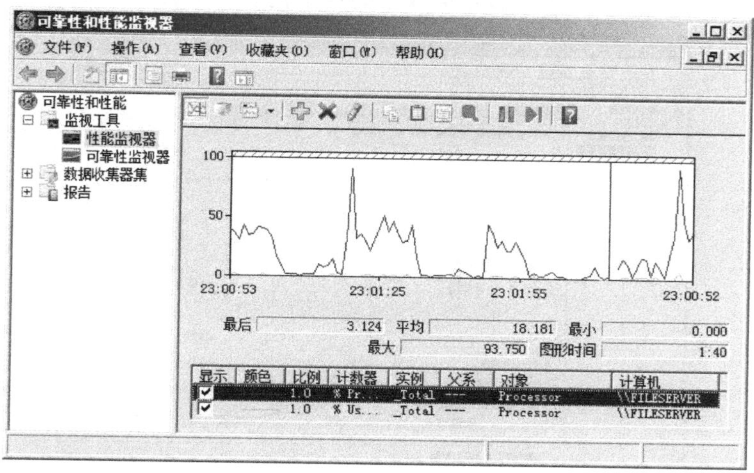

图 12-8　两个计数器的性能信息

（2）查看计数器信息和调整显示方式

① 计数器中显示颜色、比例、计数器名称、实例、父系、对象、计算机等信息。选择计数器，可以同时查看其最后、最小以及平均值等数据。

② 如果感觉图表窗口中的曲线混杂在一起容易混淆时，可以在功能按钮中单击“突出显示”按钮，然后选择不同的计数器，即可突出显示不同计数器的信息。

③ 系统性能默认显示的方式是“查看图表”，可以通过按下功能按钮的“查看直方图”和“查看报告”按钮来切换显示方式。

④ 单击功能按钮上的“删除”按钮，可以删除计数器，如果想要重新添加计数器，可以单击“添加”按钮。

⑤ 如果要想调整显示参数，如显示元素、报告和直方图数据以及计数器的颜色等，可单击功能按钮中的“属性”按钮，进入“性能监视器 属性”对话框进行设置，如图 12-9 所示。

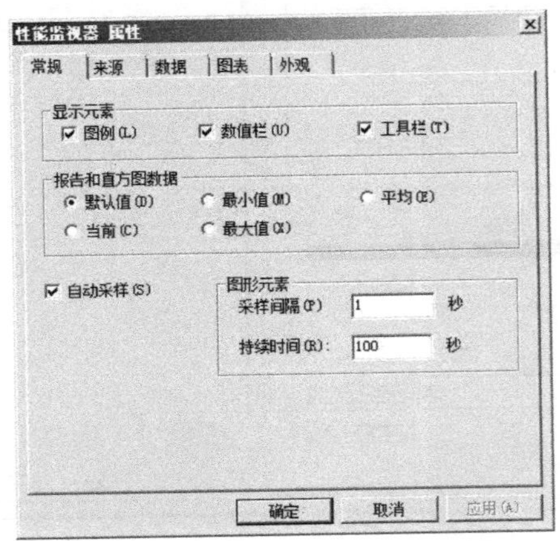

图 12-9 “性能监视器 属性”对话框

（3）可靠性监视器

① 在“可靠性和性能监视器”窗口的左侧，单击“可靠性监视器”，在右窗口上半部区域显示的是“系统稳定性图表”，下半部分是数据的详细内容，如图 12-10 所示。

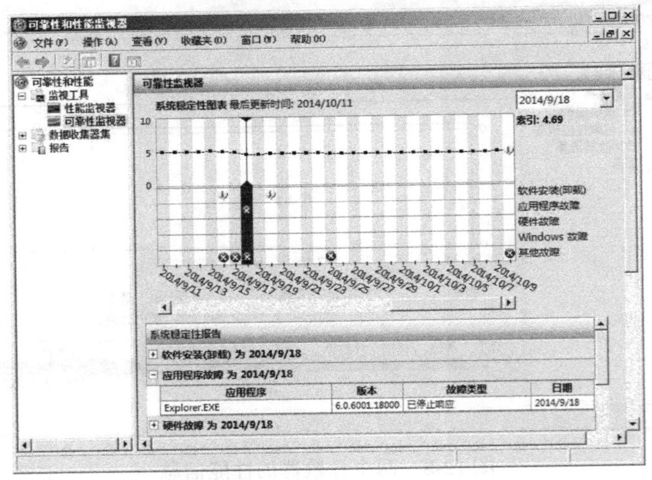

图 12-10 可靠性监视器

② 在上半部分单击某一日期，如“2014/9/18”，能够看到服务器系统在这一天运行过程中发生的故障和稳定性报告信息。

3．内存诊断工具

① 单击“开始”→“管理工具”→“内存诊断工具”命令，打开“内存诊断工具”对话框，如图 12-11 所示。

② 单击“立即重新启动并检查问题”按钮，重启计算机，运行内存诊断工具，可以看到诊断进度及诊断的状态信息。如图 12-12 所示。

③ 查看诊断报告。单击“开始”→“控制面板”命令，打开“控制面板”窗口，双击“问题报告和解决方案”图标，打开“问题报告和解决方案”窗口。

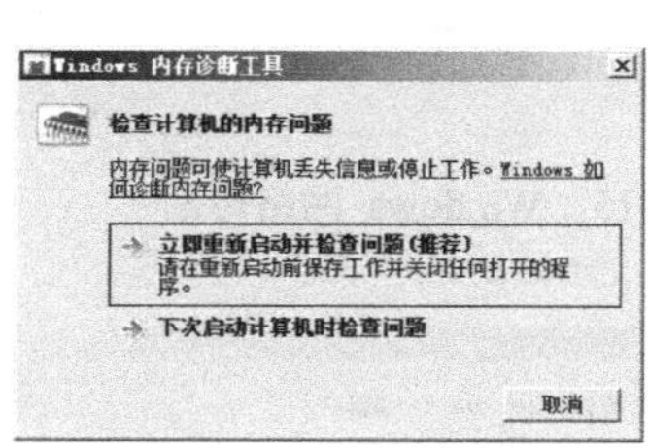

图 12-11　内存诊断工具

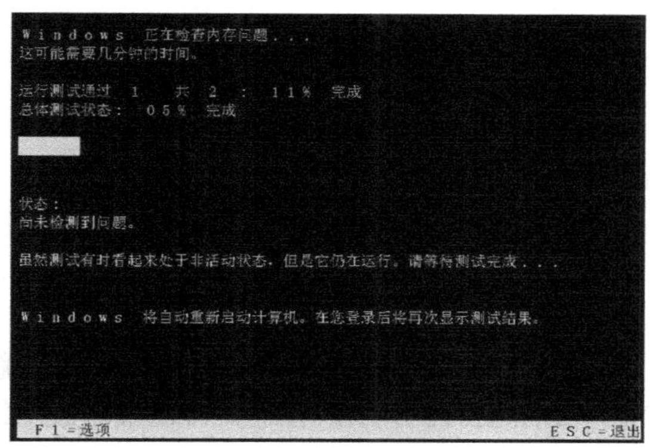

图 12-12　诊断进度及诊断的状态信息

④ 单击左侧的“查看问题以检查”链接，可以看到“Windows 内存检测工具”，如图 12-13 所示，根据日期单击“查看详细信息”链接，可以打开并查看有关内存检测的详细报告内容。

图 12-13　查看内存检测的详细报告

4．网络故障的诊断与修复

当计算机无法连接到 Internet 时，可以通过 Windows Server 2008 自带的网络故障的诊断与修复工具，对网络出现的问题进行诊断和修复。

① 打开“网络和共享中心”窗口，可以看到在“未识别的网络”和“Internet”中间出现一个红色叉号，这表示当前计算机网络连接有问题，无法连接到 Internet，如图 12-14 所示。

② 单击红色的叉号，或单击窗口左侧的“诊断和修复”链接，系统会对网络故障进行识别和诊断，如图 12-15 所示。

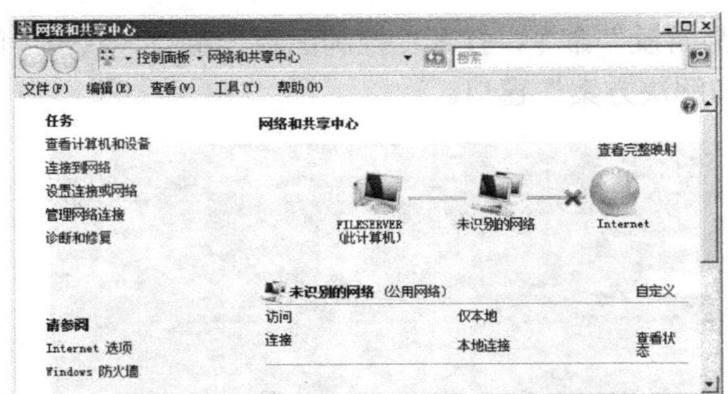

图 12-14 “网络和共享中心”窗口

图 12-15 Windows 网络诊断

③ 诊断完成后，系统会给出可能的问题及解决方案，如图 12-16 所示，管理员可以根据故障情况进行处理。

④ 根据系统给定的故障分析，打开“Internet 协议版本 4（TCP/IPv4）属性”对话框，重新设置首选 DNS 服务器即可。

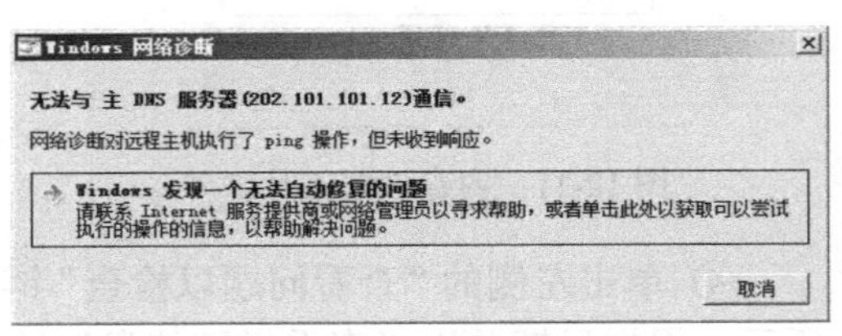

图 12-16 显示解决方案

任务 2 数据备份

任务描述

服务器每天 0:00 定期将系统卷 C 备份到卷 G，并将卷 E 的数据手动备份到卷 F。

任务分析

在服务器上安装 Windows Server Backup，通过备份计划向导每天的 0:00 定期将系统卷 C 备份到卷 G；通过一次性备份向导将卷 E 的数据备份到卷 F。

知识要点

1. 备份与恢复

企事业单位的信息系统时刻都面临着严重的威胁，如黑客攻击、软硬件故障以及地震、火灾等不可控因素，这会导致企事业重要数据丢失，给企事业带来不可估量的损失。因此做好日常数据备份，一旦数据受到破坏，在最短的时间内将重要数据恢复，减少损失变得尤为重要。

数据备份是一种将正常的数据复制到存储介质并保存到安全位置的技术。换句话说就是将重要文件复制一份到多份，然后分别存放在不同的位置。备份时，可以在本地备份也可以在异地备份。

恢复是当数据被破坏或丢失时，通过已有的备份，将数据迅速还原的技术。

2. Windows Server Backup

Windows Server Backup 是 Windows Server 2008 的一个备份/还原工具，它可以将备份源处理为卷集，并将每个卷作为一个磁盘块集合，可以备份整个服务器上的所有卷或指定卷及系统状态，当数据或系统受到破坏时，可以通过系统恢复将整个系统还原到新的硬盘上，也可以恢复卷、文件和文件夹、某些应用程序以及系统状态。

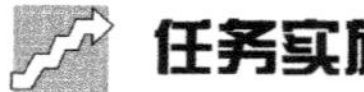 任务实施

1. 安装 Windows Server Backup

① 以管理员身份登录，单击“开始”→“管理工具”→“服务器管理”命令，打开“服务器管理”窗口，在左侧导航树中单击“角色”前的加号将其展开，单击“功能”项。

② 在“功能摘要”中单击“添加功能”，打开“添加功能向导”对话框，在“选择功能”对话框中展开“Windows Server Backup 功能”项，选择“Windows Server Backup”项，如图 12-17 所示，单击“下一步”按钮。

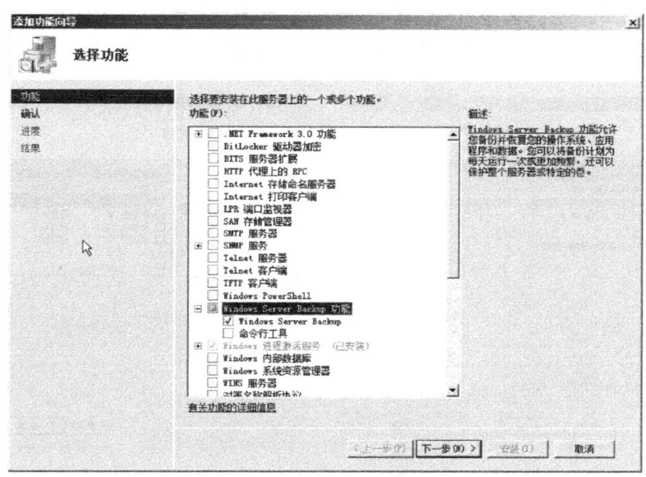

图 12-17　“添加功能向导”对话框

③ 在“确认安装选择”中单击“安装”按钮，开始安装 Windows Server Backup，安装完成后，单击“关闭”按钮即可。

④ 单击“开始”→“管理工具”→“Windows Server Backup”命令，打开“Windows Server Backup”管理窗口，如图 12-18 所示，在“操作”窗格中，可以看到备份和恢复功能。

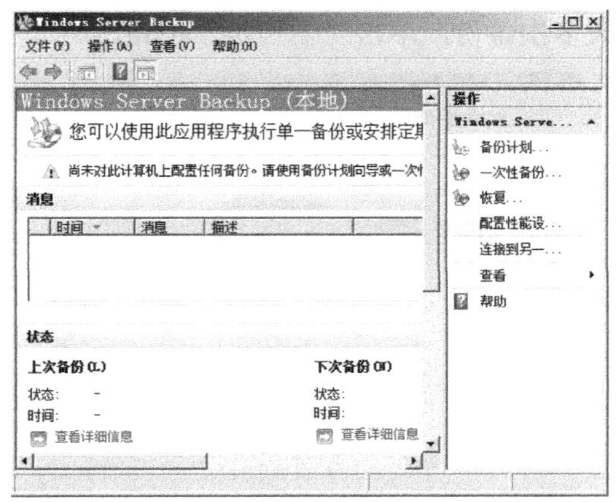

图 12-18　“Windows Server Backup”窗口

2. 备份

在备份前，管理员需要规划好备份方案，主要包括确定备份的方式、备份的卷、备份的时间、备份频率以及备份的位置。

（1）创建备份计划

备份时，可以计划备份，也可以手动备份。计划备份由系统自动定期对系统或数据备份，数据备份到一个或多个磁盘上。在此以备份卷 C 为例，讲解备份的过程。

① 在“操作”窗格中，单击“备份计划”链接，打开“备份计划向导”对话框，在“入门”中显示备份计划时要证明的事项等信息，单击“下一步”按钮。

② 在“选择备份配置”中选择“自定义”选项，如图 12-19 所示，单击“下一步”按钮。

整个服务器：对服务器一个或多个磁盘进行备份。

自定义：对磁盘上的一个或多个卷进行备份，比较灵活。

③ 在“选择备份项目”中选择要备份的卷 C，如图 12-20 所示，单击“下一步”按钮。

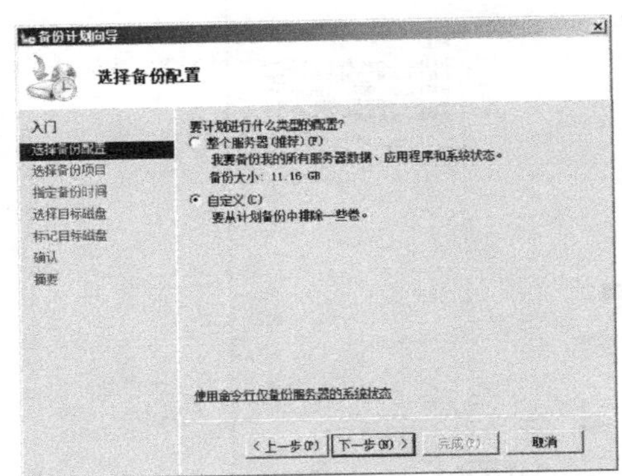

图 12-19 “备份计划向导”对话框

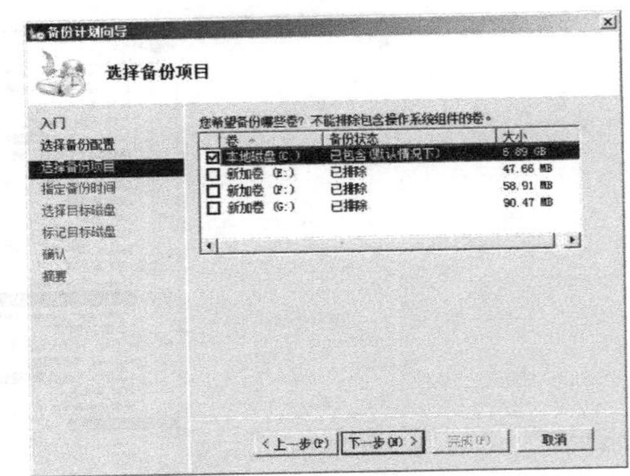

图 12-20 选择备份项目

证明

在创建计划备份时，包含操作系统的卷是必选项，不能排除。

④ 在“指定备份时间”中选择“每日一次”，“选择时间”为“0:00”，如图 12-21 所示，当然也可以根据需要，一天多次备份，单击“下一步”按钮。

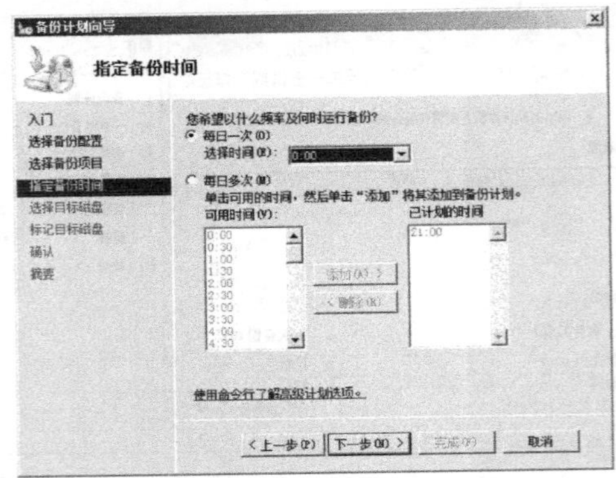

图 12-21 指定备份时间

⑤ 在“选择目标磁盘”中选择要备份到的磁盘，如图 12-22 所示，如果没有列出要选择的磁盘，单击“显示所有可用磁盘”按钮，显示所有磁盘进行选择。单击“下一步”按钮。

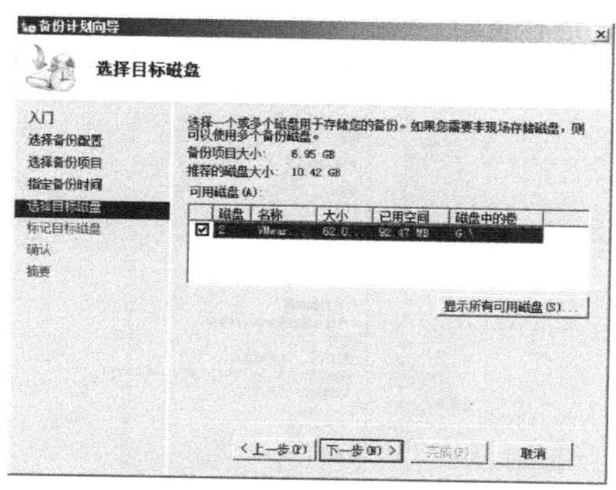

图 12-22　选择目标磁盘

⑥ 系统弹出“Windows Server Backup”提示框，警告用户系统将对选定的磁盘重新格式化，卷上的数据将会被删除，并且这个卷在资源管理器中也不会被显示出来，如图 12-23 所示，单击“是”按钮。

证明

如果所选择备份磁盘的空间小于备份数据的 1.5 倍时，可能会导致备份失败。

⑦ 在“标记目标磁盘”中显示所选择的目标磁盘，系统将为该目标磁盘产生一个信息标识，以便日后在数据恢复过程中能够正确识别磁盘，如图 12-24 所示，单击“下一步”按钮。

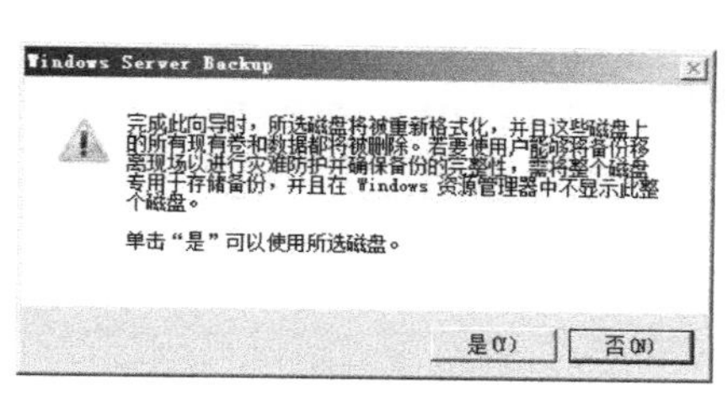

图 12-23　“Windows Server Backup”提示框

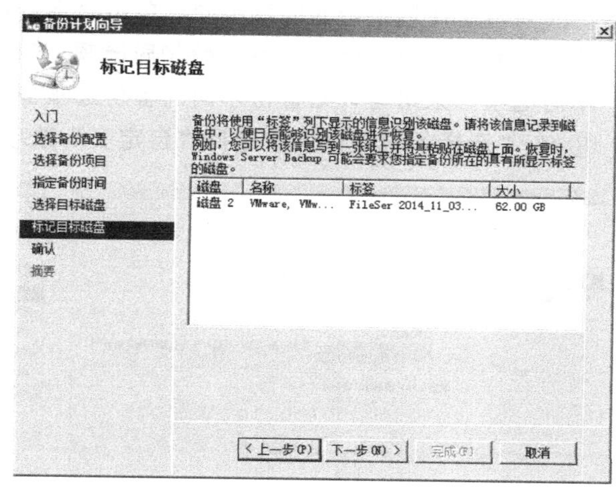

图 12-24　标记目录磁盘

⑧ 在“确认”中查看计划备份的信息是否正确，如图 12-25 所示。如果不正确，单击“上一步”按钮，重新设置；如果正确，则单击“完成”按钮，系统开始对磁盘格式化。

⑨ 在“摘要”中显示创建备份计划的信息，最后，单击“关闭”按钮，完成备份计划的

创建。

⑩ 在“Windows Server Backup”窗口中会显示创建的计划备份，如图 12-26 所示。以后将在每天的 0:00 对系统卷 C 进行备份。

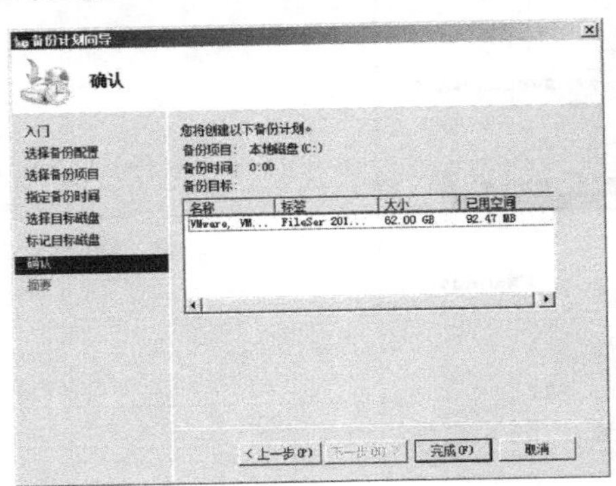

图 12-25　确认备份信息

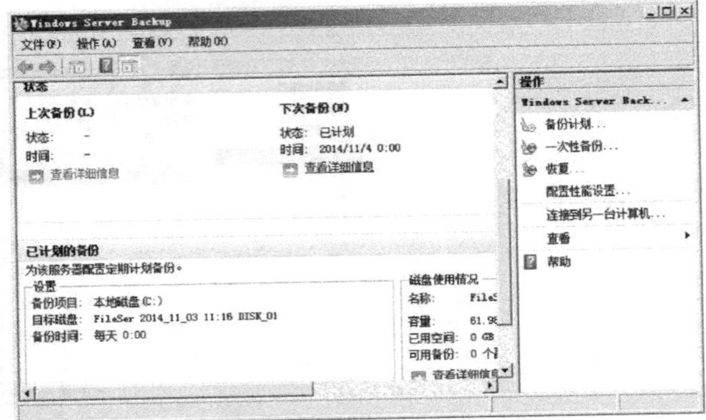

图 12-26　显示创建的计划备份

如果要修改备份计划，可以再次单击“操作”窗格中的“备份计划”链接，系统启动备份计划向导，进行修改即可，在此不再赘述。

（2）一次性备份

一次性备份是使用一次性备份向导对计划备份中没有包括的部分进行备份，由管理员手动完成，备份的目标可以是本地磁盘，也可以是远程磁盘。在此以备份卷 E 为例，讲解一次性备份的过程。

① 在 E 盘创建文件夹“一次性备份测试”，并在其中创建文本文档“一次性备份测试.txt”。

② 在“Windows Server Backup”窗口的“操作”窗格中，单击“一次性备份”链接，打开“一次性备份向导”对话框，在“备份选项”中选择“不同选项”项，如图 12-27 所示，因为备份的内容与计划备份的内容不同。单击“下一步”按钮。

备份计划向导中用于计划备份的相同选项：采用与计划备份相同的备份选项，并立即备份。

不同选项：采用与计划备份不同的备份选项备份。

③ 在“选择备份配置”中选择“自定义”选项，如图 12-28 所示，单击“下一步”按钮。

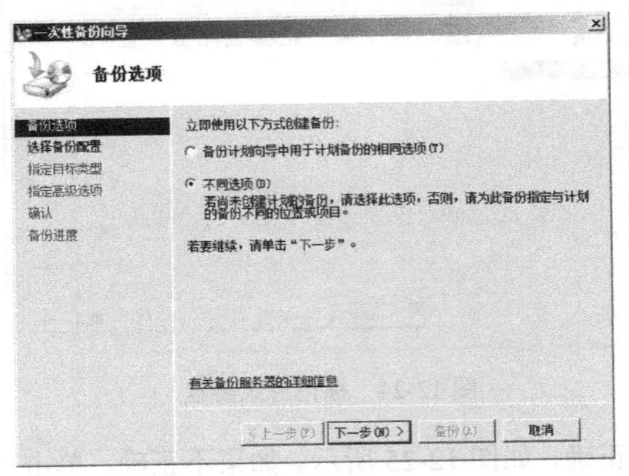

图 12-27　选择备份选项

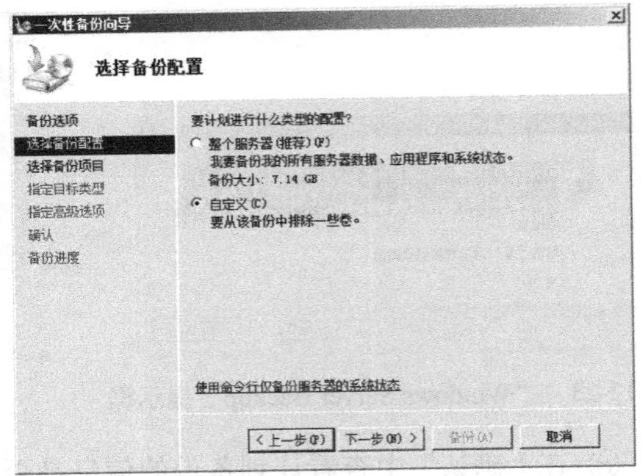

图 12-28　选择备份配置

④ 在“选择备份项目”中取消选择“启用系统恢复”复选框，选择要备份的卷 E，如图 12-29 所示，单击“下一步”按钮。

⑤ 在“指定目标类型”中选择“本地驱动器”，在本地选择一个卷来存储备份的数据。当然，也可以选择“远程共享文件夹”，将卷 E 备份到远程计算机上，如图 12-30 所示，单击“下一步”按钮。

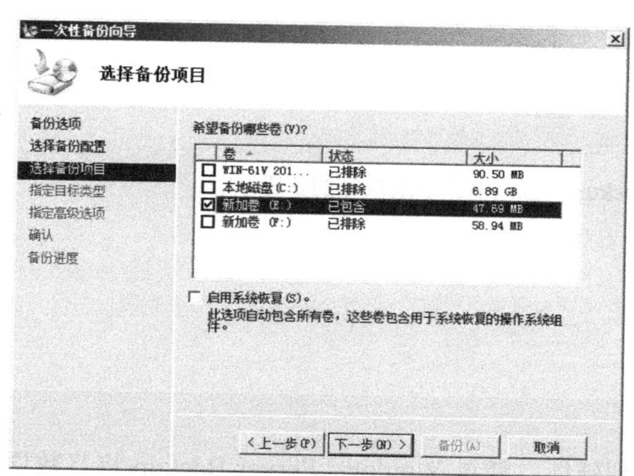

图 12-29　选择备份项目

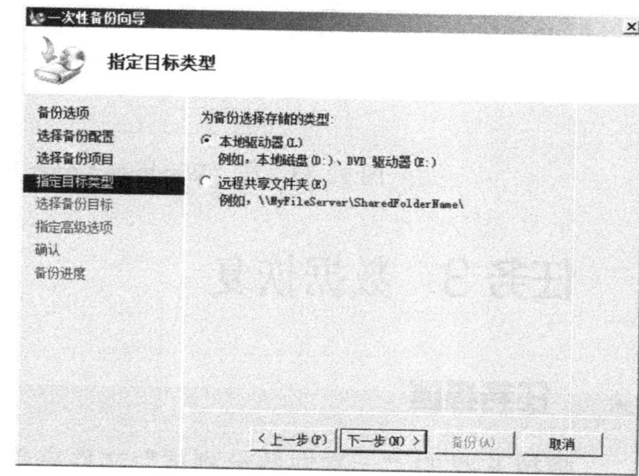

图 12-30　指定目录类型

⑥ 在“选择备份目标”中选择“新加卷 F”，如图 12-31 所示，单击“下一步”按钮。

⑦ 在“指定高级选项”中的“选择要创建的卷影复制服务（VSS）备份的类型”选择“VSS 副本备份（推荐）”，如图 12-32 所示，单击“下一步”按钮。

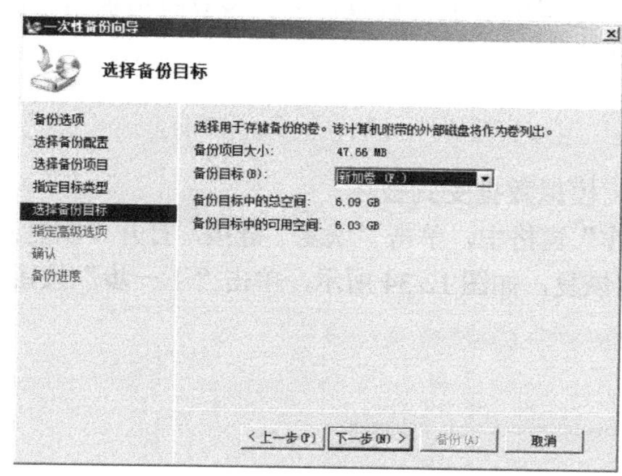

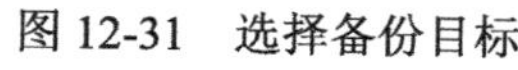

图 12-31　选择备份目标

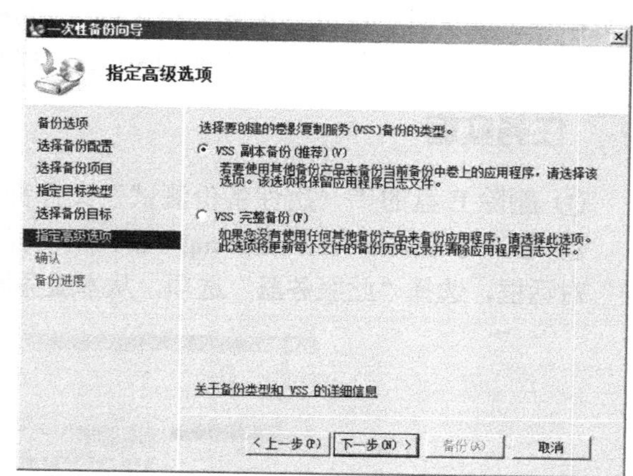

图 12-32　选择要创建的卷影复制服务备份的类型

⑧ 在“确认”中单击“备份”按钮，开始备份，最后，单击“关闭”按钮，完成一次性备份。在“Windows Server Backup”窗口中会显示刚执行的备份，如图 12-33 所示。

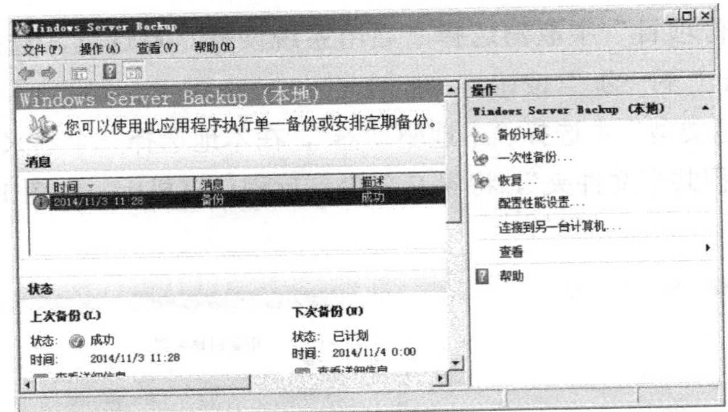

图 12-33 在“Windows Server Backup”窗口中显示刚执行的备份

任务 3 数据恢复

任务描述

模拟 E 盘的“一次性备份测试”文件夹受到破坏，通过 Windows Server Backup 将其数据恢复。

知识要点

Windows Server Backup 恢复数据

通过 Windows Server Backup 可以恢复操作系统、系统状态、应用程序数据、文件和文件夹数据等。恢复时，可以只恢复备份中的一部分，这样能够加快恢复速度，恢复时根据备份的位置可以从本地计算机恢复，也可以从远程计算机恢复。

任务实施

① 删除 E 盘的“一次性备份测试”文件夹，模拟数据受到破坏。

② 在“Windows Server Backup”窗口的“操作”窗格中，单击“恢复”链接，打开“恢复向导”对话框，选择“此服务器”选项，从本服务器恢复，如图 12-34 所示。单击“下一步”按钮。

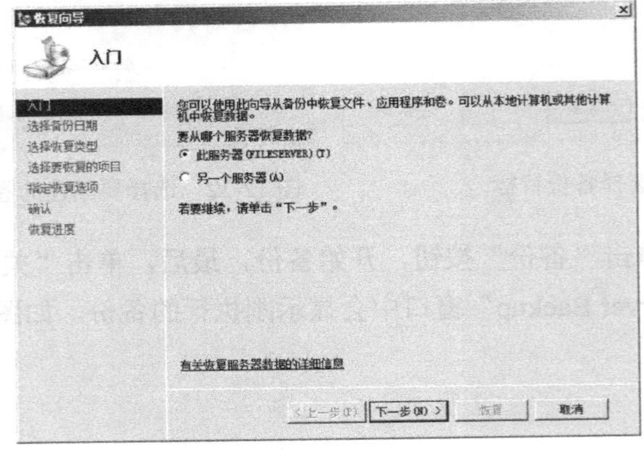

图 12-34 “恢复向导”对话框

③ 在“选择备份日期”中，从“可用备份”中选择一个日期，再选择一个备份时间，如图 12-35 所示，单击“下一步”按钮。

④ 在“选择恢复类型”中选择“文件和文件夹”项，如图 12-36 所示，单击“下一步”按钮。

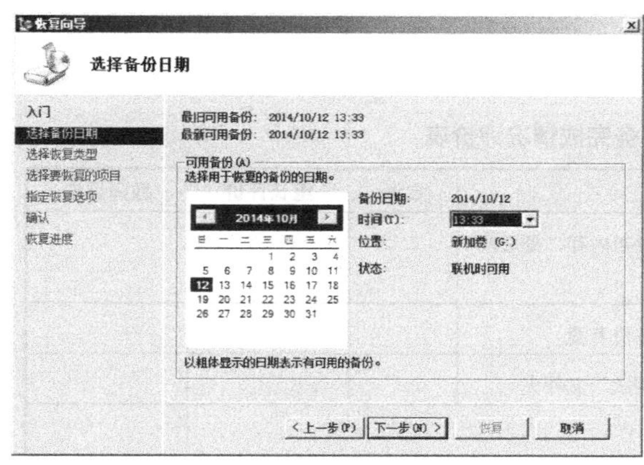

图 12-35　选择备份日期

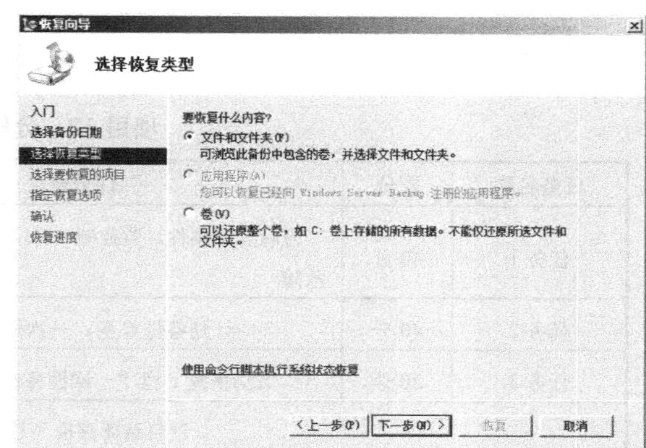

图 12-36　选择恢复类型

文件和文件夹：在恢复时，可以选择部分文件和文件恢复，速度比较快；

卷：将整个卷恢复，速度比较慢。

⑤ 在“选择要恢复的项目”中的“可用项目”下，展开树形列表，找到并选择要恢复的文件夹“一次性备份测试”文件夹，并选择，本例中只恢复“一次性备份测试”文件夹，如图 12-37 所示，单击“下一步”按钮。

⑥ 在“指定恢复选项”的“恢复目标”中选择“原始位置”，将数据恢复到原来的位置，在“当该向导在恢复目标查找文件和文件夹时”中选择“使用已恢复的文件覆盖现有文件”，如果需要恢复文件的访问权限，可以在“安全设置”中选择“还原安全设置”复选框，如图 12-38 所示，单击“下一步”按钮。

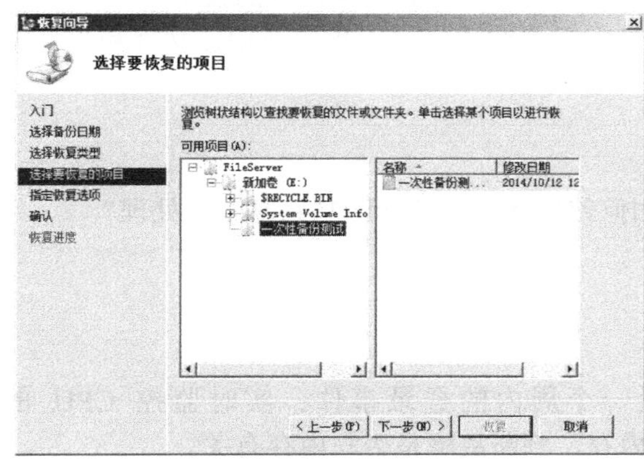

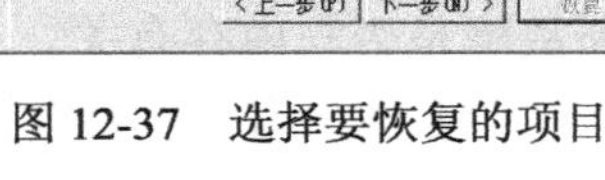

图 12-37　选择要恢复的项目

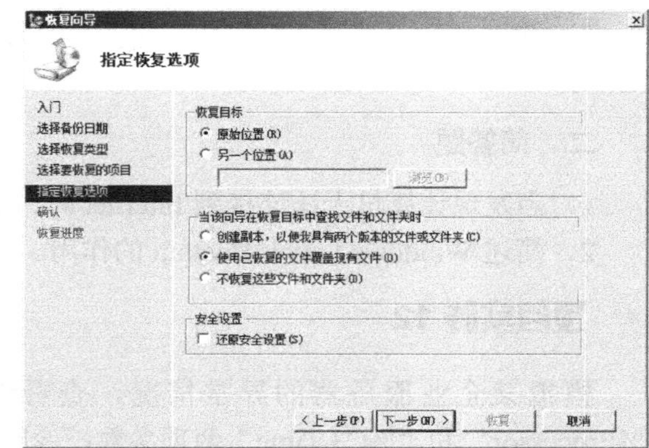

图 12-38　指定恢复选项

⑦ 在“确认”中可以查看要恢复的数据信息，然后单击“恢复”按钮，立即恢复数据，恢复完毕后，单击“关闭”按钮即可。打开 E 盘，可以看到“一次性备份测试”文件夹已经恢复。

证明

这种恢复方法，要求能够进入操作系统，如果操作系统遭到破坏而无法进入时，不能用此方法恢复。

项目评价

项目 12　分任务完成情况评价表

任务名称	配分	评分要点	自评	组长评价	教师评价
任务 1	40 分	查看登录事件，监控制 CPU，诊断内存、处理网故障			
任务 2	40 分	计划备份 C 盘，一次性备份 E 盘			
任务 3	20 分	成功恢复 E 盘“一次性备份测试”文件夹			
项目总体评价（总分）					

习题 12

一、填空题

1．__________是一个用于实时监视计算机各项性能指标的工具，能够对容易形成瓶颈的磁盘、内存、处理器和网络四个部分的资源使用情况进行实时显示。

2．运行__________可以帮助管理员判断当前内存的兼容情况，以及一些系统故障是否与内存有关。

3．__________是一个用于查看和管理事件日志的工具，通过它可以对系统日志、安全日志和应用程序进行查看和管理。

4．__________是一种将正常的数据复制到存储介质并保存到安全位置的技术。

5．通过__________可以恢复操作系统、系统状态、应用程序数据、文件和文件夹数据等。

二、简答题

1．当发现计算机无法连接到 Internet 时，如何使用网络故障诊断与修复工具处理？

2．简述 Windows Server Backup 的作用。

项目实践 12

模拟某企业服务器的异常情况，查看近一个周内的登录事件；实时监控 CPU 的“%Processor”和“%C3 Time”两项参数；诊断内存，判断故障是否与内存有关。

在服务器上每天 8:00 定时将系统卷备份到卷其他某一卷。卷 D 上有“重要数据”文件夹，将卷 D 备份到另一卷上，并模拟卷 D 的数据受到破坏，将数据恢复。